U0397413

全国重点文物保护单位

国民大会堂旧址修缮设计研究

俞海洋　孙　逊　沈　旸　夏仕洋　著

东南大学出版社　南京

江苏省文物局“国家文物保护资金补助”（24-1-14-3200-0706）
2024 年度城市与建筑遗产保护教育部重点实验室（东南大学）开放课题成果
2022 年度东南大学建筑设计研究院有限公司学术成果出版基金

人民大會堂

不能忘

人民
不忘初心
牢记使命
永远奋斗

會堂
新时代
新使命
新征程

人民大會堂

目　录

人民大會堂

全国重点文物保护单位国民大会堂旧址（今南京人民大会堂），属于近现代重要史迹及代表性建筑。

南京人民大会堂的前身是1936年建成的“国民大会堂”，位于南京市长江路264号，东为国立美术馆旧址（今江苏省美术馆）。该建筑坐北朝南，南北长68.39 m，东西宽52.60 m，建筑基底面积3 378.6 m^2，建筑面积7 576.2 m^2。

1992年3月，南京市人民政府将其批准为南京市第二批文物保护单位（宁政发〔1992〕42号）。2002年，江苏省人民政府将其批准为江苏省第五批文物保护单位（苏政发〔2002〕130号）。2006年5月25日，中华人民共和国国务院将其批准为第六批全国重点文物保护单位。

中国的近现代伴随着中西物质、文化层面的互动，经历了碰撞、摩擦、消化、融合。如果聚焦于民国时期，此时期的建筑业也反映出起步、发展、停滞的阶段性特征与社会整体的起伏相关。国民大会堂旧址建成于抗日战争全面爆发之前，其建筑类型、建造规模、营造技术几乎集中反映了民国时期建筑业发展水平。

国民大会堂旧址修缮工程，始于2016年3月，历经测绘、勘察，分析残损原因，制定修缮方案。2018年11月，江苏省文物局批准修缮方案。2019年10月底，施工图纸交付，同时进入施工准备阶段。2020年12月29日，工程告竣并通过消防验收，实际施工期8个月。

大型剧场会堂类的近现代建筑修缮工程，是一项以价值评估为前提的科学技术工作。这类工程的实地勘察和历史研究需要同步进行，相互补充。勘察中获取可靠数据，做残损分析，制定修缮方案。施工中不断进行核查、补充、修改。国民大会堂旧址结构体系复杂，加改次数多，使用和安全需求高，修缮的技术问题综合性强。主要的技术难点在于：（1）前厅、观众厅、舞台三部分不同结构体系的减震加固措施不同；（2）舞台（含地下室）北侧贴建设备用房和化妆楼，存在受限于相邻关系的勘察、施工；（3）贴建、相邻地块及附近的城市其他建设活动可能对地基基础产生影响，持续的维护修补使部分病害情况被掩盖。经过详细调查、研究和精心设计、施工，以上技术难点逐项得到妥善解决。

国民大会堂旧址经本次修缮，保存了价值特征，消除了安全隐患，延续了会堂功能，改善了使用设施，这是对这类建筑保护和延用在技术上的一次探索。现将有关勘察设计和施工资料汇编成册，定名为《国民大会堂旧址修缮设计研究》。限于水平，定有不周，恳请各方专家和同仁指正。

历史篇

一、历史沿革

（一）筹建

国民政府为了筹建供国民大会使用的会场，颇费了一番周折。国民大会会场自1933年10月6日国民政府令筹建至1935年9月5日批准与国立戏剧音乐院及美术陈列馆同建一处，其准备工作近两年。缺少核定的经费可能是国民大会堂前期筹备迟缓的主要原因之一。

国民政府令筹建国民大会会场

1933年10月6日，国民政府令筹备1935年3月举行国民大会，建造国民大会会场①。10月间，决定会场选址在明故宫②。11月9日，决定会场设在中山门政治区内，费用约百万元，设计方案已选定正在审核③。会场设计为圆顶、一楼的建筑，计划1934年春动工④。方案设计费一万元，经多次令审，直至1934年2月在党务费第一预备费项下拨付⑤。

1934年1月中旬，传闻因经费困难、工期难济，工程将停工，会场将改用国立中央大学大礼堂⑥。《中央日报》旋即辟谣，声称积极筹备⑦。1月25日公布国民大会堂会场设计委员会简章⑧。3月间，航空署以机场不便，申请会场另改他地⑨。

中山门政治区的会场，此后再无下文。

这段时间内，委员会组织滞后，没有做经费准备，选址摇摆不定，筹建不力。

中常会决议建国民大会堂

1934年4月5日，第一一五次中常会决议在南京建国民大会堂，准备用作国民大会临时会场⑩：

……（五）在首都建筑国民大会堂，并备作国民大会临时会场之用，推孔祥熙、叶楚伧、唐有壬、褚民谊、甘乃光、傅汝霖、石瑛为建筑委员会委员，并指定孔委员祥熙为召集人，计划名称经费地点，及一切建筑设备等方案，督同南京市政府赶速兴修。……

1934年5月间，国民大会仍计划在1935年召集，从时间、经费考虑，行政院、内政院等机关商定先建临时会场⑪。6月间，孔祥熙向记者说明了名称、地点、经费的设想，但场址

---

① 府令筹备国民大会 [N]. 民报 ,1933-10-07(2).

② 国民大会会场在明故宫建筑 [N]. 民报 ,1933-10-23(3).

③ 国民大会会场 [N]. 民报 ,1933-11-10(2).

④ 国民大会会场 [N]. 益世报（天津版）,1933-11-15(2).

⑤ 国民大会场图案费由党务费项下拨付 [N]. 益世报（天津版）,1934-02-06(2).（另据《国民政府公报》《审计部公报》等史料，建筑图案经费由行政院呈国民政府，1934年2月3日政府训令行政、监察两院分别转饬财政部内政部、审计部知照，2月7日经主计处抄检备案，监察院训令奉令并转饬审计部知照。）

⑥ 国民大会会场停筑 [N]. 新闻报 ,1934-01-17(6).

⑦ 国民大会议场停建说不确 [N]. 中央日报 ,1934-01-18(3).

⑧ 总务（一）公布事项 [J]. 内政公报 ,1934,7(4):7-8.

⑨ 航空署请更改国民大会会场地点 [N]. 申报 ,1934-03-20(9).

⑩ 首都建筑国民大会堂推孔祥熙等计划昨中央常会议决 [N]. 中央日报 ,1934-04-06(2).

⑪ 明年召集国民大会 [N]. 大公报（天津）,1934-05-10(3).

未定，暂缓建设[①]。

1934 年 12 月 14 日五中全会在国立中央大学大礼堂闭幕，会议议定于次年孙中山诞辰（1935 年 11 月 12 日）召开五大全会，届时决定国民大会召开的日期[②]。依靠 1935 年底的会议作为缓冲，会场建设时间稍宽，但筹建工作并未实际推进。

同建国立戏剧音乐院及美术陈列馆

于右任等“以戏剧美术关系文化，而我国尚无国家戏院及公共展览场所之设置”，提议在首都设立国立戏剧音乐院及美术陈列馆。1935 年 3 月 7 日，该提议在第一六一次中常会决议通过[③]：

……（一）通过设立国立戏剧音乐院及美术陈列馆，并推定于右任、孔祥熙、王祺、石瑛、吴敬恒、居正、洪陆东、孙科、唐有壬、陈树人、陈立夫、陈公博、焦易堂、梁寒操、张道藩、曾仲鸣、褚民谊、罗家伦、叶楚伧十九人为筹备委员。……

筹备委员们在 3 月 11 日开首次筹备会[④]。一周后，褚民谊向记者介绍筹备步骤和情况，特别提出拟广罗国内建筑、美术、音乐、戏剧专家作为顾问[⑤]。其后在官方报纸出现关于国立戏剧音乐院的建言[⑥]，一时成为热议话题。

相比于国民大会堂的建筑委员会，国立戏剧音乐院及美术陈列馆的筹备委员会的工作要顺畅得多。4 月间购买建筑土地[⑦]。5 月 18 日发公告征求建筑方案[⑧]。至 1935 年 7 月 25 日第三次开筹备会，已选定基地、交割土地、领取执照，安排搬迁，完整方案征集并公开展览，预计在 8 月初公布方案评选结果[⑨]。

关于方案征集，截止日期由 6 月 30 日延至 7 月 15 日[⑩]，收到的应征方案有 30 余件[⑪]和 14 件两种数量的报道。8 月会议评定以公利工程司奚福泉的方案为首选，关颂声、赵深的方案分别屈居二、三名，各酬奖金，并选用奚福泉方案建造[⑫]。

1935 年 8 月间孔祥熙等 5 人建议，国民大会堂与国立戏剧音乐院及美术陈列馆同建一

---

① 人民大会场孔祥熙准备建筑 [N]. 大公报（天津），1934-06-10(3).（孔祥熙希望选址在新街口广场附近，名称为人民大会堂或中山纪念堂，经费由政府补助和国内银行界募集。）

② 明年总理诞辰开五大全会 [N]. 民报 ,1934-12-15(3).

③ 中常委通过设立国立戏剧音乐院及美术陈列馆 [N]. 申报 ,1935-03-08(3). 中常委通过设立国立戏剧音乐院及美术陈列馆 [N]. 益世报（天津版）,1935-03-08(2).（并有《中央党务月刊》第八十期纪事 - 教育文化 - 筹设国立戏剧音乐院及美术陈列馆（240-241 页）的记录，中常会决议通过时，并指定褚民谊为筹备委员会的召集人，经费筹备交财务委员会核议。筹备委员会提交的组织规程经第一六三次中常会核准备案。）

④ 国立戏剧音乐院及美术馆陈列馆昨开首次筹备会 [N]. 民报 ,1935-03-12(2).

⑤ 国立戏剧音乐院及美术馆已在积极筹备中 [N]. 中央日报 ,1935-03-15(8).（报道称，建筑专家有张剑鸣、梁思成、虞炳烈、李叔陶等，美术专家有徐悲鸿、吕凤子、刘海粟、林风眠、李金发、江小鹣、许士骐等，音乐专家有唐学咏、吴瞿安、郑颖孙、李伯仁、杨乾斋、萧友梅等，戏剧专家有溥西园、谢寿康、马彦祥、欧阳予倩、苏少卿、王泊生、余上沅、张蓬春、宋春舫、杜徽音、熊佛西等。）

⑥ 马彦祥 . 向国立戏剧音乐院的筹备委员会建一议 [N]. 中央日报 ,1935-03-17(11).（马彦祥，1907 年 7 月 5 日—1988 年 1 月 8 日，中国戏剧导演、戏剧活动家、理论家。）
苏重成 . 关于国立戏剧音乐院 [N]. 中央日报 ,1935-06-06(11).

⑦ 戏剧音乐美术陈列馆建筑地基已购妥 [N]. 中央日报 ,1935-04-16(8).

⑧ 建筑戏剧音乐院及美术陈列馆筹备会征求建筑图案 [N]. 中央日报 ,1935-05-18(8).

⑨ 国立戏剧音乐院美术陈列馆筹备会昨开第三次全体会议 [N]. 中央日报 ,1935-07-26(8). [报道称，基地在国府路石坂桥（亦称石板桥"），地价二万五千元；收到应征方案 14 份，其中 1 份因草简，拟退。]

⑩ 杂电 [N]. 民报 ,1935-06-26(4). 国立戏剧音乐院美术馆征求建筑图案，展期半月，至 7 月 15 日。

⑪ 国立戏剧音乐院征求新屋图样 [N]. 中央日报 ,1935-07-16(8).

⑫ 奚福泉 . 国立戏剧音乐院应征方案 [J]. 中国建筑 ,1937(28):13-18.

处[①]。9 月 5 日中央政治会议批准了孔祥熙等 5 人提议[②]：

……孔祥熙等五委员提议：为在首都建筑国民大会堂一案，前经中央第一一五次常会指定委员筹划兴修在案，惟以购地不易，迄未成就。兹查中央第一六一次常会决议设立之国立戏剧音乐院及美术陈列馆，现已组织筹备委员会，购定地基，行将兴工。所拟建筑计划及一切设备，均适合于国民大会堂之用。惟建筑费前经核定二十万元，不敷尚钜。拟恳指定二十万元，为建筑国民大会堂临时会场之经费，即将此款拨交该会，以资充实建筑及内部、设备用费。将来既可作为剧院，又可为会场，诚为一举两得。……

由提议中“拟恳指定二十万元”的表述可见，之前筹备国民大会堂临时会场并未指定经费。

至此，始于两年前的国民大会堂（或称国民大会会场）的筹建工作终于理顺。总经费共 40 万元，包括国立戏剧音乐院及美术陈列馆的 20 万元和国民大会堂追加的 20 万元。

（二）建造

建造过程可算作自 1935 年 11 月 20 日公开招标至 1936 年 11 月 12 日竣工验收（验收后仍有零星修补工作），共约 1 年的建造时间。从工程进展角度来看，可以 1936 年 3 月底批准第一次追加经费为界，大致分作两段：前一阶段工程进展缓慢，主要完成设计修改；后一阶段因距离国民大会召开的时间有限，投入大量人力赶工。

施工招标

1935 年 11 月 20 日，筹备委员会为施工公开招标，以最低价中标的是上海陆根记营造厂，旋于 23 日签订合同[③]。合同中显示，业主是国立戏剧音乐院、国立美术陈列管筹备委员会（褚民谊签字），承包人是陆根记营造厂，保人是成泰营造厂，证人是张剑鸣；工程图纸由陶记工程事务所计划，聘定李宗侃为设计监工。合同约定 3 日内开工，限期 10 个月完成。

由李宗侃作为设计监工，可能并不符合当时的行业惯例。在 8 月国立戏剧音乐院及美术陈列馆筹备委员会征集方案，首选方案由奚福泉设计方案。在《中国建筑》1937 年第 28 期个人设计作品专刊中，奚福泉提供了国立戏剧音乐院应征设计方案，在简要说明的末尾特意补充道：“营造期间监督管理各事，委员会另行委人主持，泉与关赵二君，均未与闻也。”

根据竣工验收时的报道可知，建筑之外，尚有水电冷热气等设备部分由中国联合公司约克洋行承造[④]。在文物保护单位记录档案中，水电冷热气等设备部分的招标、签约时间为 1936 年 3 月 28 日（该日期未见资料记载，记留待考）。

奠基

1935 年 11 月 29 日 11 时举行奠基典礼，居正、吴稚晖、褚民谊等数百人参加，居正主持，

① 孔祥熙等建议中央在京建国民大会堂 [N]. 时代日报 ,1935-08-23(1).（报道称，“除原核定经费二十万元外，加拨建筑费二十万”。这次建议的时间值得玩味。从报道时间推测，孔祥熙等建议大约在 8 月中下旬。国立戏剧音乐院及美术陈列馆的方案征集评选公布工作约在 8 月上旬。此外，孔祥熙等 5 人除孔外其余不详，而两个委员会的委员交集恰好是 5 人，即孔祥熙、石瑛、唐有壬、褚民谊、叶楚伧。）

② 国府令拨建国民大会堂经费 [N]. 中央日报 ,1935-9-13(2).

③ 孙振奎 , 黄翠华 . 国民大会堂 [M]// 陈济民 . 民国官府 . 南京 : 金陵出版公司 ,1992:278-282.（最低标额为 377 229 元，其中国立戏剧音乐院 314 886 元，国立美术陈列馆 62 343 元。合计于购地的 2.5 万元，37.7 万元基本符合之前核定的 40 万元总经费。）

④ 国民大会堂建筑完成今日验收 [N]. 中央日报 ,1936-11-12(7).

褚民谊报告筹备经过，预计完工时间在 1936 年 9 月底或 10 月初[①]。张道藩、陈树人、陈立夫及 30 余位戏剧家也参加了典礼[②]。

事实上，在奠基之前即已经开始打桩测试的工程[③]。之所以选择 11 月下旬连续安排施工招标和奠基典礼，可能是为了配合五大全会关于国民大会的讨论。关于召集国民大会的日期，五大全会在 1935 年 11 月 21 日授权第五届中执委会决定[④]。12 月 4 日的一中全会决定，1936 年 5 月 5 日宣布宪法草案，1936 年 11 月 12 日（孙中山诞辰）开国民大会[⑤]。对于决定国民大会召开的时间，从奠基前的会议授权和奠基后的迅速决定来看，奠基典礼对明确竣工日期或许有些帮助。

设计修改

设计修改的原因是它要满足国民大会会场使用要求。孔祥熙等 5 人在建议中称，国立戏剧音乐院及美术陈列馆“所拟建筑计划及一切设备，均适合于国民大会堂之用”，但仍需补充 20 万元经费，“充实建筑及内部、设备”。为了对应补充经费，设计需要修改，如美术陈列馆增加一层，音乐院加建了冷热气管、地沟、炉子间等[⑥]。

对比奚福泉方案与建成后的情况，修改较多。在外观方面，《首都计划》要求首都建筑“要以采用中国固有之形式为最宜，而公署及公共建筑物，尤当尽量采用”[⑦]。奚福泉方案中在檐口、墙根、门窗等部位采用传统形式、纹样，满足上述要求。建成后，主入口处的券门消失、须弥座简化，这些调整可能更多出于工程考虑。总体来看，除了保留形体轮廓和外立面主要特征、要素以外，大多数原方案设计内容均有调整修改，如取消前厅地下室、调整前厅平面布置、改侧墙平行的观众厅为扇形平面等。

设计修改的时间，可以从其对经费和施工的影响来推测。1936 年 3 月 21 日，国民政府批准了追加建筑设备费 365 458 元[⑧]。在呈报详细的追加经费之前，应已完成设计修改。1936 年 2 月至 4 月底施工停顿，设计修改是诸多因素之一[⑨]。由此推测，设计修改自 1935 年 11 月底开始，修改完成最晚大约在 1936 年 3 月中旬。

1936 年 4 月，范文照被筹委会邀请，聘为顾问建筑师参与到工程中。10 月 16 日，范文照主持了看台压力测验[⑥]。从 1936 年底再次追加建筑设备费[⑩]推测，范文照参与建造后仍有设计修改。

国民大会堂的设计人，方案阶段为奚福泉，建造阶段可能包括李宗侃和范文照在内的多位建筑师、工程师。

---

① 国立音乐院暨美术馆昨行奠基典礼 [N]. 大公报（天津）,1935-11-30(3).（《中央日报》《民报》《益世报（天津）》《大公报（天津）》等在典礼当天均有报道，其中完工时间或称明年九月底、或称明年双十节。）

② 国民大会堂建筑工程告竣 [N]. 申报 ,1936-10-25(14).（报道称，参加典礼的戏剧家有田汉、洪深、欧阳予倩、唐槐秋、应云卫等。）

③ 国民大会堂已开始打桩测验 [N]. 中央日报 ,1935-11-17.

④ 五大全会昨开第五次大会 [N]. 申报 ,1935-11-22(3). （全国各大报纸均做报道。此次大会决议接受宪法草案，并授权中执委会修正宣布及决定国民大会日期。）

⑤ 一中全会决定明年五月五日宣布宪法草案 [N]. 中央日报 ,1935-12-05(2).

⑥ 国民大会堂建筑工程告竣 [N]. 申报 ,1936-10-25(14).

⑦ 国都设计技术专员办事处 . 首都计划 [M]. 南京：南京出版社 ,2006:60.

⑧ 国立戏剧音乐院追加建筑设备费 [N]. 中央日报 ,1936-03-25(7).（报道中所指训令为 1936 年 3 月 21 日。）

⑨ 国民大会堂建筑工程告竣 [N]. 申报 ,1936-10-25(14).

⑩ 国民大会堂追加建筑费 [N]. 申报 ,1936-12-13(4).

赶工

首次追加建筑设备费获批后，褚民谊立即在1936年3月28日上午邀请各界参观施工现场[①]。此时，戏剧音乐院的打桩工作基本完成，美术陈列馆完成两层。工期近半，施工才刚刚开始。

大约在1936年2至4月间，蒋介石同意将国立戏剧音乐院更名，改为国民大会堂[②]。据说国民大会会场命名草拟了两个备选名称——统一纪念堂和国民会堂，蒋介石选后者并加“大”字[③]。

1936年4月底后，工程日趋紧张。根据陆根记营造厂主陆根泉的回忆，4月中筹委会邀请范文照为顾问建筑师，陆根泉本人驻场指挥，褚民谊每日视察数次，林森、居正、孙科、孔祥熙、吴稚晖等先后到场指示。6月间，国民大会会场大致完成两层[④]。

1936年8月中旬，筹委会发函至营造厂督催工期。8月25日宋希尚、梅成章、邬尔梅、张剑鸣到场巡视，此时美术陈列馆即将全部完成，现场“用工五百余人，日夜赶建”[⑤]。关于现场用工人数，陆根泉10月底在上海对记者称有“千余名”，既可能是夸大的说辞，也可能指的是10月16日做看台压力测试时，临时雇用的1500名工人[⑥]。

1936年10月初，国民大会会场外部大致完成，已转为内部设备安装等工作，该月底可望完成[⑦]。褚民谊这段时间接受记者参访时，着意介绍了会场装配的新设备，即表决用的红绿灯和发言用的话筒[⑧]。从历史照片看，外部还有部分门窗尚未安装[⑨]。

最晚至1936年11月2日，国民大会堂已大体完成，并确定了竣工日期为11月12日（孙中山诞辰）。这段赶工是国民大会堂及国立美术陈列馆建造的主要阶段，共约6个月。

验收和造价

1936年11月11日，为了次日的竣工验收，褚民谊、范文照、李宗侃、张鸣剑等预先检验[⑩]。

1936年11月12日10时筹备委员会进行验收，林森、吕超视察[⑪]。验收结果是建筑大部分完工，观众厅东西侧墙和美术陈列馆前花园须改善[⑫]，水电设备尚有部分未完成，修改完善之后再行验收。验收的参观中，褚民谊登台唱演一段《草桥关》[⑬]以娱乐来宾[⑭]。

---

① 国立戏剧音乐院正在积极兴筑中 [N]. 中央日报 ,1936-03-30(7).

② 国民大会堂建筑工程告竣 [N]. 申报 ,1936-10-25(14).

③ 西阶 . 国民大会会场命名谈 [N]. 晶报 ,1936-10-07(2).

④ 张览远 . 首都正在赶筑中之国民大会会场 [J]. 北晨画刊 ,1936,13:2[1936-06-20].

⑤ 国民大会会场十月底可竣工 [N]. 中央日报 ,1936-08-26.

⑥ 国民大会会场月底完成 [N]. 大公报（天津）,1936-10-03(4)

⑦ 国民大会会场一种新设备 [N]. 大公报（上海）,1936-09-21(4).

⑧ 建筑中之首都国民大会会场 [N]. 国闻周报 ,1936,40:1[1936-10-25].

⑨ 国民大会堂竣工 [N]. 民报 ,1936-11-03(3).

⑩ 国民大会堂建筑完成今日验收 [N]. 中央日报 ,1936-11-12(7).

⑪ 国民大会堂昨日验收 [N]. 中央日报 ,1936-11-13(7).（报道称，出席人有吴稚晖、冯玉祥、蒋作宾、石敬亭、鹿钟麟、王世杰、覃振、洪兰友、吴鼎昌、陈树人、贺衷寒、谢冠生、雷震及各机关简任以上官员、外宾，300余人。关于到场参观的人数，1936年11月13日《民报》第三版的报道称约五六百人。）

⑫ 国民大会堂改善屋顶两旁墙壁美术馆前布置园景 [N]. 中央日报 ,1936-11-25(7).（报道称，“……东西墙仅有水泥……重作假苏石，与大会堂前面及两边同一色样，以臻完美，故于昨日又兴工事，大约两三星期可完工……”）

⑬ 《草桥关》，京剧传统剧目，一名《铫期》，是当时京剧名家裘盛戎的擅演剧目之一。与时景相应的唱词或为第七场的铫期两段二黄原板，录唱词如下：皇恩浩调老臣龙廷独往，龙恩重愧无报心意难忘，忙转过万花亭品级台上，披戎装卸甲朝参来见君王。数万儿郎边关镇，蛮夷不敢扰边庭，干戈宁靖民安顺，万民瞻仰歌圣恩。

⑭ 验收国民大会堂 [N]. 新闻报 ,1936-11-13(6).

验收时公开了造价，共 110 万余元。其中建筑部分由陆根记营造厂承造，美术陈列馆 11 万余元，戏剧音乐院 48 万余元；水电冷热气等设备部分由中国联合公司约克洋行承造，共 30 余万元；其余为地价和零星开支①。

筹委会共有两次申请追加建筑设备费。前次在 1936 年 3 月，追加 365 458 元②。后次在 1936 年 12 月，追加 259 935 元③。前后两次共追加约 62.5 万元，加上筹建阶段的 40 万元，共约 102.5 万元。

（三）使用

建成的国民大会堂和国立美术陈列馆之间并无隔墙，两处建筑相互借用，使用时互通。抗日战争全面爆发前，国民大会堂及美术陈列馆内部和公开使用数次。南京沦陷后，国民大会堂多作为鼓吹中日亲善和汪伪政府庆祝“还都”的场所。抗日战争胜利后，国民大会堂迎来国民大会（即所谓“制宪国大”）和第一届国民大会（即所谓“行宪国大”），后为立法院集会专用，逐渐失去戏剧音乐和美术陈列的使用功能。

南京解放后，国民大会堂改名为人民大会堂，国立美术陈列馆改名为江苏省美术馆。两处建筑分别使用，与原先相互借用的使用方式不同。人民大会堂成为江苏省和南京市召开重要会议、举行庆典和文艺演出的重要场所，恢复了其使用功能的初始设定。

人民大会堂既是省、市政府和原南京军区政治活动的重要场所，又是文化艺术活动的主阵地。世界著名艺术团体曾来此演出，如俄罗斯芭蕾歌舞团、维也纳爱乐乐团、世界青年歌舞团等。国内的一流艺术团体也曾多次来此演出，如中央芭蕾舞团、中央民族乐团、中央民族合唱团、中国歌舞剧院、东方歌舞团、北京人艺、上海芭蕾舞团、上海交响乐团等。

人民大会堂的各类使用情况，可以大致分为政治活动、文化艺术活动，以及其他一些联欢会、开幕典礼等。对于其中的文化艺术活动，按艺术表现形式可分为戏剧、演唱会、音乐会。根据人民大会堂管理单位提供的资料、江苏省人大和政协官网资料、地方志以及报刊报道等多种渠道，做不完全收集并整理如下表所示。

1949 年以后人民大会堂使用汇总表

时段	党政会议	其他会议、仪式典礼等	戏剧	音乐会	联欢会（含电影招待会）	演唱会	小计
1949—1959 年	50	10	1				61
1960—1969 年	28	9			3		40
1970—1979 年	22	4			4		30
1980—1989 年	53	6		1	4		64
1990—1999 年	57	7	2	1	6		73
2000—2009 年	41	11	15	15		2	84
2010—2019 年	23	17	29	20	6	25	120
小计	274	64	47	37	23	27	472

人民大会堂的使用情况与社会发展、地方建设存在联系。新中国成立初期由新民主主义向社会主义过渡，随后社会主义建设在探索中曲折前进，“文化大革命”和拨乱反正后，形

① 国民大会堂建筑完成今日验收 [N]. 中央日报 ,1936-11-12(7).
② 国立戏剧音乐院追加建筑设备费 [N]. 中央日报 ,1936-03-25(7).
③ 国民大会堂追加建筑费 [N]. 申报 ,1936-12-13(4).

成改革开放局面并初步建立社会主义市场经济，进入21世纪后愈加繁荣成熟。地方建设发展的历程，可以从人民大会堂的党政会议数量上略见一斑。改革开放以来，文化艺术活动数量大幅增多，种类丰富。以往联欢会形式的演出数量减少与传媒形式发展有关。

值得注意的是近十年的数据。20世纪90年代以来，省市会议制度逐步完善，渐成定制，其使用频度、空间需求、配套设施等与南京人民大会堂自身条件的差距渐渐扩大，由此在2004年提案建造江苏大剧院，2012年选址奠基后，2017年建成使用。自2017年起江苏省级重要会议的会场改至江苏大剧院，南京人民大会堂的使用次数因此减少。另一方面，南京地区的文化艺术场所在数量和品质上的变化因需而生，比如紫金大剧院（2000年）、南京文化艺术中心（2000年）、南京太阳宫（2014年改造）、江苏大剧院（2017年）、江苏荔枝大剧院（2017年）、南京国民小剧场（2017年）、南京保利大剧院（2018年）等。南京人民大会堂在文化艺术方面的使用次数虽有增加，但主要的文艺演出阵地已经分散到其他各处。

纵观新中国成立后的使用情况，南京人民大会堂逐渐回归到初始用途，即用于举办戏剧和艺术演出活动，以及相当于国民大会类型的重要会议。

（四）修缮

主要有1947年、1958年、1986年、1999年、2005年五次较大的改造与维修工程。

建成情况

国民大会堂于1936年11月12日验收，次日的《中央日报》详细记录建筑情况[①]（原文不分段，除末尾处的句号，原文标点均为顿号）：

“国立戏剧音乐院，即国民大会临时会场。全部建筑占地六亩。楼共三层，呈立体形，高大雄伟，颇为壮观。

大门面南，正面顶层刻‘国民大会堂’五字，系林主席所题。

门分三排，入口为售票处，甚宽阔。第二重门亦分三排，入内则为会场，面积颇广。座位分列四行，共一千六百余个，皆紫色丝绒弹簧椅，华丽美观。

舞台为圆形，可自由转动。各演剧换幕，极为灵便，据称同时可换布景数十套。现因此剧台将暂作国民大会主席台之用，台之四周临时加以板壁，台中分设座位两排，前排将为主席团席，后排座位仅两个，专备林主席及蒋委员长莅场时坐用，以示尊敬国家元首领袖。台前为发言席，下为音乐处。

场内各代表座前，各设木板，上置笔墨外，并有红绿电钮各一，此为筹备委员会特殊之贡献。此红绿电钮之意义，在大会讨论议案付表决时，各代表不必举手以示赞成与否。如对此案赞成者，只需按绿电钮，反对者按红电钮，在主席台前之红绿灯牌上，则显示红绿灯明灭之多寡，同时在主席台上另有玻璃箱柜四具，可表明各代表之座位之号数。如是计票既易，并能避免错误。

台后暂分隔房间十余个，将作大会秘书处之办公室，会后则一律拆除，改为剧员休息、化装及换幕之用。

楼上座位共六百余个，两旁有包厢四个，座椅亦为紫色丝绒质。

---

① 国民大会堂昨日验收 [N]. 中央日报 , 1936-11-13(7).

二楼之前为一跳舞厅，场面甚大。两旁设有酒排间，为观众休息处。

至全场电光，均采取最新式之壁内装置。其他一切设备之完善，布置之美化，在国内无有其匹。誉为中国之唯一大剧场，实不为过也。”

当时详细报道国民大会堂建筑情况的另一篇文章是1937年3月1日出版的月刊《胜利之声》中的《雄壮富丽的国民大会堂》[①]。该刊物由亚尔西爱公司负责编辑出版和发行。相较于《中央日报》的报道，这篇文章主要增加了亚尔西爱的扩音机和有声电影机：

“在这会堂内，还有一种极完美而重要的设备，便是装亚尔西爱的扩音机，因为在这种十分广阔的会堂内，倘代表有意见发表，而没有电气机械上的设备，那么所发言语的声浪，当然不能使全场代表都听到。现在装有亚尔西爱的扩音机，便可以使代表和主席，不论站在台上台下任何一个地点，可以极自然地轻轻发言，但是全场听众却完全能够很清晰地听到，好像在对面讲话一样。这样非但可以省却声嘶力竭的累苦，并且可以避免听错的误会。会场四周上下的墙壁，完全依着声学上的原理，装置极有效力的吸音物质，使不论在会议时，在开映有声电影时，在表演戏剧时，对于各种人语音乐的声浪，不致被墙壁反射折回和原音干扰而模糊。这会场内还有一种很新颖的设备，就是不论会议时代表所发的言语，或是演剧时的音乐歌曲声，都可以输送到中央广播电台，再行广播全国，使全国民众都可以有机会听到国民大会堂内当时一切集会的声音，在同样的中央广播电台的节目可直接由电台输送到会场，经扩声机以后发音，以享听众。”

还有一篇发表于抗日战争胜利后、实施修缮前的报道，说明各层的房间布置（原文不分段，部分文字无法识别清楚，故用□表示）[②]：

“……它的下层为礼堂，主席台很直大的列于正中，点灯装于黄色的墙壁中，光线颇为柔和，进大门有警卫传达等室，前后左右有衣帽间六处，休息室□间，办公室六处，会议室□间，男女厕所及更衣室四间，并有吸烟室及糖果室各一间，礼堂有一千五百个座位，铺有很软的地毯。

二楼为月台（如戏院之花楼）座位可容纳五百余人，并有酒吧间两大间，串堂两间，亦有衣帽厕所等室，较楼下更为简洁恬静。

它的三楼与二楼相仿，也可容纳五百人，中央即为放映间，可作放映电影之用。

四层为职员办公室及□室储藏室等，空气畅通与沪□各大楼相似。

上下都有水汀冷气设备，可算是尽善尽美了。……”

1946年修缮

抗日战争胜利后，1945年11月12日在国民大会堂举行了首都各界孙中山八秩诞辰纪念大会[③]。当日，国民政府定于1946年5月5日召开国民代表大会[④]。此时的国民大会堂的保存情况不能满足会议的基本要求，楼下座位破坏数十个，楼座904个座位全部失踪，号码电柜严重损坏而无法使用[⑤]。留给国民大会堂修缮的工程时间大约是6个半月。

---

① 雄壮富丽的国民大会堂 [J]. 胜利之声 ,1937,1(3):7-8.
② 慕良 . 伫待群英集首都 在修葺中之国民大会堂 [N]. 新闻报 ,1946-2-14(5).
③ 各界在国民大会堂隆重举行纪念大会 [N]. 中央日报 ,1945-11-13(3).
④ 国府发表明令国民代表大会日期定于明年五月五日 [N]. 益世报（重庆版）,1945-11-12(2).
⑤ 国民大会堂积极修建 [N]. 中央日报 ,1946-3-15(2).

1946年3月2日，修缮工程招标，分为木器、水电工程、修建工程3部分，共4.1亿元，全部预付，定于3月5日开工，限期4月15日完成[①]。此时离预定会期约2个月。

实际开工日期是1946年3月7日，主要工程内容包括：（1）修理房屋，（2）补配座席，并为新闻记者及旁听者设特别席位，（3）会场中遍设美国采购的"麦克风"。原有表决装置、号码电柜破损严重，因材料缺乏不再使用。扩音设备由中央广播事业管理处安装。工程之外，筹备委员会还需将堂东的东方中学空地开辟为停车场，设置5座彩坊，筹办办公家具、代表宿舍、交通工具等[②③]。

虽然国民政府于1946年4月24日颁布明令，决定原定于5月5日举行的国民大会延期举行[④]，国大代表仍陆续报到[⑤]。至4月29日，国民大会堂修缮工程已近尾声。修缮后的座位共2 476座[⑥]。

1947年改造

第一届国民大会原定于1947年12月25日举行，根据国大组织法，出席代表总数为3 500人，再加记者等需要按4 000人容量做准备。1947年2月28日行政院训令至内政部，转奉国防最高委员会令，国民大会堂扩展工程由内政部规划办理。至3月7日的行政院会，拟定了3种办法，即：将原有建筑彻底改建，另觅地址设计新建，搭盖临时会场[⑦]。3月26日（另有一说为4月3日）的国防会上，决议"*关于国民大会堂之扩展工程，交内政部在节省人力、物力原则之下，体察实际情形，妥慎办理*"[⑧]。留给工程的时间约为9个月。

4月的改建计划。

内政部收悉决议，在1947年4月4日之前内政部营建司司长哈雄文率工程师勘察了中央训练团大礼堂及其附近的另一处疑似为健身房的建筑，认为两处均无法改扩[⑨]。决定停止改建后（4月9日前），营建司打算在党史编纂委员会与励志社之间，搭建临时会堂，并开始设计[⑩]。

5月的新建计划。

据1947年5月4日的报道称，蒋介石手令内政部，在郊外孝陵卫另觅新址重新建造，内政部在5月3日已派人前往勘察[⑪]。选址定在孝陵卫中央训练团附近，由内政部营建司设计[⑫]。至迟到5月9日，营建司完成两份草案，送至行政院审核。甲种方案的平面为半圆形，"*形似古罗马之露天戏场*"，造价250亿元；*乙种方案平面呈长方形*，"*参照美国纽约某室内运动场*"，造价180亿元[⑬]。据5月22日，行政院第四次政务会议决议"*采取甲种图样，地址*

---

① 京国民大会堂 修缮费四亿一千万元 五日动工四月半完成 [N]. 大公报（天津）,1946-3-3(2).

② 国民大会堂房屋开始整修设备亦正布置 [N]. 中央日报 ,1946-3-12(4).

③ 国民大会堂积极修建 [N]. 中央日报 ,1946-3-15(2).

④ 国府昨颁布明令国民大会延期 [N]. 中央日报 ,1946-4-25(2).

⑤ 国大报到代表二百六十一人 [N]. 中央日报 ,1946-4-30(1).

⑥ 国民大会堂修葺工程将竣 [N]. 中央日报 ,1946-4-30(1).

⑦ 朱恒龄 , 行宪的国大会堂 参观完成了的扩建工程 [N]. 中央日报 ,1947-12-15(2).

⑧ 今年国民大会有四千人参加 [N]. 中央日报 ,1947-3-27(2).

⑨ 扩展国大会堂 [N]. 中央日报 ,1947-4-5(2).

⑩ 改建国民大会会场 八个月内匆匆搭盖 [N]. 铁报 ,1947-4-9(1).

⑪ 国民大会堂觅址重建 [N]. 时事新报晚刊 ,1947-5-4(1).

⑫ 内政部营建司筹建国大会堂 [N]. 前线日报（1945.9—1949.4）,1947-5-5(2).

⑬ 未来国民大会堂宏大将为世界冠 [N]. 中央日报 ,1947-5-9(2).

在明故宫”[①]。5月28日的报道称，造价按市价将超过200亿元[②]。据6月3日的报道称，造价初步估算是285亿元[③]。

6、7月的扩展计划。

1947年6月10日行政院举行第七次会议，对“国民大会堂工程案，决议就原有国民大会堂拆去主席台后，房间向后延伸会场面积，不另新建会场”[④]。根据历史图纸，公利工程司的奚福泉负责，在1947年6月15—20日间完成了一套拆除主席台、向后延伸的图纸。

至1947年7月中旬，行政院会同内政部营建司与馥记营造厂估计，扩展方案造价210余亿元，工期150天；5月份的新建方案造价220余亿元，工期180天。在工程方面，原国民大会堂北侧是水塘，地基悬殊，存在结构不平衡隐患。经费和工程问题已提交行政院[⑤]。

8月后的改造。

1947年7月30日行政院接到主席代电，“就现有国民大会堂尽量增座应用”，内政部营建司重新派人实测、设计[⑥]。8月5日的报道称，国民大会堂决定不新建、不扩展，准备在开会时将座位调整，多增座位[⑦]。至9月中旬，内政部营建司完成设计，造价约50亿元。计划将座椅重装，间距由34英寸（1英寸=2.54厘米）缩至30英寸，会堂两侧衣帽间改为座席，可容纳3400席。计划送行政院审核[⑧]。该计划在9月19日政务会议临时会通过[⑨]，哈雄文对记者介绍：

“会堂原有代表席次仅容二千四百余人，今将其每排间距离由三十四英寸缩为三十英寸，连同二楼三楼月台座位，亦并加密，可容三千一百四十四人，足敷代表之用。并将原有记者席，改为外宾席，可容五十人；原有衣帽室，加以拓宽，改为记者席，可容一百六十人左右；原有主席台两侧之休息室，改为长官席，约容一百人；最后将三楼之放映室，改为普通旁听席，推仅能容四十人左右而已，共计增加作为一千零二十八席，可容人数为三千五百零一人。”

行政院核准造价53亿元，工期预计约60日，待1947年10月初工程师年会（10月2至5日，见前文）后开始动工[⑩]。

1947年10月6日，内政部营造司与馥记营造公司签订工程合同。工程包括房屋、木器、水电三部分，馥记营造公司代办房屋与木器[⑪]。水电工程于10月15日与康生公司订立合同。10月12日开工[⑫]。12月15日如期竣工，16日行政院、内政院参观决定验收日期[⑬]。12月22日工程全部完成，工程费用80余亿元[⑭]。至迟到26日，已由行政院验收，交国民大会筹备委员会接管[⑮]。

---

① 朱恒龄.行宪的国大会堂 参观完成了的扩建工程[N].中央日报,1947-12-15(2).
② 国大会堂半圆形占地二千平方呎[N].中央日报,1947-5-28(2).
③ 国民大会堂建筑费估计二百八十余亿[N].和平日报,1947-6-3(1).
④ 国民大会堂设法扩展 政院决议不另新建[N].中央日报,1947-6-11(2).
⑤ 改建国大会堂需费二百余亿 行政院正慎重考虑中[N].申报,1947-7-18(1).
⑥ 朱恒龄.行宪的国大会堂 参观完成了的扩建工程[N].中央日报,1947-12-15(2).
⑦ 国大会堂暂不修建 仅多增座位[N].中央日报,1947-8-5(4).
⑧ 扩建国大会堂约需五十亿元 营建司已设计竣事[N].中央日报,1947-9-17(2).
⑨ 国大会堂即修建 可容三千五百人[N].中央日报,1947-9-20(2).
⑩ 扩建国大会堂下月初可动工[N].中央日报,1947-9-26(2).
⑪ 国大会堂动工扩建[N].中央日报,1947-10-7(2).
⑫ 改建国大会堂昨起兴工修建[N].和平日报,1947-10-13(2).
⑬ 朱恒龄.行宪的国大会堂 参观完成了的扩建工程[N].中央日报,1947-12-15(2).
⑭ 国大会堂扩修竣事[N].中央日报（重庆）,1947-12-24(2).
⑮ 国大会堂接受竣事 筹委会加紧工作中[N].立报,1947-12-27(1).

本次改造后的国民大会堂，有如下变化[1]：

（1）东西两侧在原花坛位置增加了衣帽间。

（2）表决器的线路改进了构造做法。“过去的表决线是埋在水泥地下的，因此，很多线路在工程进行时发现受湿而损坏，所以此次的表决线，乃以铅管裹入洋灰的槽内，上架盖板，覆以橡皮，以备临时修换和防止湿气的压入。”

（3）总计席位 3 475 席。楼上：楼座前后走道改为代表席；二楼两侧的外宾席改为 49 个记者席；三楼放映室维持原状（未按设计改造）。楼下：发言台改小以增加席位；会堂外侧的两侧衣帽间改为座席，记者席 124 个，旁听席 57 个。

（4）墙壁的粉刷和油漆，深黄色改为浅黄色，雪白色改为浅白色。

（5）增加完善暖气和通风装置。

以上改造内容，从 1958 年的工程图纸上可以得到印证。

1958 年改造

1958 年，由江苏省城市建设厅设计院完成人民大会堂的改建加建工程设计。在文物保护单位档案中保存了 1958 年的工程图纸共 11 张，其中施工图纸 9 张完成于 1958 年 3 月 26 日，另有 2 张完成于 1958 年 6 月 9 日的平面图。如果认为 2 张平面图是类似于竣工图性质的工程记录，那么可以推测出本次改造工程的时间在 1958 年 3 至 6 月间。

此次工程主要针对舞台及地下室，内容包括：

（1）改造地下室。东侧改为化妆室，西侧改作浴室及更衣室，中部转台木撑重新布置。

（2）改造舞台台面。转台及四周换成双层木地板。旋转钢梯加三夹板壁。扩大舞台台面作侧台，西侧增加演员休息室。台口东西侧表决器拆除移至地下室，此二间封闭。右台口内侧舞台地面加做电气操作人员观摩洞口。

（3）加建吊幕架。拆除原有竹制吊幕天棚，新建木质吊幕架，上做人行道及吊幕滑轮。

（4）加建乐池。原演讲台不动，拆除台前水泥板并换成木地板，保留此处原有风洞。

（5）改装原有灯光设备等（见下表）。

---

① 朱恒龄 . 行宪的国大会堂 参观完成了的扩建工程 [N]. 中央日报 ,1947-12-15(2).

1958年工程图纸中的施工说明表

项目	修建工程名称	修建范围及说明
一	改建地下室	1. 地下室右侧新建两垛隔墙作化妆室。 2. 地下室中间原有水泥扶梯加宽 50 cm。 3. 地下室中间后面走道墙拆除（拆前先检查是不是承重墙）隔成化妆室，转台木撑整理重新布置，用砖墙隔出走道，中间作为贮藏室，前面右前角新加配电间。 4. 地下室中左侧在原有活动舞台地板处新加木扶梯一座，右边风管较低，在风管范围内新加隔墙三间作为贮藏室，转梯不用。用墙封，没开小门，并隔为两间，作为男女更衣室。 5. 地下室左侧原来水池处，辟作男浴室，在水池边开企口三面砌墙搁预制活动水泥板（水泥板在铺前粉光）将来随时能揭开清理地下沉淀物，同时可使淋浴水自然流下，中间有高出圆筒，敲去，亦用活动盖板盖没，旁边隔一马达小间，用管子通至水池装上自动浮球，水至一定高度，自动从窗口抽至室外。女淋浴室水无法排出，故亦用预制板搁高，较男淋浴室高 10 cm，墙脚开四个流水孔，使洗浴水流至男浴室并淌入池中，故女浴室预制板拼接须严密，上粉水泥砂浆不使水流下。理发室面盆落水亦须流到男浴室水池，故在洗面盆处砌平台将面盆提高。 6. 所有地下室新加房间除小部分门窗新做外均利用旧门窗整修装置，砌墙时须结合原有门窗施工。 7. 地下室中左侧（即男女更衣通风管道处）一大间地面，前经整修，现在部分地面有脱壳、起裂、粉面尘灰，须再作局部修理，将损坏处凿去修复，不作全面整修
二	改建舞台台面	1. 原有舞台转台部分，下面木撑零乱，台面板亦磨损减薄，故将台面及木撑细工拆除。按结构图重新布置木撑大料及格栅，台面采用双层板，格栅木撑和台面底板尽可能利用旧料。较薄的台面板，如不合设计要求，须换新板。面板均用新料。 2. 舞台转台四周台面（舞台平面图虚线范围）亦须换成双层板，将原有台面板拆除，小格栅按双层板厚度锯薄，调换方向，然后与转台同时铺板，拆修事项同上条说明。 3. 在转台及四周台面板、格栅、木撑等拆除后，必须经过详细逐根逐块检验，如有腐烂、虫蛀及质量较差的料子，均须换新或加固，然后再施工（详细构造及材料说明见结构图）。 4. 将原有后面三夹板壁前 2.5 m 范围内木地板拆除成为水泥地，作布置云光灯之用。 5. 扩大舞台台面作侧台及演员休息室，对左面拆下之部分隔间板壁作整理，按设计尺寸重行分隔（旧有和新装见图），门扇亦利用旧门整修，重新使用。 6. 在舞台台口两侧边幕前各竖一根生铁管，作边光灯架柱，柱边设置铁爬梯各一座，以便吊挂边光灯。 7. 正中天幕由人民大会堂按需要装置，台口升降幕按原有材料装置恢复使用，均不包括在本设计范围内。 8. 在舞台台口东西两侧原为表决器及配电间，现将配电间移至地下室后，将这两间拆除收进封闭。 9. 在舞台台口右侧台面加做地下室配电间，电气操纵人员观摩洞一个，详见图示
三	加建吊幕架	将原有竹制吊幕天棚拆除，按设计布置新建木质吊幕架，上做人行道及吊幕滑轮，位置及道数详见结构说明
四	加建音乐池	按原舞台台口演讲台原封不动，仅将演讲台台前水泥板拆除，降低换成木地板。拆时须在演讲台边砌墙支承，以免影响演讲台。原乐池混凝土边墙至回风洞边，若这段是填土，可将地面降低做上木地板，若系空洞，须砌隔墙，搁木地板，看具体情况再说。回风洞至栏杆一段原封不动，否则影响通风，乐池至地下室有木扶梯进出，并加门，另外上面做活动木板，开会时铺得与旁边木地板一样高。靠木扶梯舞台口大料下做一扇小门（内开），漆成白色，演戏时打开小门供乐队进出（因不做小门高度不够），不用时把门关上，铺上活动木盖板，保持原有形状
五	改装灯光设备	在修建本工程时必须改装原有灯光设备等

1986 年维修

1986 年 3 月至 12 月间，由南京市第二建筑工程公司、江苏省建筑设计院、大会堂管理处组成的工作班子，负责完成大会堂维修项目。根据《南京市人民大会堂维修工程竣工资料——维修工程施工总结》（1986 年 12 月 20 日）中的内容，“整个工程在检查、设计的同时进行施工，6 个多月完成了土建、水电、设备三方面的维修项目”。维修内容整理如下表所示。

1986 年工程内容简表

项目	分项	现状	措施	备注
屋面	观众厅	屋面:木桁条 70mm×150mm，木屋面板厚 25mm，腐烂、断裂。木屋面板以上自下而上依次为 70mm 厚煤渣砼保温层、油毡防水层、木屋架、瓦楞白铁屋面（后文又称绿豆砂面层）	桁条加高至 135 mm。 屋面板以下悬挂 100 mm 厚超细玻璃棉保温隔热层，钢丝网托底。 屋面板以上做再生胶油毡防水层（二毡三油），上铺 0.8 mm 通长铝板，接头用咬接法，表面刷锌黄环氧底漆及醇酸外用磁油	
		砼天沟，坡度 3%	原砼天沟不动，由于木桁条加高，天沟加深 65 mm。三毡四油防水层铺至女儿墙压顶下口，增加 0.8 mm 铝皮泛水，接缝用 1∶3 水泥砂浆封闭	
		雨水立管：两侧原各有 7 根 ф100 墙内铸铁雨水管，长期堵塞，无法疏通，后改为外明管	两侧南段各有 1 根铸铁水管，局部改为 ф125 钢管，其余每边各有 3 根，将原钢筋砼柱边镶砖拆除，改立 ф125 焊接钢管	
	舞台	屋面：砼屋面以上自下而上依次是二毡三油一砂、木屋架、木桁条、瓦楞白铁屋面	砼屋面板以上拆除，用水泥膨胀珍珠岩将原 2% 排水坡度提高到 3%，铺 80 mm 厚树脂珍珠岩块材保温板，水泥砂浆 20 mm 找平，铺二毡三油防水层和通长铝皮屋面。两侧气楼做法相同	
		天沟，浅而窄	天沟改为 500 mm 宽、100 mm 深，内铺三毡四油防水层上翻至女儿墙 300 mm 高，增加铝皮泛水一圈	
		雨水立管：四边各 2 根，共 8 根白铁水管	修复 7 根。北侧 2 根改为 ф125 焊接钢管，东南角 1 根和西侧 2 根恢复白皮明管，南立面 2 根暗白铁管	
	休息廊	屋面：结构层以上自下而上依次为二毡三油一砂防水层、木桁条、保温层、木屋面板、二毡三油、木屋架、木桁条、瓦楞白铁屋面。2% 双坡	结构层以上拆除。 水泥珍珠岩找坡、找平 3% 向外，上铺 80 mm 厚树脂珍珠岩保温层，水泥砂浆找平层 20 mm，二毡三油防水层，铝皮屋面	
		天沟	沿女儿墙增设 500 mm 宽、100 mm 深天沟，内铺三毡四油卷材防水层	
		排水立管：一侧观众厅原为内排水，长期堵塞，无法疏通；外侧各 4 根白铁明管	两侧分别由 4 根改为 3 根。其中南北各 1 根，中间 2 根改为 1 根 ф125 焊接钢管，经二楼休息廊墙角至夹层引到底层屋面	
	其他	屋面：油毡防水层	拆除翻新。楼盖上 1∶8 水泥膨胀珍珠岩找坡，树脂珍珠岩块材保温 80 mm 厚，1∶2.5 水泥砂浆粉面，二毡三油防水层，20 mm 厚 1∶3 水泥砂浆保护层，500 mm 分格，油膏嵌缝	
		天沟	加宽、加高	
		雨水立管：原为墙内暗管，少数改为白铁明管	暗管不动，改为明管的油漆出新	

续表

项目	分项	现状	措施	备注
顶棚	观众厅	吊筋、龙骨：纵向主龙骨间距3.05 m，横向次龙骨间距1.20 m，翘曲、变形较大	主龙骨间增加一道龙骨70 mm×150 mm，次龙骨相应增加不小于40 mm×50 mm。主龙骨用φ12吊筋吊于屋架下弦，龙骨与风道管走向矛盾处，另增加横向主龙骨代替吊筋。 增加工作、检修马道纵横3道	
		面层：原为台湾甘蔗板，12 mm厚，严重变形、下垂，少数已腐烂	全部换为6 mm厚PVC低发泡塑料板。因吸音而须打孔，孔径φ6、φ8。刷白色过氯乙烯防火涂料。 PVC板上铺100 mm厚袋装超细玻璃棉，覆盖塑料薄膜	
		灯槽、线脚，钢丝网石膏粉刷。局部裂缝、损坏	局部修理，刷白色乳胶漆出新，原金装饰线脚刷金粉漆恢复	
		回风口，8个	修补金色装饰	
	楼座	龙骨、吊筋：龙骨间距较大，吊筋φ8混乱	整理吊筋，调平顶棚。如遇原吊筋位置与新风管走向矛盾，在原龙骨两侧增加70 mm×150 mm辅助龙骨和新吊筋，φ12间距1.8~2m。 增设马道1道，沿风主管道方向	
		顶棚面层、线脚、灯槽：钢筋网石膏粉刷；局部开裂，共9处	翻修，刷白色乳胶漆，恢复金装饰。 回风洞用200# 细石砼封闭	
	其他	灰板条顶棚、钢丝网石膏粉刷顶棚及其他顶棚，包括灯槽。存在局部下沉、起壳、开裂现象	修理后刷白色乳胶漆，恢复金装饰	
屋架	观众厅屋架	钢屋架	除锈，重新油漆，采用环氧云铁底漆和过氯乙烯防火涂料	
		木梁，局部表面腐蚀、开裂	去除表面烂皮，刷水柏油防腐。开裂处加8# 铅丝5道绑扎牢固。表面涂刷防火涂料	
外墙	屋面以下部分	斩假石墙面，局部起壳、开裂	整块修复	
	女儿墙	女儿墙原有砼圈梁、砖砌体，因雷击开裂严重	重做。设砼圈梁3道。圈梁断面240 mm×240 mm，配筋4φ12箍筋φ6@200，200# 砼。外侧粉刷重做	
内墙	观众厅	楼上3.5m以上部分：甘蔗板墙面，内为木龙骨。 墙裙：水泥砂浆粉刷，开裂、起壳；局部砖砌体风化严重。 墙面：油漆拉毛	原甘蔗板墙面改为PVC穿孔吸声板墙，整修加固龙骨，内填70 mm厚超细玻璃棉吸声材料。 拆除水泥砂浆，修复砖砌体，做1∶1∶6粉刷，黄色喷涂。 风道口金装饰出新。观众厅后墙增加6个清扫水龙头	
	底层休息廊	灰板条墙面，内为木龙骨。	1.7 m以下改为120 mm墙，底、顶浇捣200# 砼地梁和压顶。1.7 m以上恢复板条墙面，增加钢丝网，做1∶1∶6粉刷	
	门厅	黄色水磨石墙面，开裂37道。门套、踢脚为黑色磨石子	凿至砖墙，重做黄色水磨石墙面，人工打磨。 门套改为四川红磨光花岗岩，型式同原样。 恢复黑色磨石子踢脚	
	其他	水泥砂浆粉刷，表面油漆拉毛。质量较好，局部开裂。 灰板条墙面，局部起壳、开裂	油漆拉毛改为黄色喷涂，局部开裂处加贴接缝纸。 灰板条局部起壳、开裂处拆除，整修木龙骨，增加钢丝网做1∶1∶6粉刷。 厕所墙面局部贴白色瓷砖	

续表

项目	分项	现状	措施	备注
楼地面	观众厅	普通水泥砂浆地面，起壳、开裂严重	凿除水泥砂浆面层和砼找平层，改做200#细石砼找平层和磨石子面层，走道及踢脚为红色，其他为黄色，铜条分格 增设4个排水井和2个雨水管检查井	
	楼座楼面	普通水泥砂浆楼面	回风洞用200#细石砼封闭，水泥砂浆粉面，增加棕色H80高级环氧涂料罩面	
	门厅	水磨石地面。开裂17道，垫层下沉严重，西南角局部下沉75 mm	凿除地面及钢筋砼垫层，重新夯实，绑扎 $\phi 12@200$ 双向钢筋，浇捣200#砼，上做水泥砂浆找平层和水磨石面层，分格和色彩按原样	
	底层休息廊	黄色水磨石地面，黑色水磨石踢脚。开裂	重做水泥砂浆找平层和水磨石地面、踢脚	
	底层卖品部	木地板地面，受潮腐烂	改做黄色水磨石地面。自下而上依次为三合土垫层，80 mm厚150#素砼垫层，20 mm厚1∶2水泥砂浆找平，黄色水磨石面层，色彩同门厅地面	
	二楼休息廊、楼梯间	黄色水磨石楼地面，质量较好，局部损坏	局部修理，重新打磨抛光	
	厕所	普通水磨石楼地面	凿除改做彩釉砖地面，舞台3个厕所改做彩色马赛克地面	
	二楼会议室及走道	单层条形硬木底板，变形较大	改做双层席纹腊克地板。木龙骨用膨胀螺丝固定在钢筋砼楼面上，木龙骨间填放水泥膨胀珍珠岩，木龙骨及毛板背面涂刷水柏油防腐	
	舞台及其他房间	木地板，紫棕色油漆，局部损坏	修理并油漆出新，颜色按原样	
门窗	钢窗	原立面15樘钢窗（指的应是前厅部分南、东、西3面）和地下室全部钢窗严重变形，其他钢窗有变形。 窗台原为木板	更换原立面15樘钢窗和地下室全部钢窗，样式按原样。 检查并校正其他钢窗，更换五金件，重新油漆。 舞台东西侧20樘钢窗内侧增加木窗挡光，外包铝皮防水。 二楼休息廊钢窗的玻璃改为5 mm平板玻璃，其余钢窗改为5 mm压花玻璃。 前厅、休息廊窗台改为黄色水磨石窗台板	
	木门窗	木门为双面夹板门	所有木门（除舞台西侧休息室处外门）均做修理，重新油漆，恢复回纹金色装饰，更新五金件。 二楼隔墙木窗改用3 mm压花玻璃。 舞台西侧休息室外门改为铝合金门，配茶色玻璃	
	百叶窗	前厅、观众厅和舞台百叶窗，白铁百叶窗	更换为钢百叶窗，油漆同屋面铝板	
其他	正立面	“人民大会堂”字样	贴金箔	
		主入口雨棚	屋面重做二毡三油防水层，1∶3水泥砂浆保护层，500 mm分格。 立面用草酸清洗，并做修补	
	舞台	乐池	乐池面层做木地板，油漆同舞台地板。钢板上焊接40 mm×40 mm角钢@400，木楞，钉25 mm厚企口木地板，靠观众席一边外包PVC板，25 mm×25 mm角铝包边	乐池由固定式改为液压升降
		休息室	原休息室拆除，重做以钢、木结构为骨架的休息室。墙裙改为1.20 m高水曲柳五夹板腊克罩面，墙面及平顶为五夹板贴墙纸（除3#休息室顶采用水曲柳装饰五夹板腊克平顶），灯槽线脚用美铝曲板	
		贮藏室和电话间	重新改造、装修	
	观众厅	座椅	更换为悬挑排式沙发椅。减少2/3落地脚数。椅脚加高20mm。封头板，楼下做金粉漆，楼上按原样	

续表

项目	分项	现状	措施	备注
水电设备、舞台设备				
给排水	观众厅		增设暗式地面洒水栓 6 套，增设 3 个排水井和地面排水管道	
	卫生间		更换底层卫生间和舞台卫生间的卫生洁具、上水支管、下水管、阀门	
采暖	散热器		逐组检修，试压合格后恢复原位，刷防锈漆和银粉漆	
电气	电线、电管		电线全部更新。 更改小部分电管	
	灯具		更换照明灯具约 4500 套，吸顶灯 100 多套。增设踢脚灯 44 条、座椅灯 75 套、日光灯 57 套。 正门外墙及大雨蓬上口增设固定式防水防尘彩灯 340 套	
	照明控制	原在舞台下面	改为舞台侧二楼控制。 增设自动调光控制屏 3 台	
	电源		增设天幕电源 40 回路	
	避雷		整修避雷针	
空调	风阀		更换 33 个	
	风管		除舞台一部分，其余全部更新。风管布置调整，风口位置按原样。白铁皮风管，自熄板保温，缠玻璃布，刷乳胶	
舞台设备	乐池	固定式	改为液压升降乐池。4 种基本高度：平舞台、平栏杆、平观众厅地面、乐池底	
	拉幕机	手摇	改为电动拉幕机。JWD—Ⅱ型均匀伸缩无级调速电动拉幕机	
	吊杆	原 40 道吊杆均采用手拉	改为电动吊杆机	
	灯光系统	原灯光系统均为 20 世纪 50 年代产品，手工操作，设备陈旧	改为 240 回路可控硅调光设备，控制系统采用微机和手动控制	
	扩音设备		采用进口 24 回路增音器，4×100 W 功放机，调整音箱布置	

1986 年维修工程，主要措施可以归为以下三方面：

（1）从使用功能看，所采取的措施主要体现在舞台和观众厅。舞台设备由手动改为电动，改做液压升降乐池。观众厅更换为沙发座椅，并增加清扫龙头。这些增改大多是为了适应当时会议、演出的需求，提高舒适程度。

（2）从室内建筑构件看，基本按原样式维修，主要在观众厅内引入一些当时比较新的材料，如 PVC 穿孔吸声板、超细玻璃棉吸声材料等。

（3）维护结构中改变较大的是屋面和门窗。屋面原有两类：一是卷材防水层和木构架铁皮板坡屋面的双层结构，包括观众厅、舞台、东西走廊；二是门厅部分的平屋面。工程中，双层结构全部拆除，除观众厅外，其余均改为水泥砂浆面层的卷材防水平屋面。观众厅改为卷材、铝皮的双层屋面。屋面的维修也引起部分女儿墙和雨水立管的改造。维修后的屋面，大部分保留至今。外窗部分更换了门厅和地下室的钢窗，东西廊的窗台改为水磨石。全部外窗玻璃均被更换，共采用 2 种玻璃，东西廊用 5 mm 厚平板玻璃，其余用 5 mm 厚压花玻璃。

本次维修竣工后，1987 年在人民大会堂西侧建汉府饭店，汉府饭店与大会堂的二楼通过天桥相连。天桥与大会堂二层走廊连接处，外墙原窗洞位置改为门。

1999年加建化妆楼和加固舞台

1999年江苏省政府、南京市政府专门拨款1 800万元对大会堂进行了较为彻底的改造、出新。由江苏省建筑设计研究院完成施工图设计。主要工程内容如下：

（1）沿舞台后墙新建1 100 m^2 的三层化妆楼。化妆楼地下增加消防水池及泵房，地上为接待室和化妆间。加建的化妆楼和舞台之间设缝，缝宽150 mm。

（2）扩大台口，加固舞台部分的结构，新建舞台钢天桥，提高舞台的栅顶。

（3）舞台设备方面，更新舞台的灯光系统、音响系统、吊杆系统，更换升降乐池，安装台口两侧的显示屏等设备，更换供电线路。

（4）改造门厅三楼的放映室、卫生间室内装修。

（5）观众厅天棚、墙面重新装修。

（6）外立面水刷石墙面斧斩出新。

（7）更换通风系统、火灾报警系统。

（8）更换观众厅座椅。化妆楼与舞台部分的连通位置共四处，有两处在地下层及一层中部偏西的后墙上，另两处在舞台东北角的一、二层。

2005 年改建设备楼

2005 年将化妆楼西侧、紧邻舞台西北角原先加建的设备楼拆除，新建三层设备用房。新建的设备楼和舞台后墙之间设缝，缝宽 150 mm。设备用房地下是洗衣房、热交换间、水池，一层是接待室、配电间、冷冻机房、锅炉房，二、三层是空调机房、化妆间、仓库。

同时对人民大会堂的维修包括如下内容：

（1）舞台设备升级改造，安装会议选举表决智能系统。

（2）外墙修补。

（3）观众厅地面新做水磨石地面。

（4）内墙重刷涂料。

（5）更换舞台木地板。

（6）更换观众厅座椅。

（7）更换空调系统、消防监控系统。

2005 年后的局部维修

2007 年观众厅屋顶进行防水维修。

2010 年升级会议选举表决智能系统。

2011 年舞台、东西廊屋面进行防水维修。

2013 年门厅屋面进行防水维修。

2014 年升级改造消防系统和监控系统。

（五）历史照片

國民大會堂
國立美術陳列館

汗血週刊
第七卷第廿一期 民國廿五年十一月廿二日出版

一週間
首都興建中之國民大會會場外觀

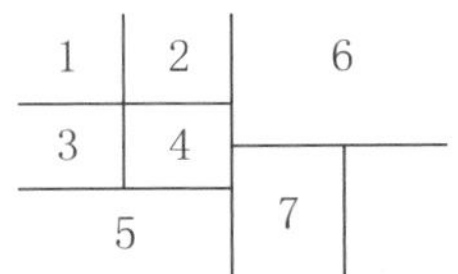

1 20 世纪 30 年代国民大会堂航拍图(南京人民大会堂提供，出处不详)
2 全部完成之国民大会堂（国立戏剧音乐院）及国立美术陈列馆 国际社，《天津商报每日画刊》1936 年第 21 卷第 15 期 2 页(1936-11-17)
3 国民大会堂 南京 NANKING，VERLAG VON MAX NOESSLER & CO.,SCHANGHAI，1945 : 19
4 立体化的国民大会堂《汗血周刊》1936 年第 7 卷第 21 期封面（1936-11-22）
5 首都兴建中之国民大会会场外观《汗血周刊》1936 年第 7 卷第 1 期 1 页（1936-07-05）
（同图最早见于，张览远，首都正在赶筑中之国民大会会场《北晨画刊》1936 年第 8 卷第 13 期 2 页 1936-06-20）
6 修建完成之国民大会堂侧景 《国民大会纪念画册》，申报馆出版发行，1947-02-01 : 41《天山画报》1947 年创刊号 14 页（1947-06）
7 （上）国民大会堂之放映室用主要放大机（下）国民大会堂之放映机 《胜利之声》1937 年第 1 卷第 3 期 8 页（1937-03-01）

（六）时间轴

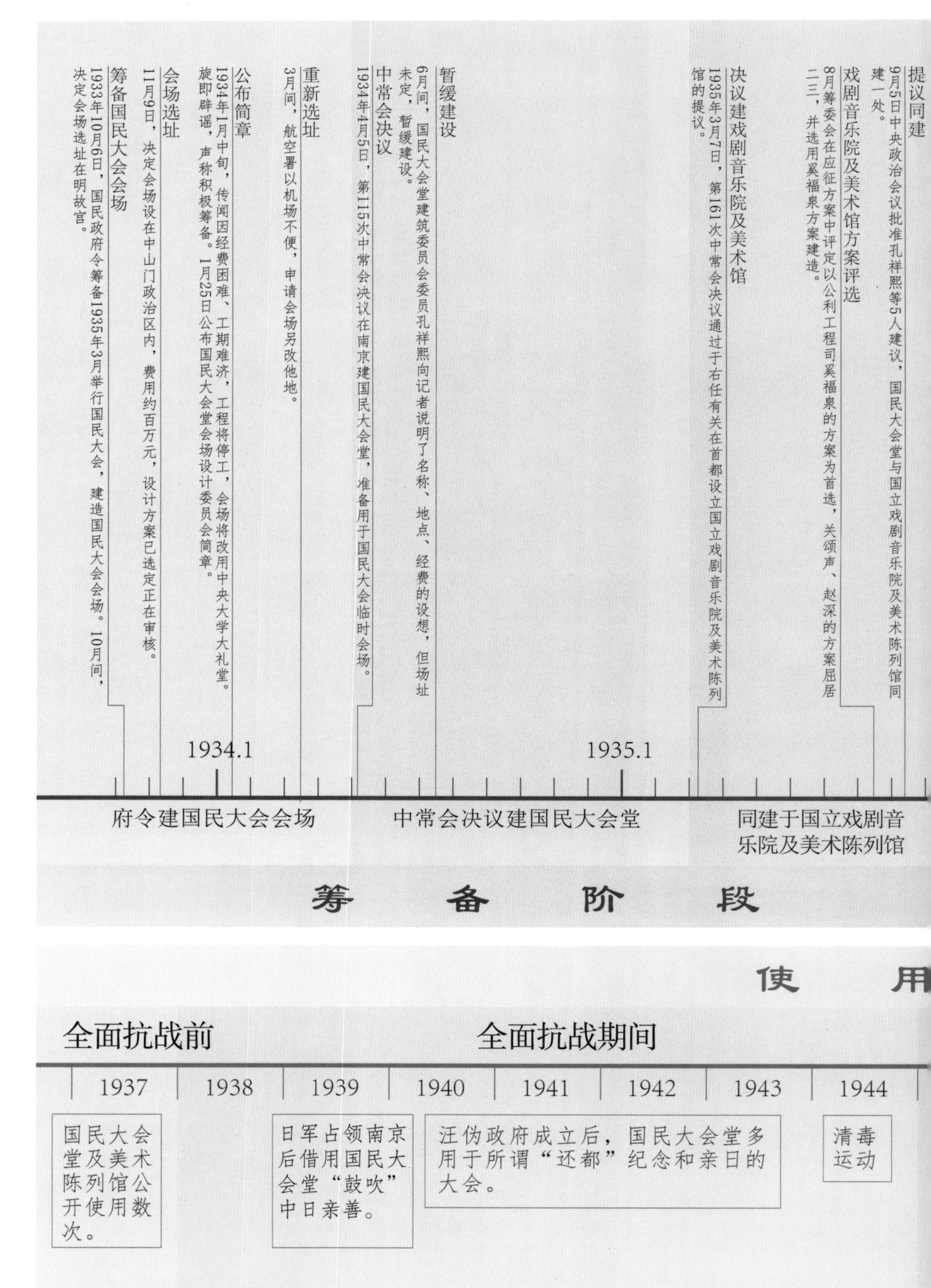

筹备国民大会会场
1933年10月6日，国民政府令筹备1935年3月举行国民大会，建造国民大会会场。10月间，决定会场选址在明故宫。
会场选址
11月9日，决定会场设在中山门政治区内，费用约百万元，设计方案已选定正在审核。
公布简章
1934年1月中旬，传闻因经费困难、工期难济，工程将停工，会场将改用中央大学大礼堂。旋即辟谣，声称积极筹备。1月25日公布国民大会堂会场设计委员会简章。
重新选址
3月间，航空署以机场不便，申请会场另改他地。
中常会决议
1934年4月5日，第115次中常会决议在南京建国民大会堂，准备用于国民大会临时会场。
暂缓建设
6月间，国民大会堂建筑委员会委员孔祥熙向记者说明了名称、地点、经费的设想，但场址未定，暂缓建设。
决议建戏剧音乐院及美术馆
1935年3月7日，第161次中常会决议通过于右任有关在首都设立国立戏剧音乐院及美术陈列馆的提议。
戏剧音乐院及美术馆方案评选
8月筹委会在应征方案中评定以公利工程司奚福泉的方案为首选，关颂声、赵深的方案屈居二三，并选用奚福泉方案建造。
提议同建
9月5日中央政治会议批准孔祥熙等5人建议，国民大会堂与国立戏剧音乐院及美术陈列馆同建一处。
1934.1
1935.1
府令建国民大会会场
中常会决议建国民大会堂
同建于国立戏剧音乐院及美术陈列馆
筹 备 阶 段
使 用
全面抗战前
全面抗战期间
1937
1938
1939
1940
1941
1942
1943
1944
国民大会堂及美术陈列馆公开使用数次。
日军占领南京后借用国民大会堂“鼓吹”中日亲善。
汪伪政府成立后，国民大会堂多用于所谓“还都”纪念和亲日的大会。
清毒运动

奠基典礼

1935年11月29日11时举行奠基典礼，居正、吴稚晖、褚民谊等数百人参加，居正主持，褚

工期近半

1935年3月28日，褚民谊邀请各界参观施工现场。此时，戏剧音乐院的打桩工作基本完成，美术陈列馆完成两层。工期近半，施工才刚刚开始。

聘请范文照

1936年4月，范文照被筹委会邀请，聘为顾问建筑师参与到工程中。

督催工期

8月中旬，筹委会发函至营造厂督催工期。此时美术陈列馆即将全部完成。

看台压力测验

10月16日，范文照主持了看台压力测验。

竣工验收

1936年11月12日，筹备委员会验收，林森、吕超视察。

5.1

1937.1

1946年修缮

1946年3月7日至4月29日，国民政府开展针对国民大会的修缮工程。主要内容包括：修理房屋，补配坐席，并为新闻记者及旁听者设特别席位，会场中遍设美国采购的麦克风。

1947年改造

为应对第一届国民大会，内政部负责规划办理国民大会堂扩展工程。原拟定3种办法：将原有建筑彻底改建，另觅地址设计新建，搭盖临时会场。7月决定就现有国民大会堂尽量增座应用。

1958年改造

1958年3至6月间，江苏省城市建设厅设计院进行了人民大会堂的改建加建工程设计。工程主要针对舞台及地下室，将地下室及舞台台面进行改造，加建了吊幕架与乐池。

1986年维修

1986年3月至12月间，由市建二公司、江苏省建筑设计院、大会堂管理处组成的工作班子，负责完成大会堂维修，在土建、水电、设备三方面进行了维修。本次维修竣工后，1987年在人民大会堂西侧建汉府饭店，饭店与大会堂二楼通过天桥相连。

1999年加建化妆楼和加固舞台

1999年，江苏省建筑设计研究院对大会堂进行了较为彻底的改造，沿舞台后墙新建了化妆楼，加固了舞台。

2005年改建设备楼

2005年将化妆楼西侧，紧邻舞台西北角原先加建的设备楼拆除，新建三层设备用房。

2005年后的局部维修

2007年观众厅屋顶防水维修。2010年升级会议选举表决智能系统。2011年舞台、东西廊屋面防水维修。2013年门厅屋面防水维修。2014年升级改造消防系统和监控系统。

建 造 阶 段

修 缮 阶 段

阶 段

抗战胜利后

1946	1947	1948	1949

抗战胜利后，国民大会堂迎来制宪国大和行宪国大，后为立法院专用，渐失戏剧音乐和美术陈列的功能。

国民大会堂更名为人民大会堂。

解放南京后

南京人民大会堂既是江苏省、南京市政府和原南京军区政治活动的重要场所，又是文化艺术活动的主阵地，逐渐回归到其初始用途，即戏剧和艺术演出，以及相当于国民大会类型的重要会议。

二、价值评估

（一）历史价值

（1）南京国民政府统治期间，第一届国民大会在南京的国民大会堂召开。国民大会因抗战延期。1946 年“制宪国大”于 11 月 15 日至 12 月 25 日举行，制定了《中华民国宪法》，中国共产党和各民主党派、各人民团体均严正声明不承认国民党背叛政协协议而召开的“国大”和它所通过的“宪法”，使蒋介石在政治上陷于极端孤立境地。1948 年的“行宪国大”，蒋介石和李宗仁分别当选总统、副总统。国民大会堂旧址与梅园新村等文物保护单位共同形成了在全面抗战时期至解放期间国民大会等政治、民主活动的重要历史事件地点。

（2）“行宪”后，国民大会堂长期作为立法院集会的会场，直到南京解放前夕才中止第三会期。立法院的自主性突出。在政治运作中，立法院不仅承担立法工作，而且依法制衡总统与行政院，多次对行政权进行有利还击，对行政决策产生了影响。国民大会堂旧址在这一时期属于国家行政机关的场所。

（3）南京解放的军管时期，此处举行了会师大会、建军节大会，并召开中共党员大会。在短时期内，南京城平稳接管、建立政权、安定秩序、恢复发展。国民大会堂旧址是见证解放南京历史中的重要场所。

（4）新中国成立时期，人民大会堂承担了省、市人民代表大会、人民解放军授衔典礼等活动，见证了人民当家作主、行使民主权利以及国防建设、军队成长的重要历史时刻。

（二）艺术价值

（1）国民大会堂旧址是我国近代建筑师在 20 世纪 30 年代的代表作之一，它兼顾新型建筑功能与现代技术特点，并具备民族风格。

（2）正立面横向为三段构图，中部高起，两侧拱卫。在图形关系上，两侧与中部是约为 2/3 的相似矩形，突出中部、强调对称，形成庄严稳重的构图。立面纵向构图分为台基、墙身、檐部。台基形式是简化的传统须弥座，在装饰细节上舍弃繁复的雕刻。墙身开窗强调竖向，隐约可见西方古典柱式的比例关系，但不用柱式。墙身装饰选择门窗过梁和门窗格部位，过梁用简化的清式和玺彩画做凹凸，门厅大门的过梁着色。大门以上的窗格内，顶部横头用减笔组合型的回纹，竖向用正反“∽”型的回纹样式，其余部位的窗格大大简化。檐部由西方古典檐部做简化而来，增加回纹图样和传统梁头。该建筑在装饰细节方面体现了“中国固有之形式”，是当年较为流行的民族建筑形式实例之一。

（3）国民大会堂旧址的方案设计师奚福泉在 1934 年创办公利工程司，设计了位于南京新街口的中国国货银行南京分行旧址，随后他设计的国立戏剧音乐院、国立美术陈列馆方案被评为首选。国民大会堂旧址在施工阶段存在设计修改，在外观上保留了奚方案的立面控制和基本要素。这些建筑的设计风格和特征存在明显的延续和发展，表现出功能和建造技术现代化；立面庄重、坚实，采用花格门窗、檐部简化的线脚和传统梁头结合、简化台基、传统回纹样式的装饰等，凸显中西合璧的建筑风格，是中国近代建筑史上新民族建筑形式的重要范例。

（三）科学价值

（1）国民大会堂建成于 1936 年，采用钢筋混凝土结构。建成时，东西对称（后在观众厅东西廊外加建，加建部分不完全对称），平面功能按照剧院建筑布置，有明确的舞台、观众厅、前厅及休息厅，舞台部分采用镜框式舞台，主台、侧台、台口、台唇、乐池完备，在主台以下设有台仓。舞台台口宽 12.3 m（1999 年扩大至 14 m）。建成时建筑面积约 5 100 m^2（后有加建），共设有 1 600 多个席位（后有增加，1946 年修缮后 2 476 座，1947 年改造后 3 475 座）。堂内制冷、供暖、通风、消防、盥洗、卫生等设施齐全。并安装了当时最先进的投票表决系统，即座席配有 3 个按钮的表决器，用地下电缆连到主席台。在 20 世纪 30 年代国民大会堂是全国规模最大、设施最好的戏院会堂类建筑。

（2）从结构设计的角度来看，前厅楼面梁跨度 12.5 m、台口梁跨度 14.6 m、舞台屋盖梁跨度 17.1 m、楼座悬挑梁的出挑近 6 m，这些构件跨度均为同时期建筑所罕见；观众厅两侧休息厅楼屋盖跨度为近 9 m 的混凝土空心砖楼盖，除水磨石地面有表面细裂缝，并无明显结构病害；观众厅屋盖跨度 25~37 m，楼座主梁为 33 m 跨度的钢砼组合桁架，反映出当时国内钢结构设计和施工的水平。

（3）国民大会堂自 1935 年 11 月 29 日奠基，至 1936 年 11 月 12 日验收，总工程历经近一年的时间，但如果细分其间的设计修改、赶工等阶段，集中施工的时间约 6 个月。该工程反映出我国在 20 世纪 30 年代的施工水平。

（四）社会价值

（1）国民大会堂是民国时期重要的政治文化活动场所。建成后多次公演戏剧、音乐会，抗战胜利后举行孙中山诞辰纪念大会、还都大会，两次国民大会之后作为立法院集会场所。国立戏剧学校、中央大学、金陵大学、金陵文理学院等高校戏剧音乐组织等也曾在此登台演出。

（2）经 1986、1999、2005 年三次维修改造后，人民大会堂内设软座 2 909 席，配有电动升降乐池，电动升降吊幕杆 40 道，全套舞台灯光电脑控制系统，并配备了各类专业灯具、音响，台口配备电子显示屏，舞台北侧加建的化妆楼能满足 200 名演员同时化妆。随着时代发展，人民大会堂升级硬件条件，满足各类会议和大中型演出的需要。人民大会堂一直既是省、市政府和原南京军区政治活动的重要场所，又是文化艺术活动的主阵地。

（3）随着两岸关系的发展，近年来人民大会堂承担了相关文艺演出，例如 2016 年 9 月 15 日“月圆两岸情”中秋音乐会。人民大会堂接待了大量前来参观的台湾同胞，例如 1987 年台湾作家白先勇回大陆参观，走进大会堂时感慨万千：“大会堂中一片静悄，三千个座位都空在那里，一瞬间，历史竟走了天旋地转的三十九年。”可以说，这座建筑仍然是联系两岸同胞的纽带之一。

三、历史设计图纸及重绘

历史设计图纸目录表

序号	图纸年份	图纸内容	张数	来源	备注
1	1935 年	奚福泉中标方案立面、鸟瞰图	4	南京市市级机关事务管理局	
2	1936 年	内政部营建司绘，一层加建改造、三层修理	2	文保档案	对照 1946 年图纸，设计内容未实施
3	1946 年	修理前图样。一、二、三层平面，剖面；表决器通风暖气电灯管线的二层平面图、部分详图	6	中国第二历史档案馆	
4	1946 年	修理前图样。地下、二、三、四层平面	3	南京城市建设档案馆	二、三层平面与上项图纸中相同
5	1947 年 4 月	内政部营建司设计。拟建国民大会堂甲、乙两种图样	9	中国第二历史档案馆	未实施
6	1947 年 6 月	公利工程司设计。扩充图样	6	中国第二历史档案馆	未实施
7	1947 年	改造图样。一、二、三层平面，主席台更改图样（标注采用甲种，乙种作废，加盖营建司技术室章），会堂东部增建衣帽间立面、切面图，甲、乙种座位结构图。另有内政部营建司设计的座位制造图 1 张，时间为 1936 年 9 月，应属归档失误	7	中国第二历史档案馆	
8	1958 年	江苏省城市建设厅设计院。现状尺寸复核的一、二、三、四层平面，地下室平面图，舞台平面图，1-1、2-2 剖面、淋浴隔板、门窗大样，灯柱及铁爬梯大样、施工说明，吊幕平面布置及大样说明，桁架及节点大样图，屋架详图	11	文保档案	
9	1999 年	南京建筑工程学院建工综合实验室，南京人民大会堂舞台结构测绘	9	文保档案	
10	1999 年	江苏省建筑设计研究院，南京人民大会堂改造建筑专业施工图	15	建设单位	
11	2005 年	江苏省建筑设计研究院有限公司，南京人民大会堂改造建筑、结构专业施工图	23	南京城市建设档案馆	

（一）奚福泉方案

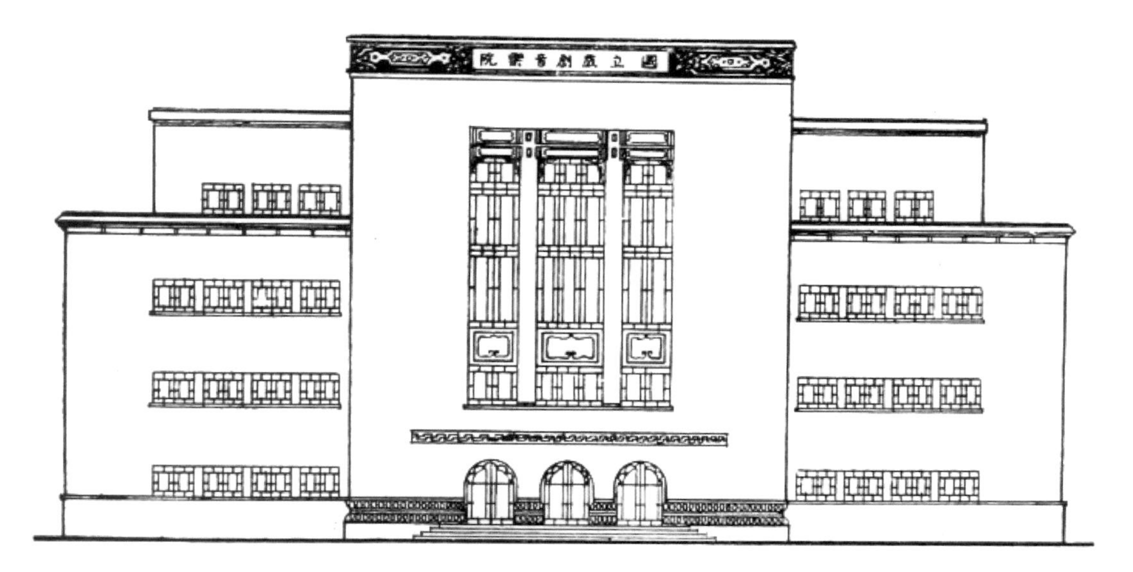

1 前立面

2 后立面

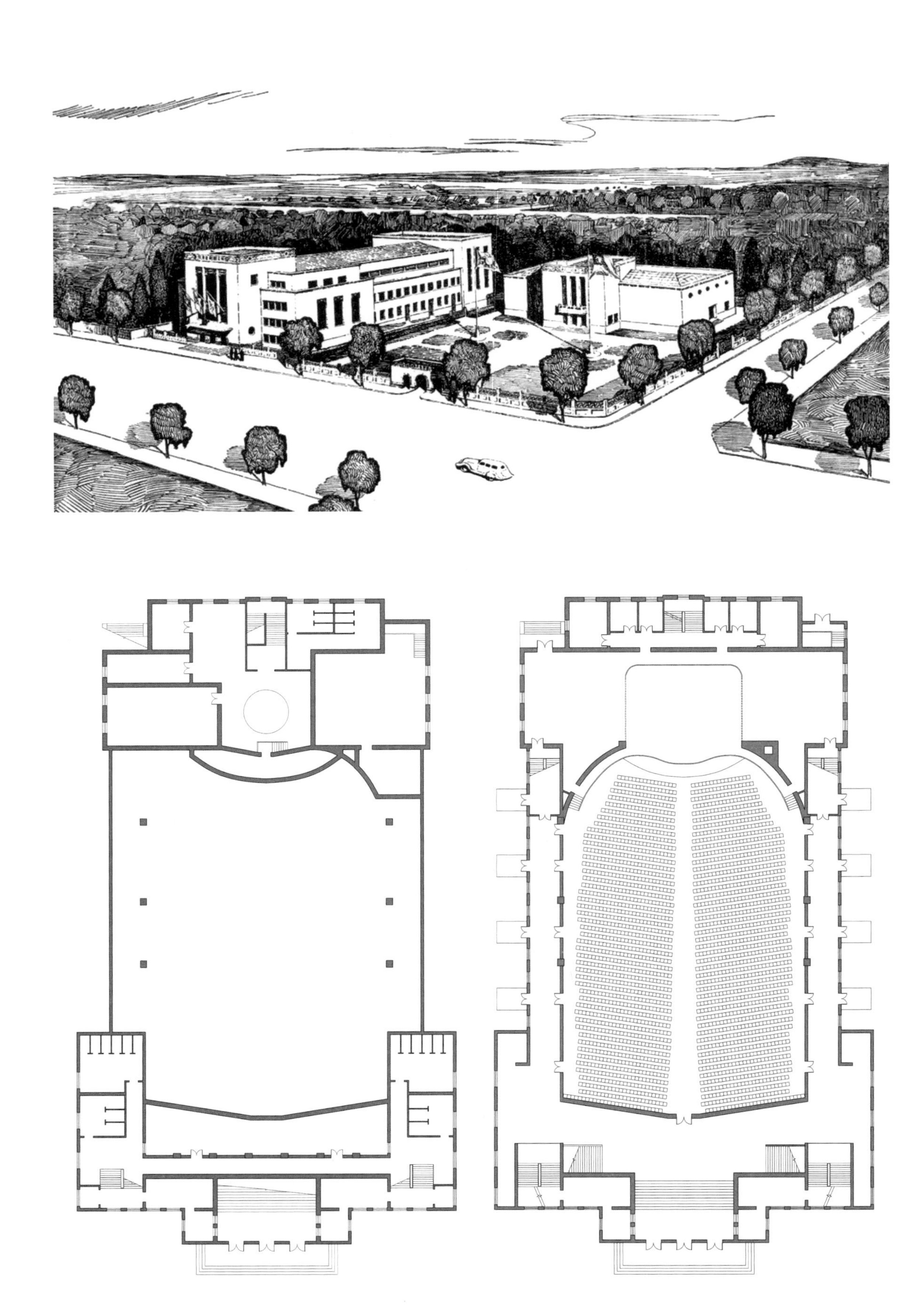

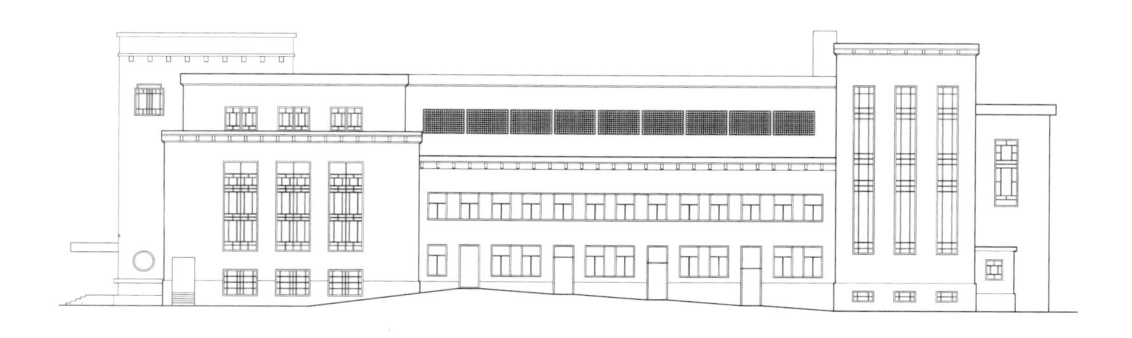

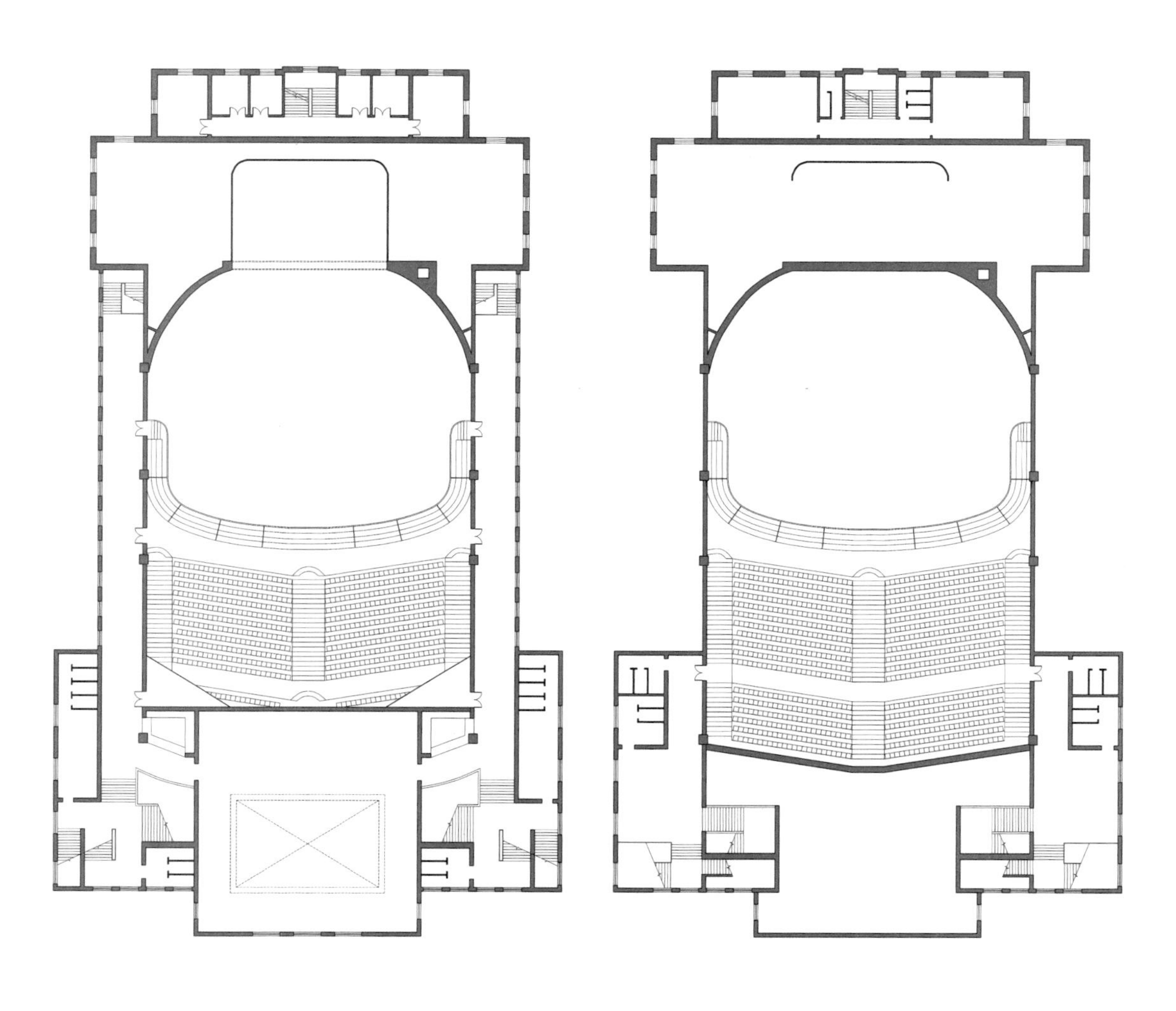

1 鸟瞰图
2 侧立面
3 地下层平面
4 一层平面
5 二层平面
6 三层平面

0 2m 5m 10m

1		2	
3	4	5	6

（二）1936 年建成时

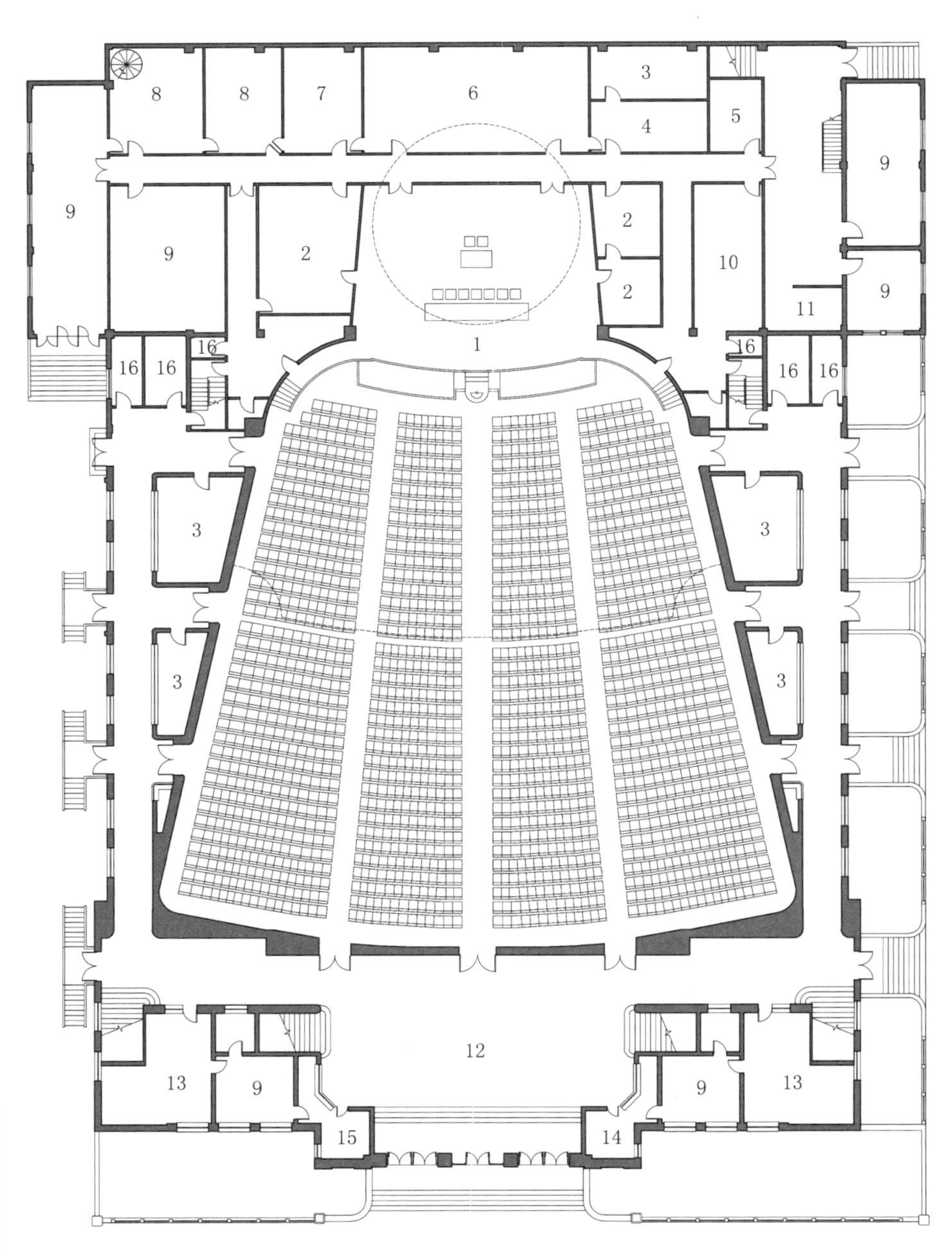

1 主席台
2 憩息室
3 衣帽间
4 更衣室
5 文件室
6 会议室
7 秘书长室
8 秘书室
9 办公室
10 侍从室
11 后勤
12 门厅
13 警卫室
14 传达室
15 问讯室
16 厕所

0 2m 5m 10m

一层平面

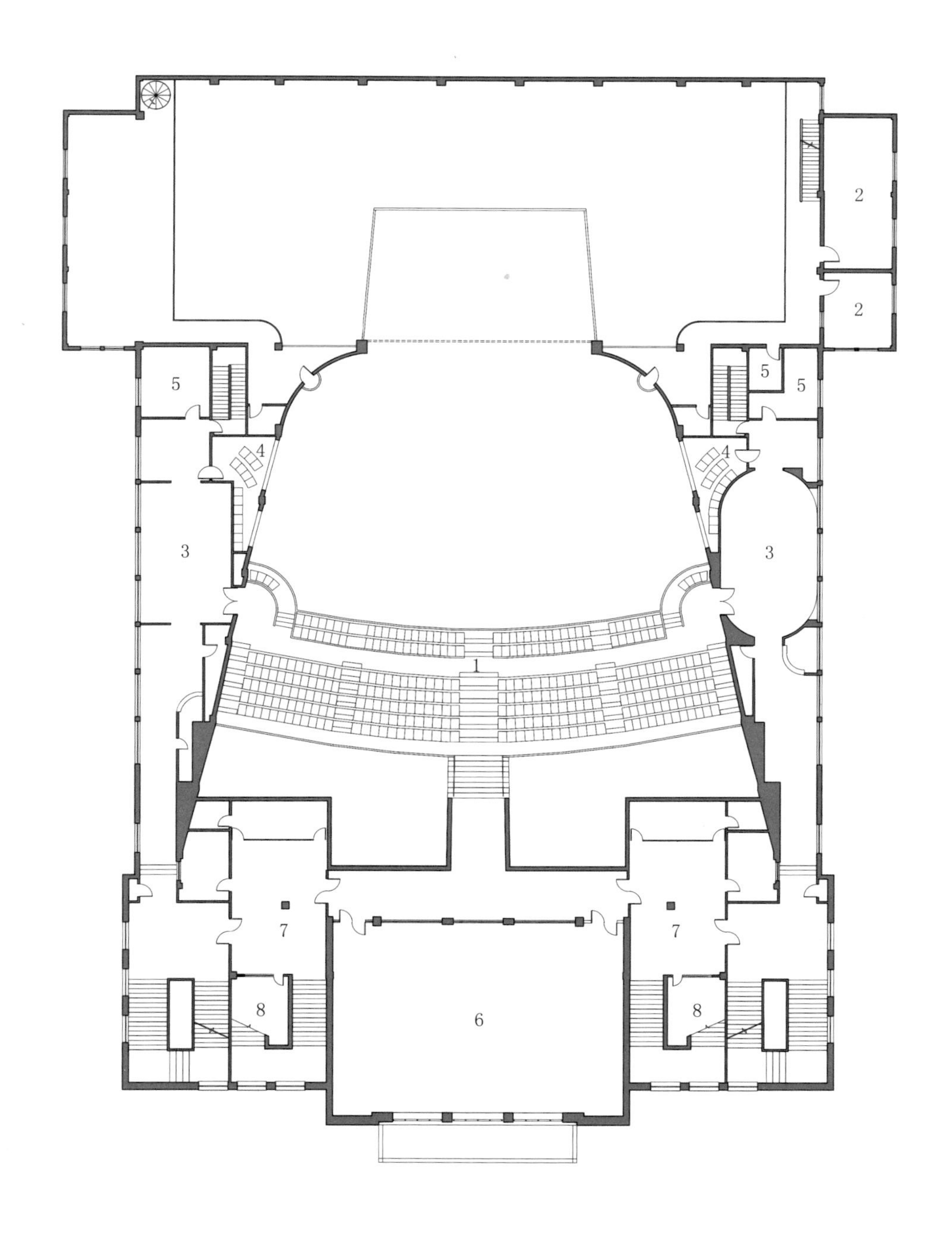

1 月台
2 办公室
3 憩息室
4 记者席
5 厕所
6 会议室
7 穿堂
8 衣帽间

0 2m 5m 10m

二层平面

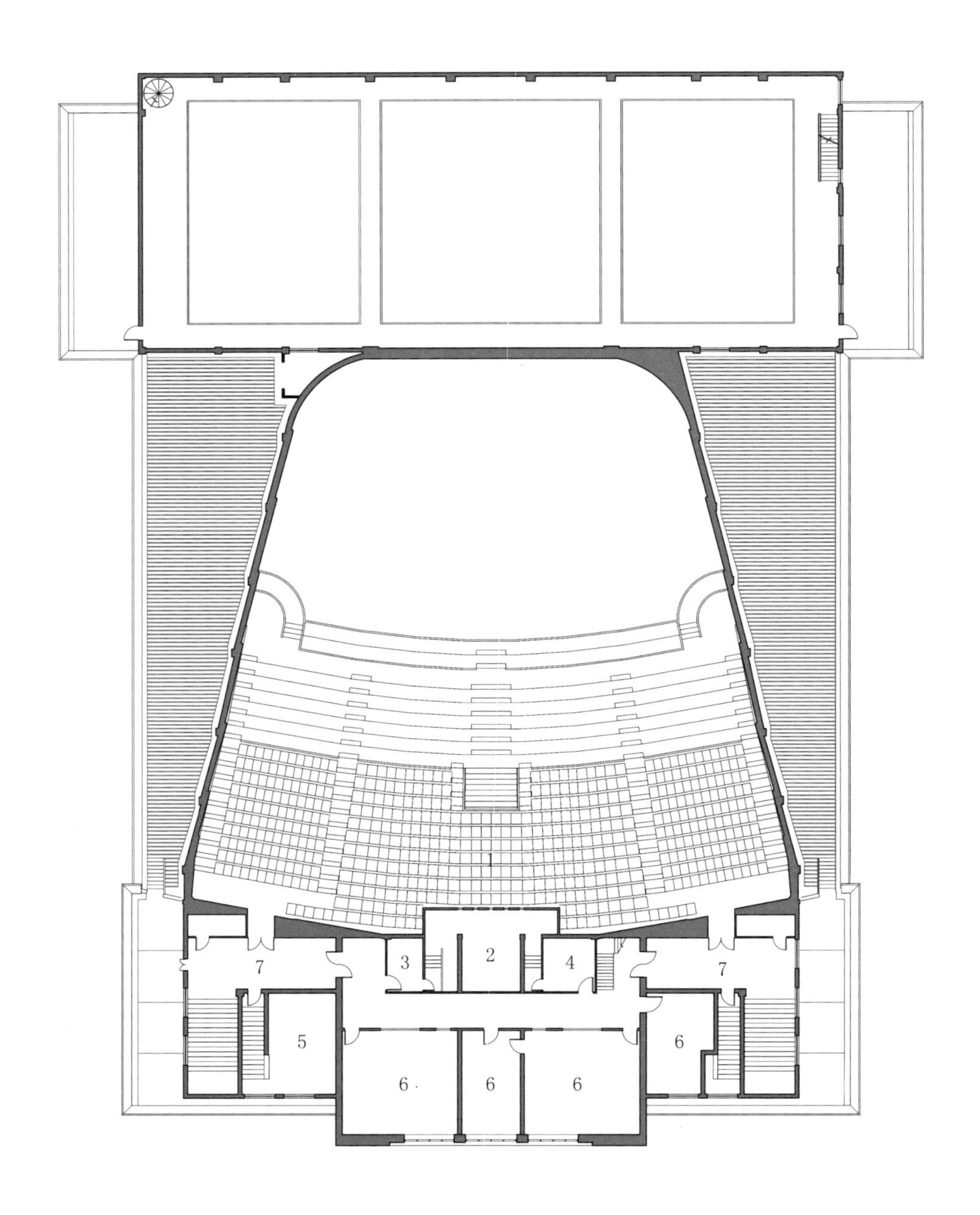

1 月台上部
2 放映室
3 后勤
4 衣帽间
5 厕所
6 会议室
7 穿堂

三层平面

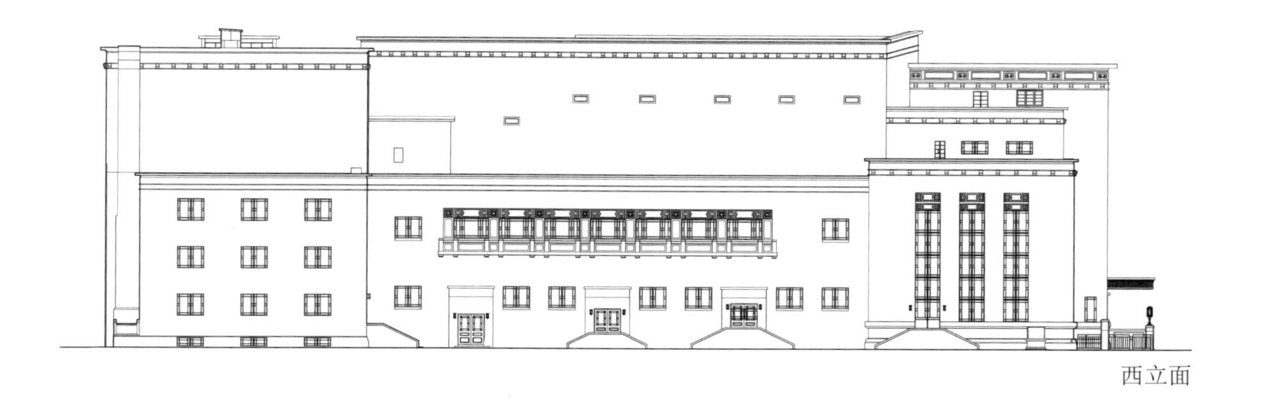

西立面

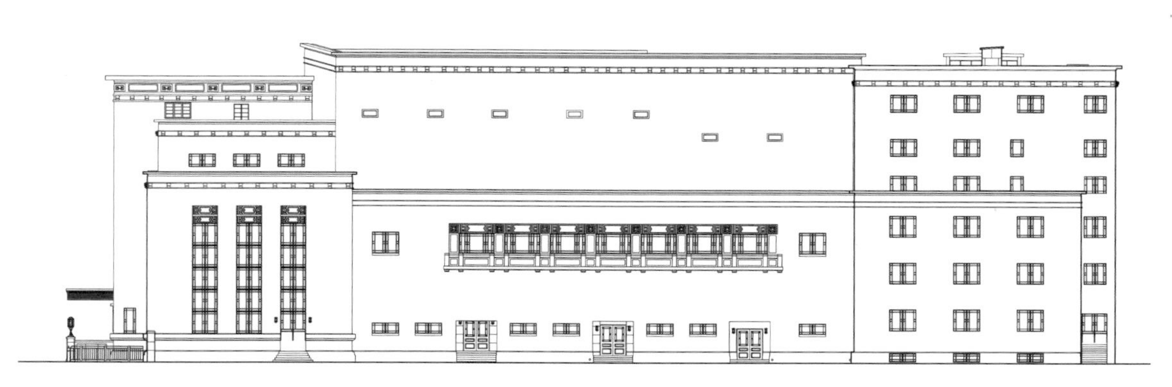

东立面

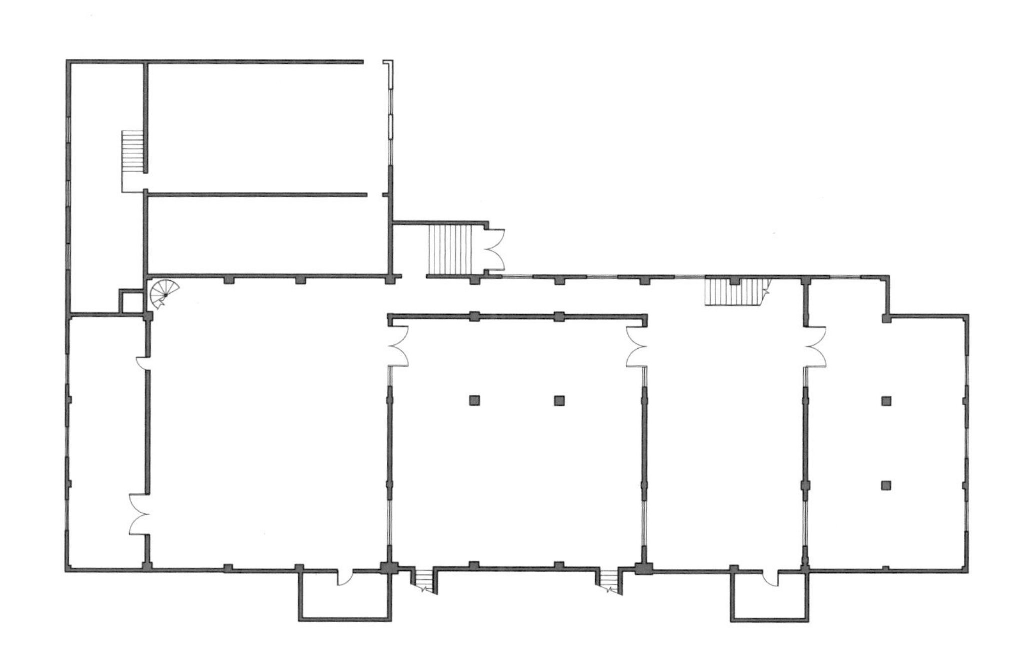

地下层平面

（三）1947 年改造后

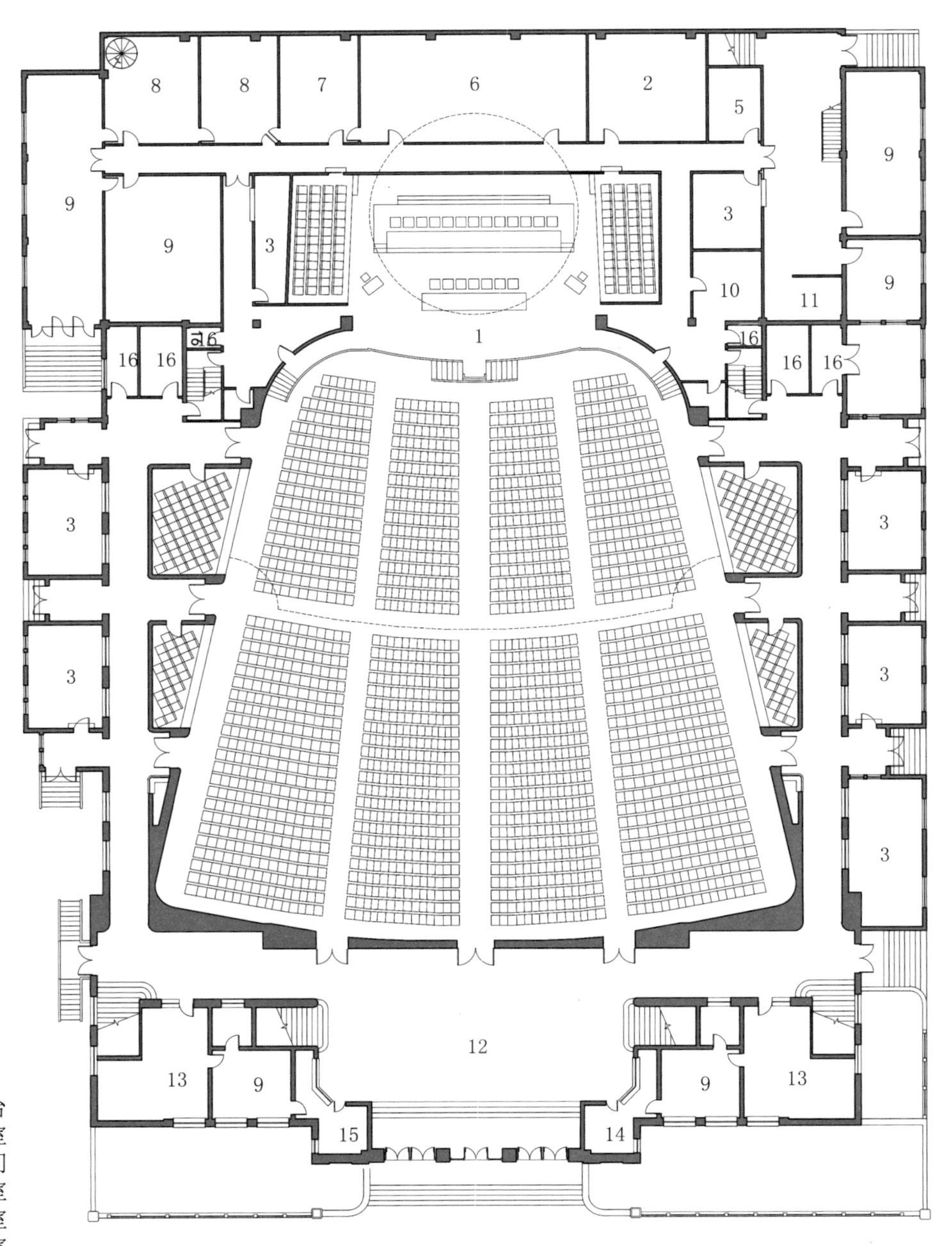

1 主席台
2 憩息室
3 衣帽间
4 更衣室
5 文件室
6 会议室
7 秘书长室
8 秘书室
9 办公室
10 侍从室
11 后勤
12 门厅
13 警卫室
14 传达室
15 问讯室
16 厕所

0 2m 5m 10m

一层平面

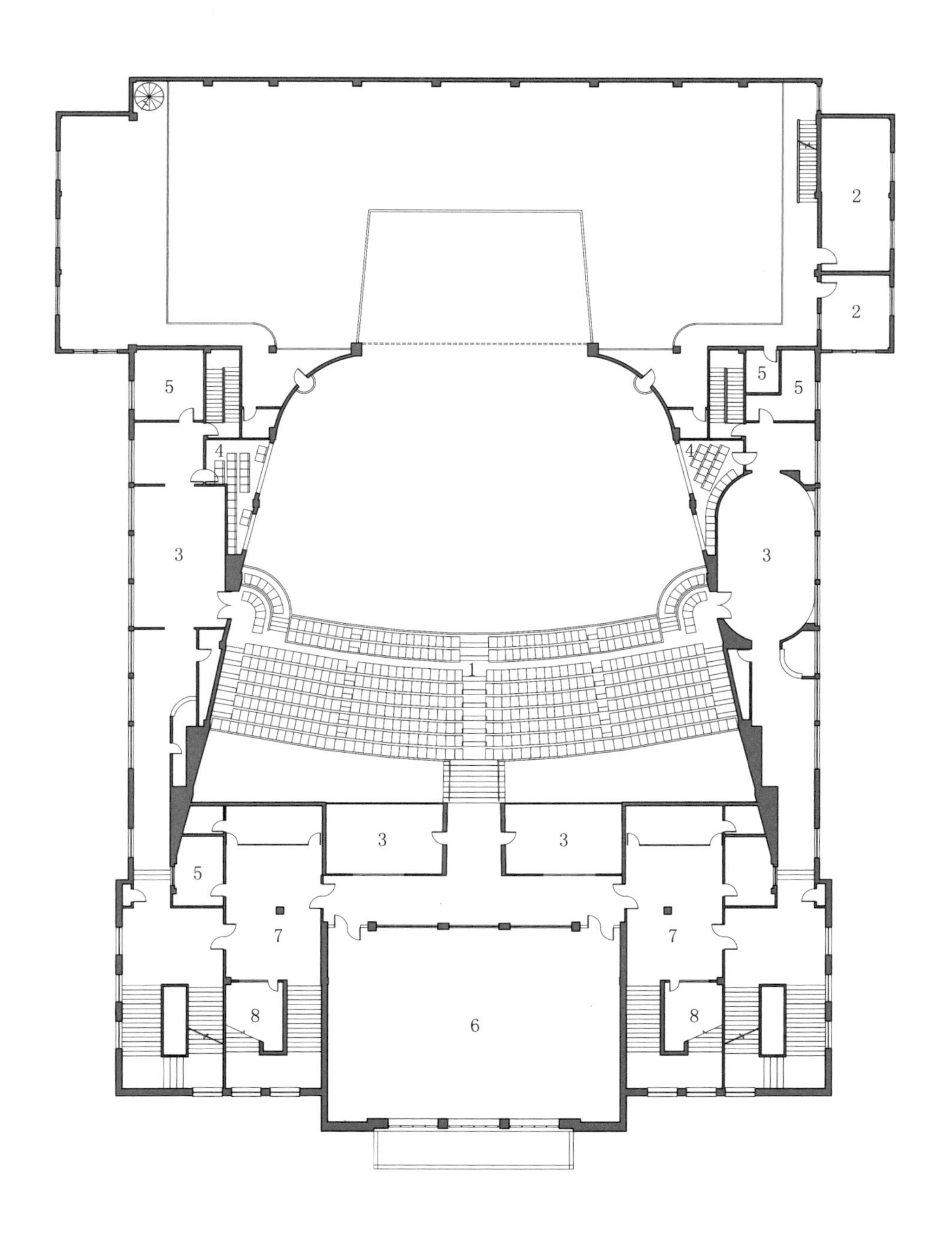

1 月台
2 办公室
3 憩息室
4 记者席
5 厕所
6 会议室
7 穿堂
8 衣帽间

0 2m 5m 10m

二层平面

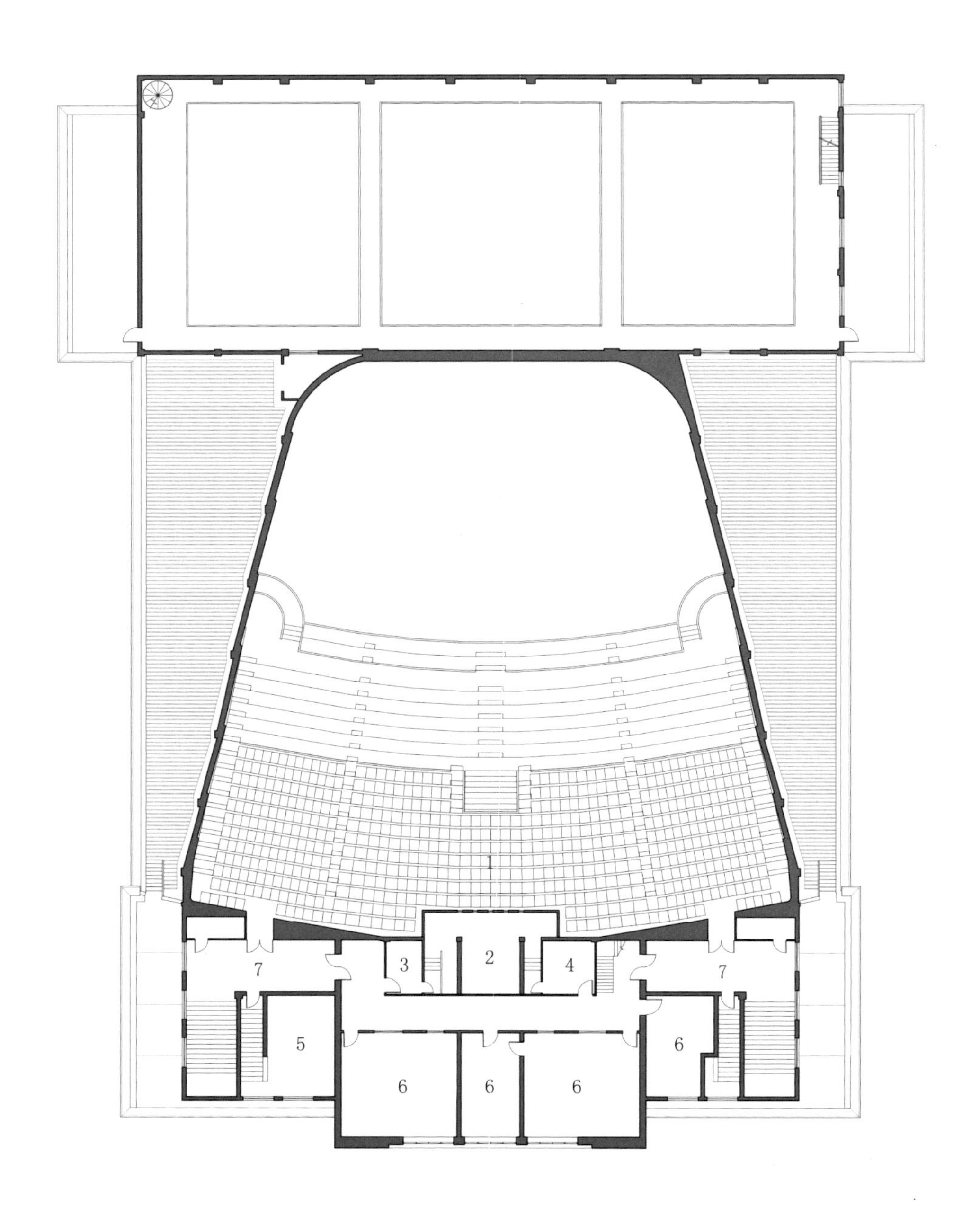

1 月台上部
2 放映室
3 后勤
4 衣帽间
5 厕所
6 会议室
7 穿堂

三层平面

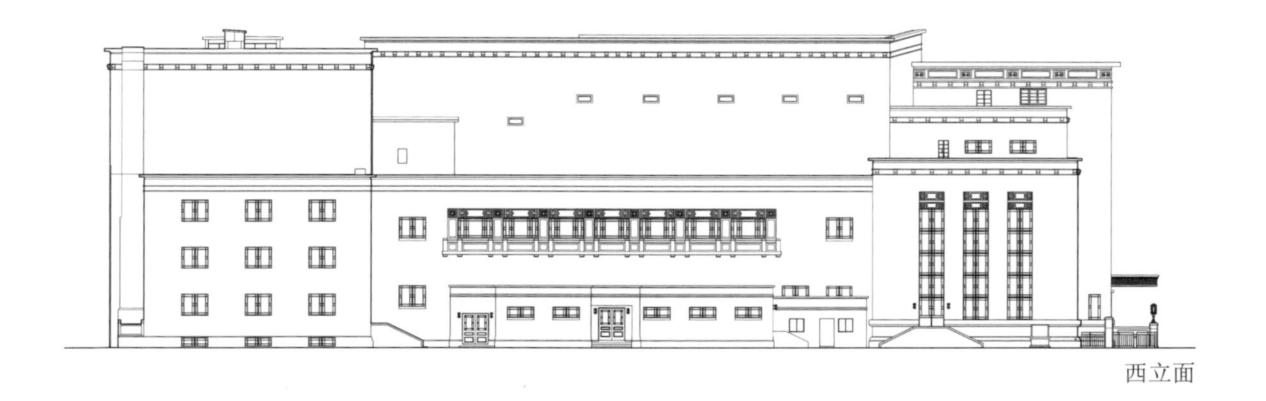
西立面

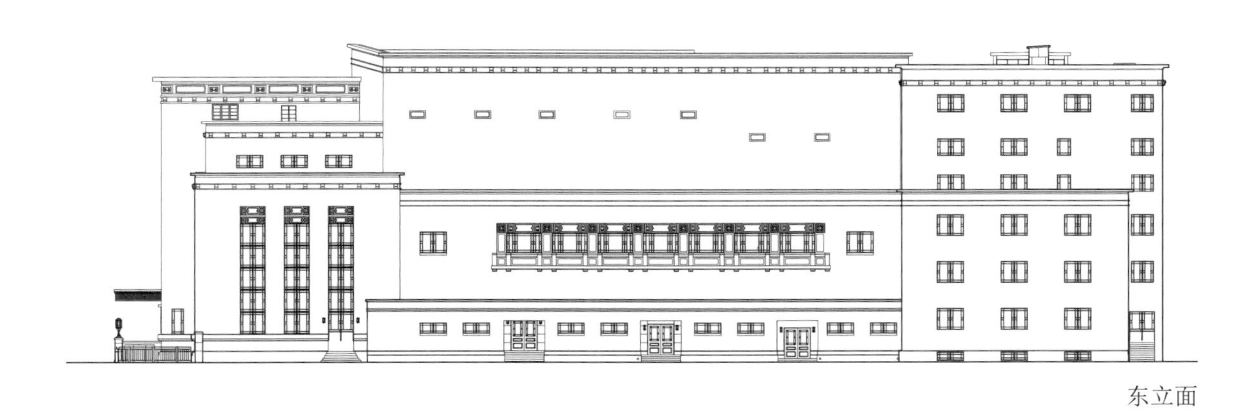
东立面

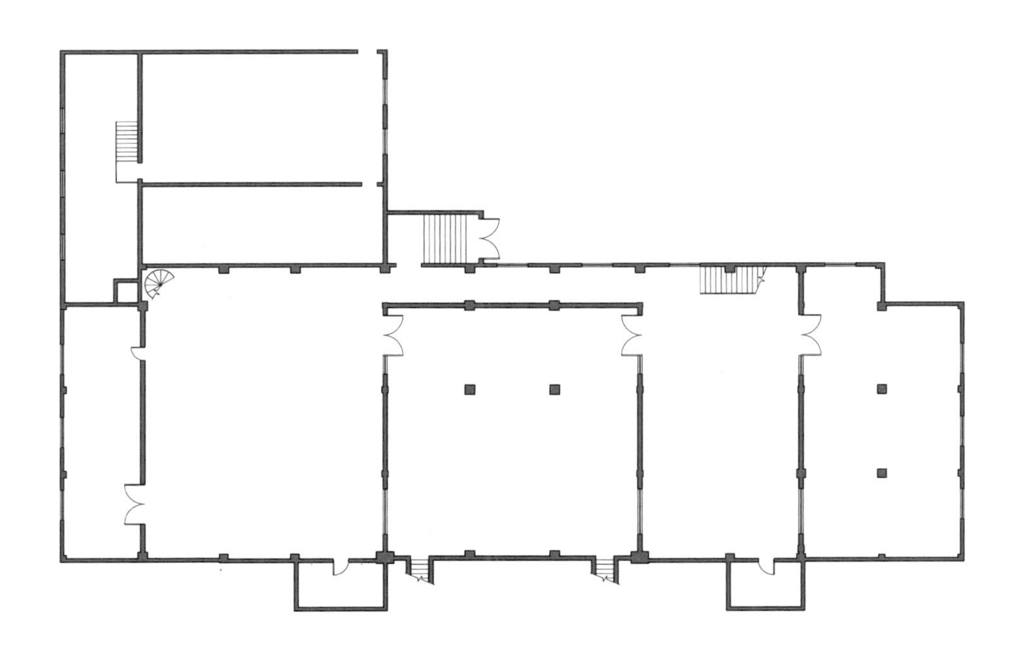

地下层平面

（四）1958 年改造后

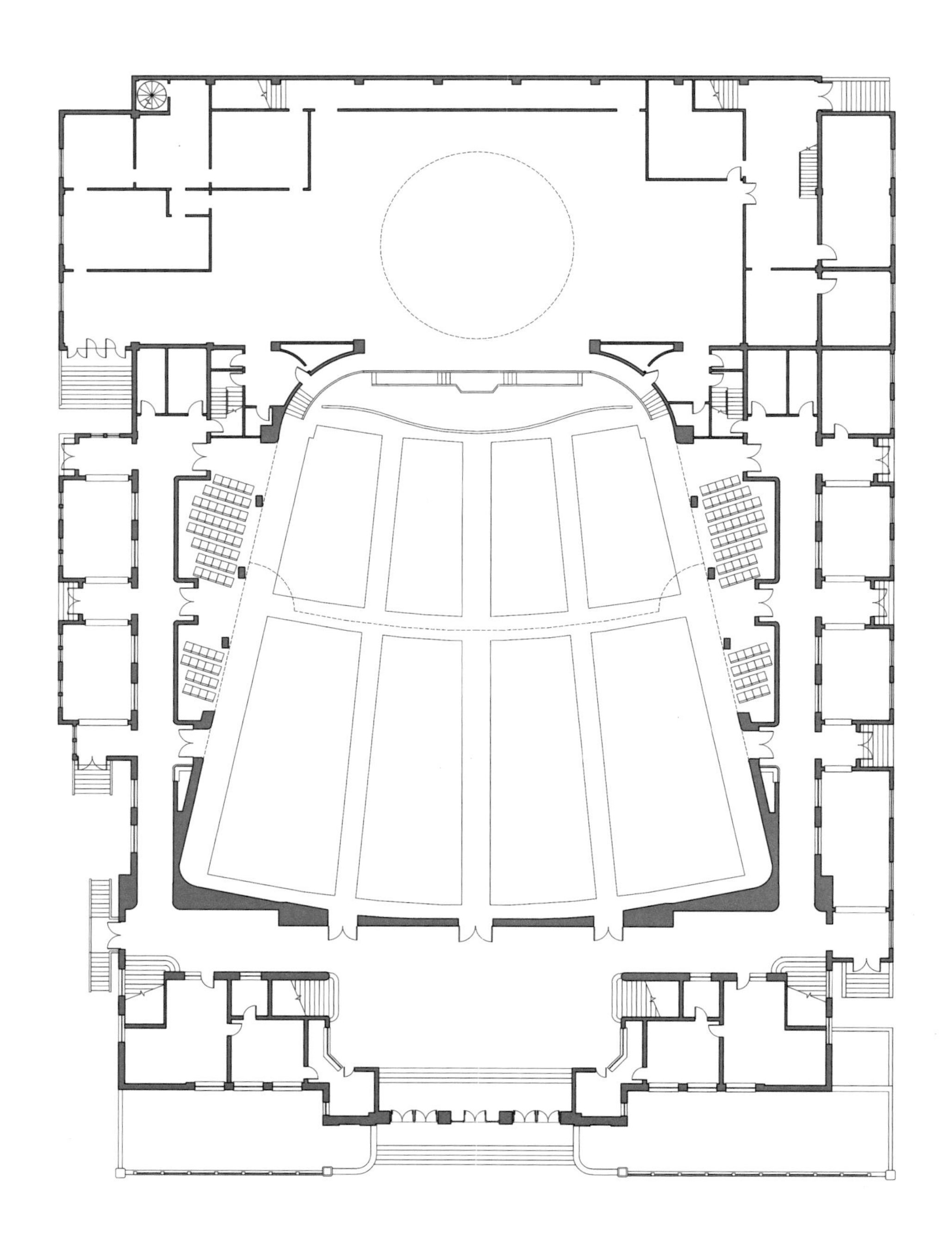

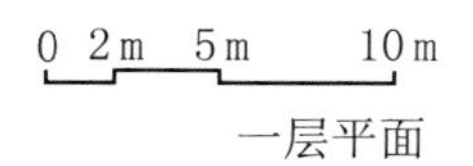

一层平面

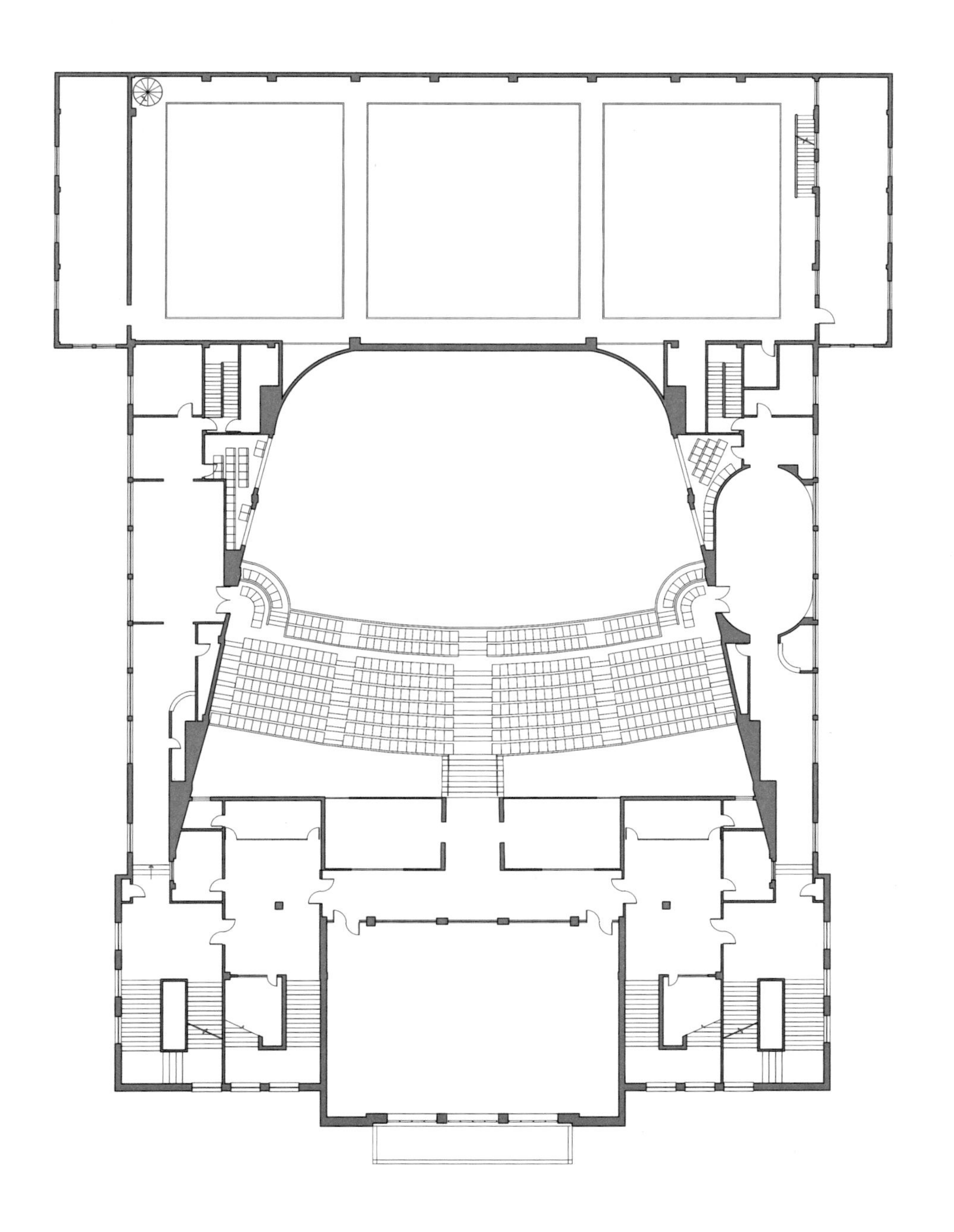

二层平面

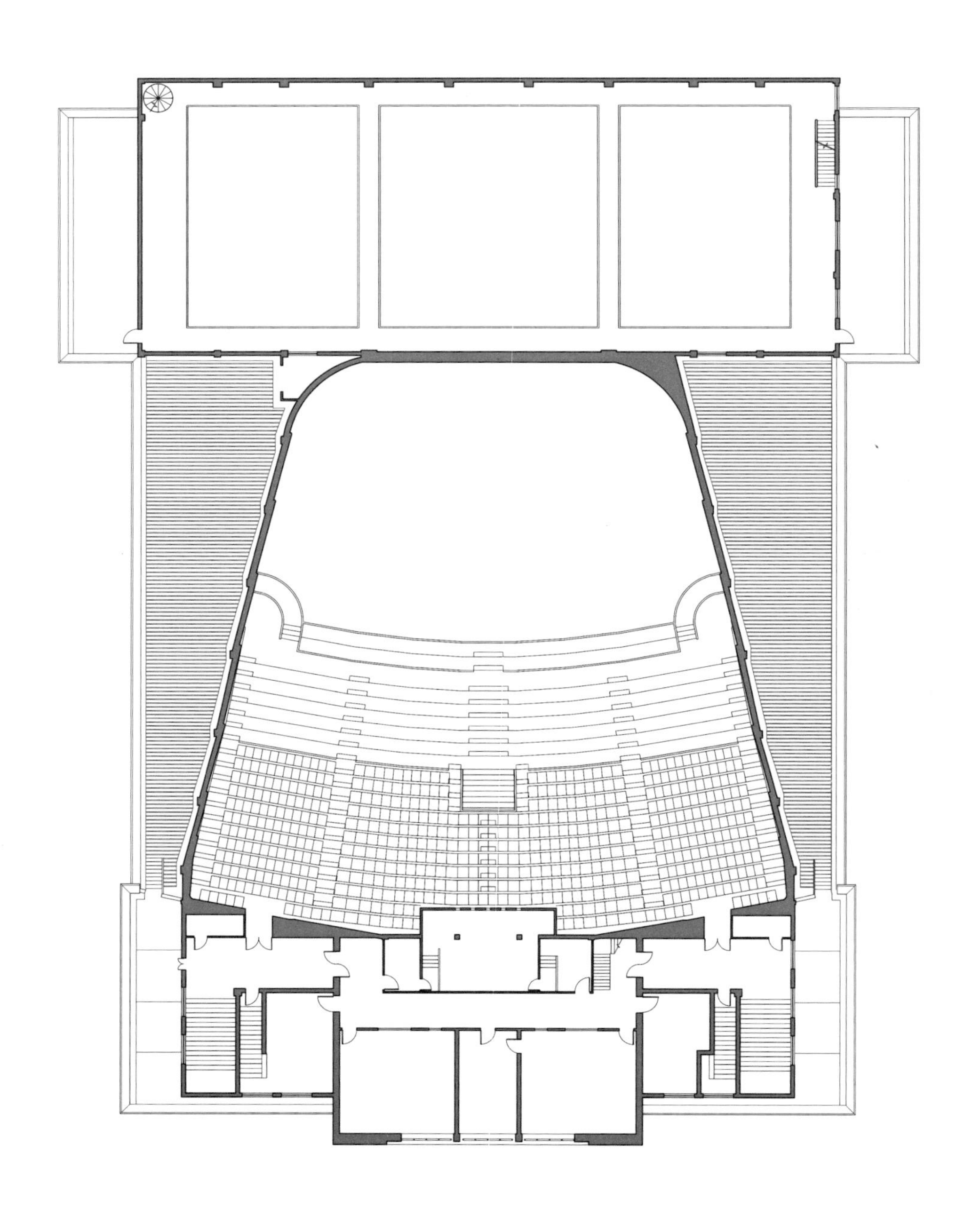

三层平面

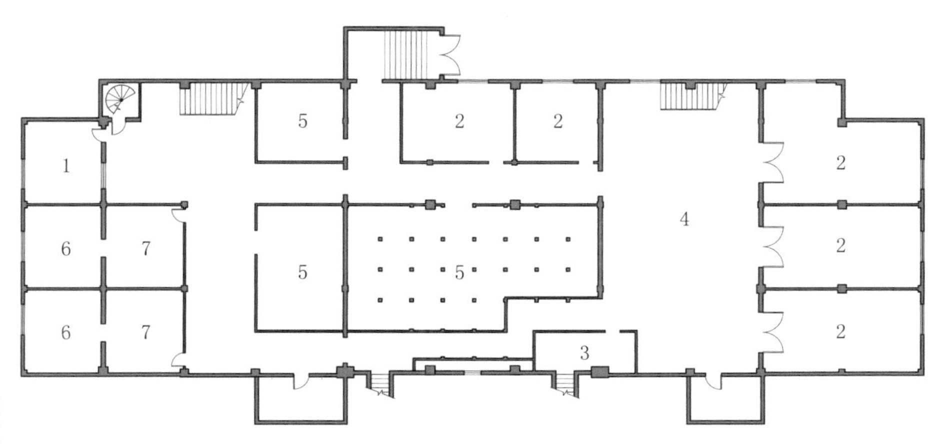

1 理发室
2 化妆室
3 配电间
4 乐队休息室
5 储藏室
6 淋浴室
7 更衣室

地下层平面

（五）1999 年改造后

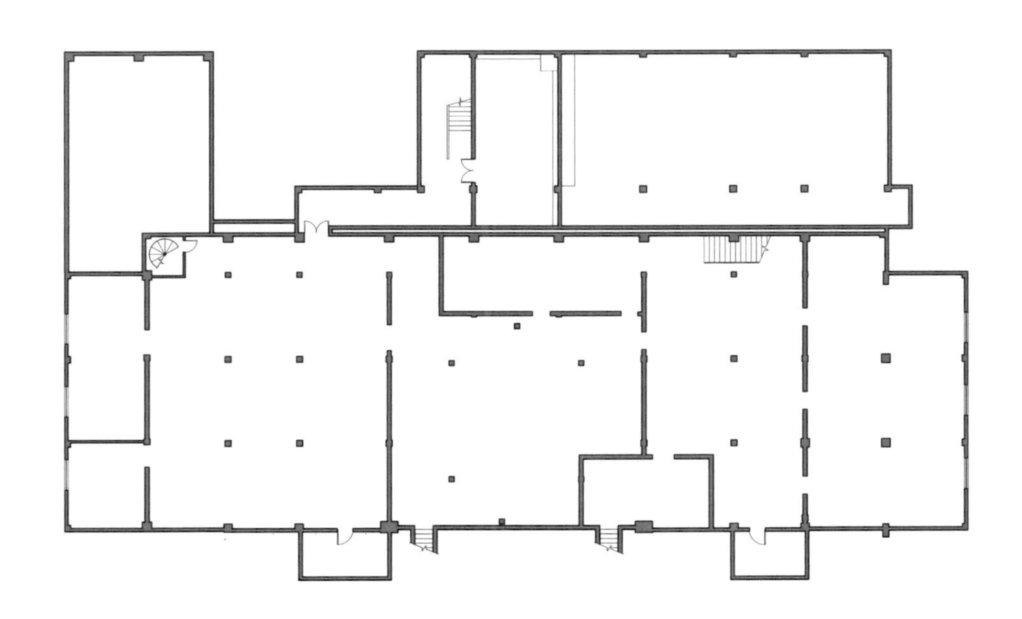

地下层平面

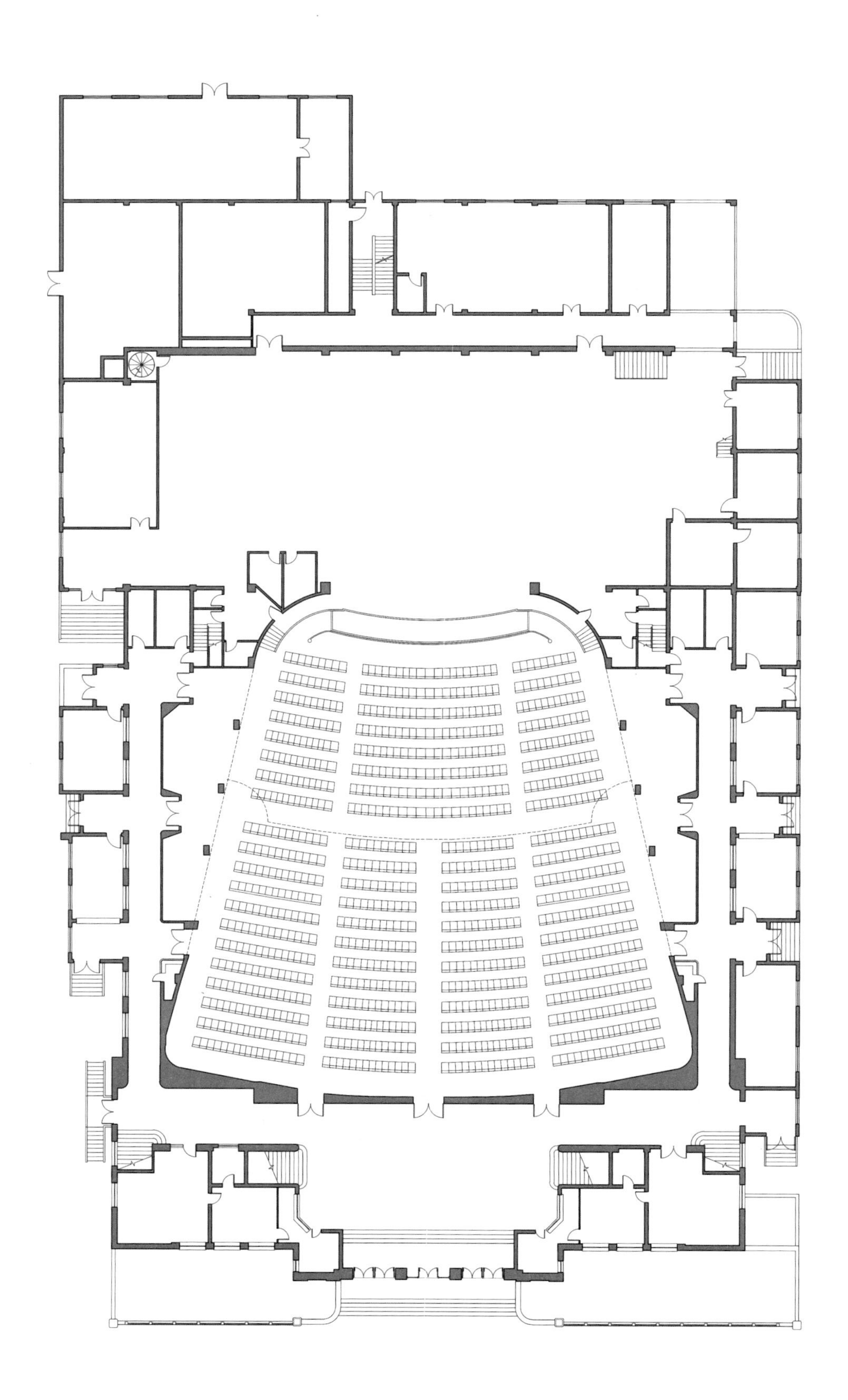

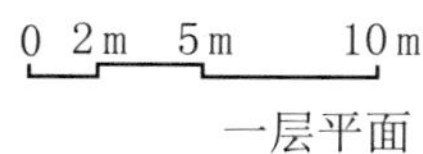

一层平面

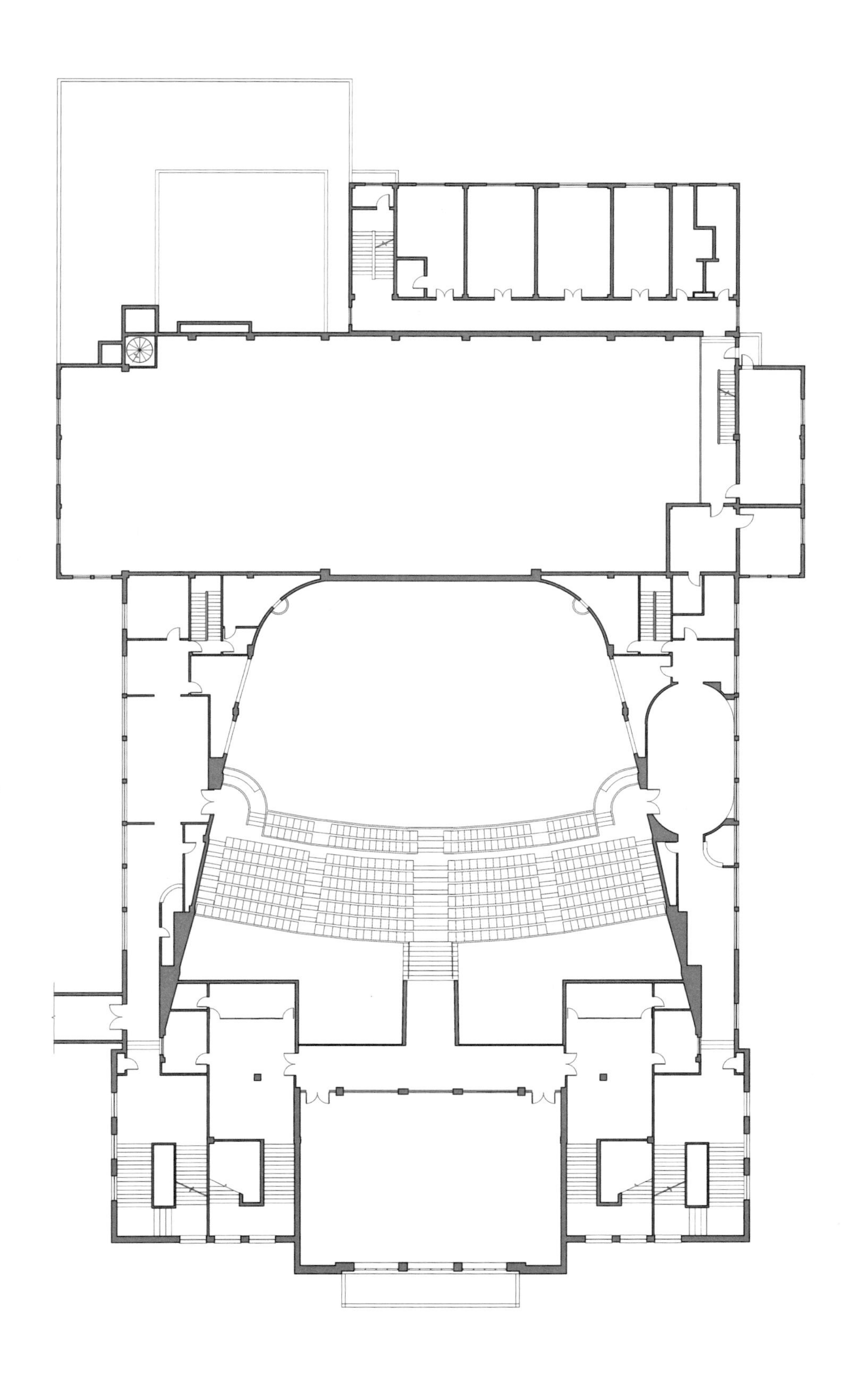

二层平面

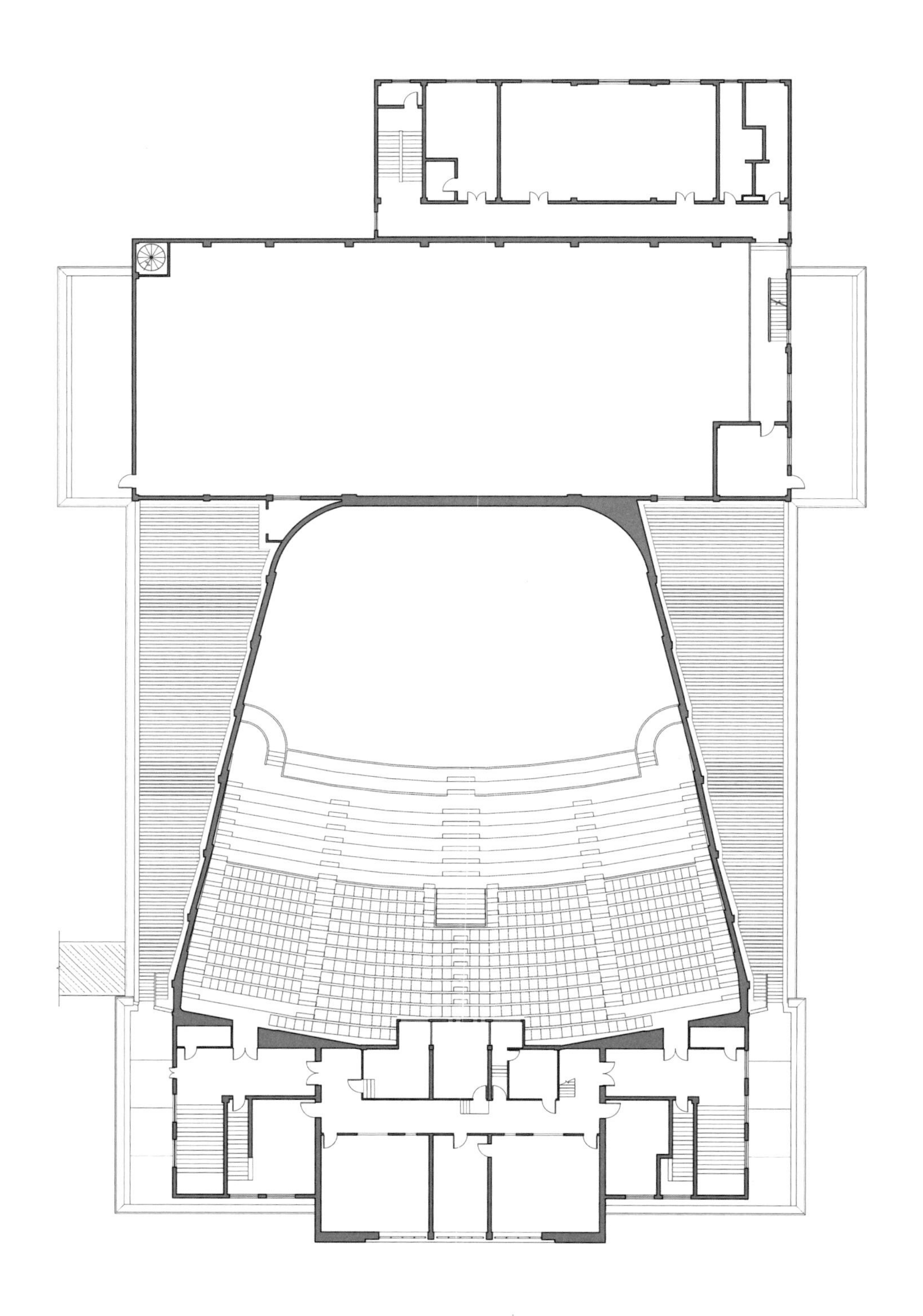

三层平面

（六）2005 年改造后

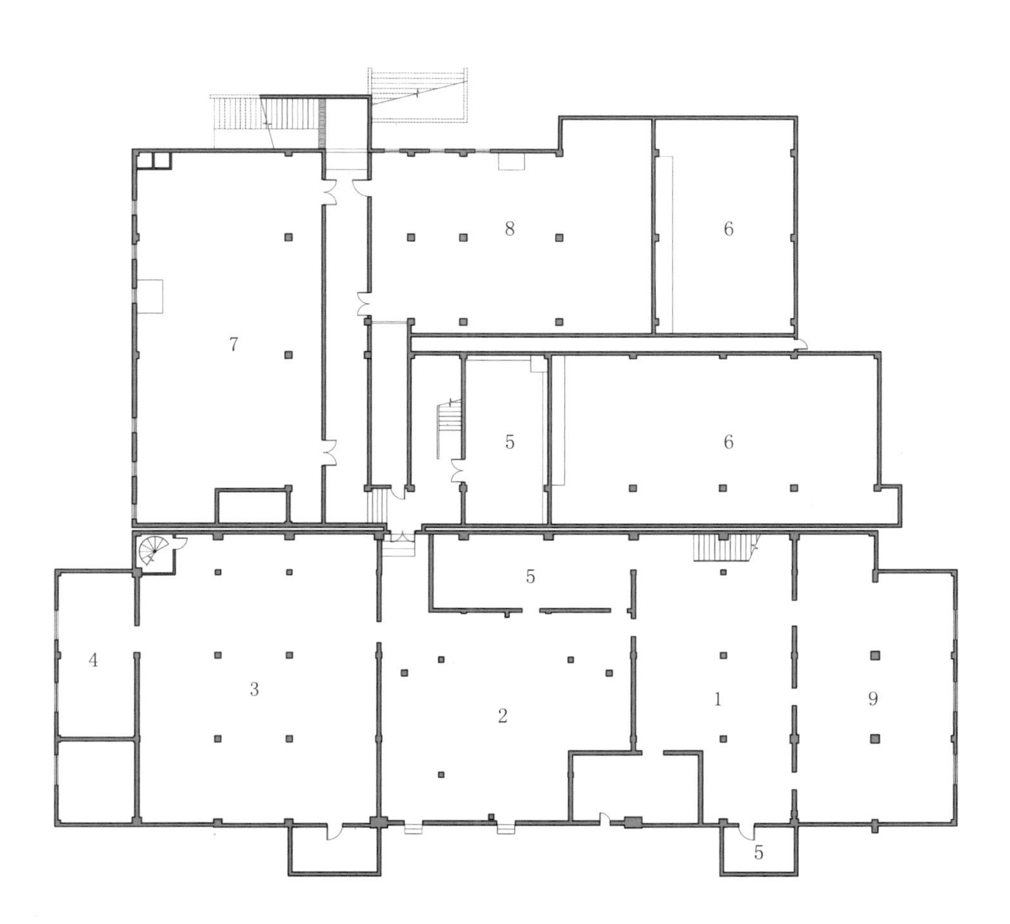

1 东厅
2 中厅
3 西厅
4 配电间
5 水泵房
6 水池
7 洗衣房
8 热交换间
9 库房

0 2m 5m 10m

地下层平面

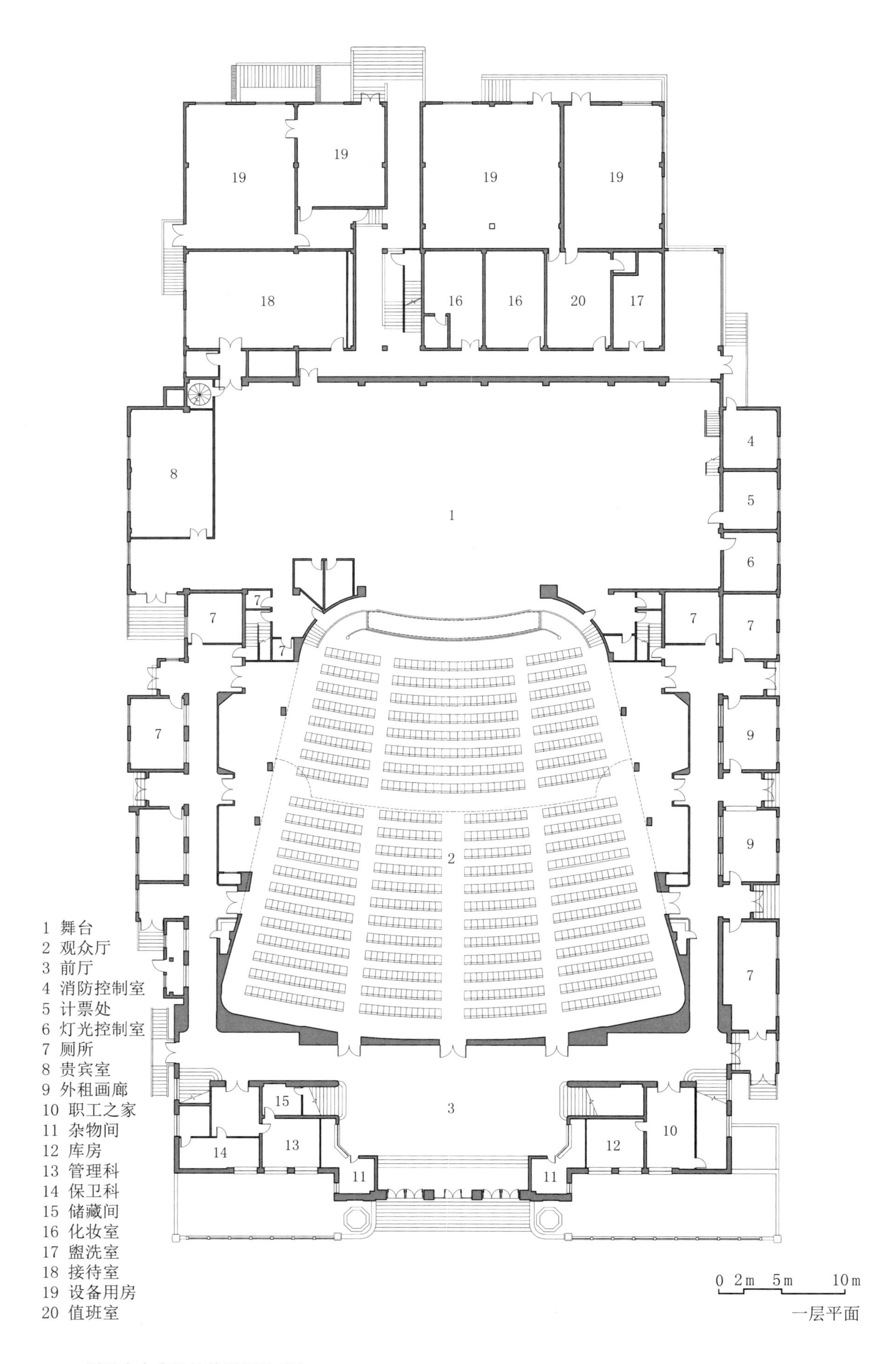
19
19
19
19
18
16
16
20
17
8
1
4
5
6
7
7
7
7
7
7
7
9
9
2
7
3
15
13
14
11
11
12
10
1 舞台
2 观众厅
3 前厅
4 消防控制室
5 计票处
6 灯光控制室
7 厕所
8 贵宾室
9 外租画廊
10 职工之家
11 杂物间
12 库房
13 管理科
14 保卫科
15 储藏间
16 化妆室
17 盥洗室
18 接待室
19 设备用房
20 值班室
0 2m 5m 10m

一层平面

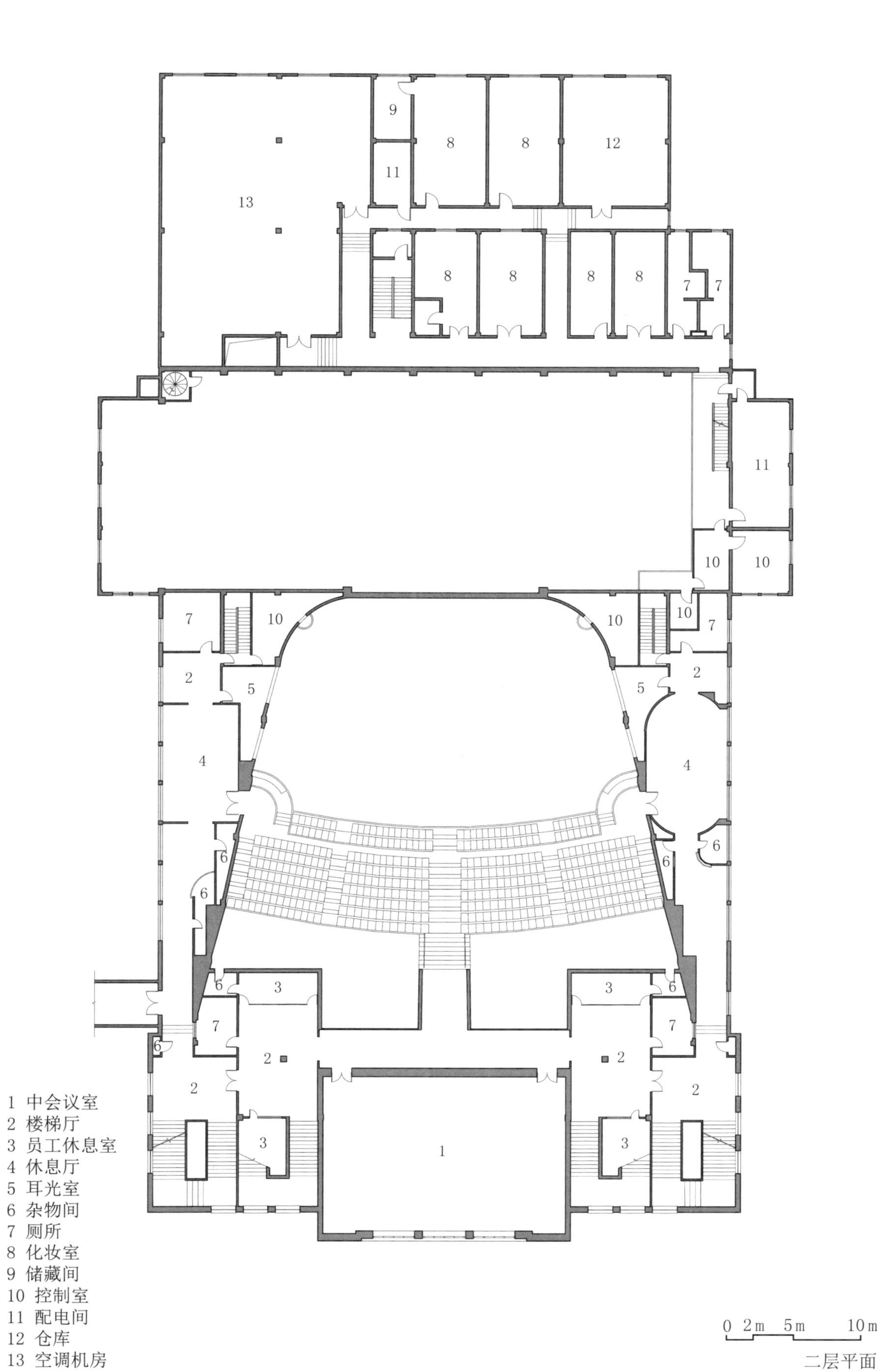
1 中会议室
2 楼梯厅
3 员工休息室
4 休息厅
5 耳光室
6 杂物间
7 厕所
8 化妆室
9 储藏间
10 控制室
11 配电间
12 仓库
13 空调机房
0 2m 5m 10m

二层平面

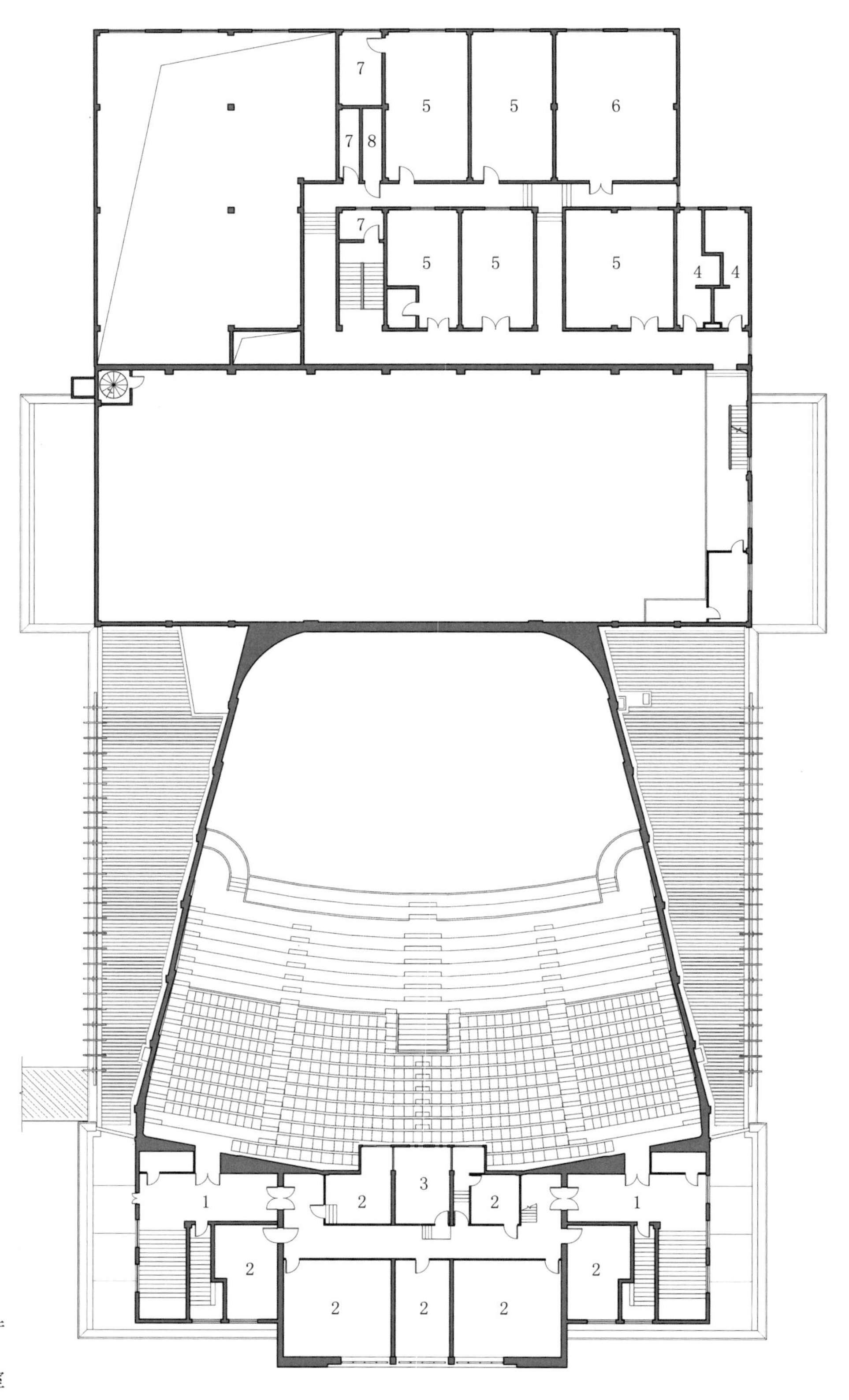

1 楼梯厅
2 库房
3 放映室
4 厕所
5 化妆室
6 仓库
7 储藏间
8 配电间

三层平面

勘察篇

民国时期的国民大会堂，工程目标集中在满足会议人数的座席数量。新中国时期的人民大会堂，工程目标更关注舞台部分的使用效率、舞台设备。

此外，此次勘察和文献资料的整理，对现存改造仍不能确定明确时间或内容的包括：

（1）舞台地下层西侧的改造。1958 年改为男女浴室后，不能确定何时改造为现状。

（2）1999 年之前舞台的西北角已有加建的设备用房，后于 2005 年拆除改为新设备用房。根据工作人员回忆，在 1972 年之前已建成，内用设备均为美国进口产品。

（3）舞台台面的转台改为钢筋砼楼板并增设柱支撑。改造时间应在 1958 年至 1986 年之间。

（4）观众厅改做钢屋架，钢屋架下弦有较新的拉杆做法，该技术并未在民国时期出现。根据工作人员回忆，在 1986 年维修及其以后的工程中钢屋架没有变动，因此钢屋架具体的改造时间并不能确定。

（5）门厅部分的各层房间内的重新分隔装修等。1986 年的竣工资料中称其为卖品部，推测重新分隔应在 1986 年以后。

（6）东西休息厅走道内墙面和吊顶装修。1986 年维修的竣工资料中有记载做修整，具体部位不详。1999 年改造出新工程的有关会议纪要中有文字记载涉及门厅走道等位置内墙面及吊顶的修补和出新，但具体工程内容不详。

会堂正门

前厅回看正门

一、建筑构造及残损状况

勘察按前厅、观众厅、舞台三部分分列。

（一）前厅

注：表中方括号内为《全国重点文物保护单位国民大会堂旧址现状及残损照片》中对应的照片编号，本书略。

序号	项目	现状形制	残损状况	原因分析	完损等级评估
1	屋面	保温隔热不上人屋面。由上至下，20 mm 厚1∶3水泥砂浆（油膏嵌缝），二毡三油防水层，1∶2.5水泥砂浆找平，80 mm 厚树脂珍珠岩保温块材，1∶8水泥膨胀珍珠岩找坡。东侧高屋面加铺人造草皮。 女儿墙：面层水泥砂浆刷涂料。 排水口：铸铁格栅排水口	中部屋面：水泥砂浆面层表面轻微风化；偶见裂缝，裂缝宽度及深度约 1 mm，偶见露筋。女儿墙内侧偶见纵向裂缝，缝贯通面层，缝宽 1~2 mm。女儿墙压顶基本完好，外口下缘无滴水。女儿墙在内院钢梯处无挡水坎。屋面保护层设分格缝，间距 3~6 m，嵌缝材料已流失，女儿墙面层水泥砂浆风化渗水，造成东、南、西面檐口外侧泛碱。屋面下方的四层陈列室东南角顶棚及梁附近的顶棚的粉刷层因潮湿起皮或有漏水痕迹。中部内院周边的女儿墙压顶外挑较小且无阻水构造，造成雨水顺墙面流淌。屋面单坡向南，东南角、西南角的排水口排水并不通畅，雨水量大时，屋面积水流入中部内院。[R001-R006，L4004-L4005] 中部内院屋面：面层基本完好，屋面的北边排水沟深 50 mm，沟内有青苔。屋面北侧高窗的挡水坎高度约 100 mm。高窗上的屋面面层基本完好，边口排水沟深度约 50 mm，两端及中部共 3 处排水口，中部的排水口已堵。[R007-R012] 东侧高屋面：铺人工草皮，需全面揭开草皮层检查。女儿墙压顶顶面和女儿墙内侧重新粉刷为粉红色，粉刷层完好。屋面下方的东外楼梯二层半至三层梯段、三层楼梯厅的顶棚有漏水痕迹，其中 3 处较为轻微，每处均未超过 200 mm×200 mm；2 处较为严重，每处约 0.1 m^2。[R013-R016，SE1042，SE1043，SE1051] 东侧低屋面：水泥砂浆面层表面轻微风化，未见裂缝。排水沟较浅，沟内有青苔，沟北端积灰长度约 0.5 m，东南角的排水口不通畅。女儿墙压顶的顶面橘黄色涂层剥落。[R020-R022] 西侧高屋面：水泥砂浆面层表面轻微风化，未见裂缝。排水沟较浅。女儿墙压顶橘黄色涂料剥落。屋面西南角下方的西外楼梯间顶棚约 0.8 m^2 的漏水痕迹。[R017-R019，SW1056，SW1057] 西侧低屋面：水泥砂浆面层表面轻微风化，未见裂缝。排水沟较浅，两端排水口不畅。女儿墙压顶橘黄色涂料剥落 [R023-R026]	自然老化，年久失修	受损范围约 5% 属于一般损坏

续表

序号	项目	现状形制	残损状况	原因分析	完损等级评估
2	楼、地面	黄色水磨石楼、地面：包括一层及门厅两侧杂物间，二层过道。一层门厅的地面为1986年重做，颜色偏红，有铜分隔条。二层为原水磨石楼面，颜色较后做的水磨石楼地面偏黄。门厅地面根据1986年竣工资料记载，当时地面开裂17道，原有垫层下层，施工中将原有地面及钢筋砼垫层凿除，重新夯实，重做C200细石砼垫层 φ12@200双向钢筋，上做水泥砂浆找平层、水磨石面层。 条板木地板楼面：三层过道及过道两端及南侧房间内，四层陈列室（加铺地毯）。约100 mm宽、约2 000 mm长错缝，配120 mm高的木踢脚。近20年内重新油漆。 双层实木地板楼面：二层会议室内原为单层条形硬木地板（与三层过道同），1986年改为双层地板，地板下木龙骨用膨胀螺栓固定在钢筋砼楼面上，木龙骨间填水泥膨胀珍珠岩，木龙骨及毛板本面刷水柏油防腐。 复合木地板楼面：包括三层过道北侧放映室内，复合木地板，防潮垫，配原有木踢脚线。 水泥面层楼面：四层西过厅内，根据现存木踢脚及东过厅楼面，推测原为与三层过道相同的条板木地板楼面	一层：门厅地面基本完好，偶见细小裂缝。[L001，L002，L004-L009] 二层：过道楼面基本完好，未见裂缝。[L2001-L2003] 二层会议室实木地板完好，基层无法查明。[L2007-L2011] 三层：条木地板楼面在过道范围内、过道东房间内基本完好，偶有轻微磨损。[L3001-L3005，L3007] 过道南侧3房间及过道西房间内因堆放杂物，暂时未能全面检查。[L3010-L3011，L3015-L3019] 过道北侧的放映室等房间中的复合木地板楼面为1999年改造，其中西侧房间堆放杂物，未能检查；中部房间基本完好；东侧房间内的中部约2 m^2 地板缺失。[L3024，L3025，L3028] 四层：东过厅因西侧窗漏水，东侧门室内外高差较小且无挡水坎，条板磨损、受潮、积灰严重。[L4002] 西过厅水泥楼面基本完好，因东侧门无坎，西侧门坎约100 mm高，东西侧窗漏水，楼面较为潮湿 [L4008，L4009]	自然老化，年久失修	受损范围约1%，属于一般损坏
3	楼梯（钢、木）	中部四层内院的钢梯。槽钢梯梁，U型穿孔板踏面板16级，压花钢板平台板，圆钢扶手，均刷灰色防锈漆。梯梁与墙面节点用角钢、螺栓连接。 三层木楼梯：平面U型，3梯段2平台；木立柱，木扶手；平台下无支柱；梯段、平台顶棚石膏粉刷。木踢脚	钢梯：自下而上第8级踏步板的螺栓脱落。防锈漆涂层剥落。[R002，FL063，FL064] 木楼梯：保存基本完好。木踢脚与墙面间稍有缝隙 [L3029-L3033]	自然老化，年久失修	受损范围约20% 属于严重损坏

续表

序号	项目	现状形制	残损状况	原因分析	完损等级评估
4	外墙面	水刷石：1986年修缮中对于开裂、起壳的外墙面损坏处整块修复，经修复的墙面与原墙面略有色差。红砖基层，水刷石面层30mm，分割约600mm高、900mm至1200mm宽，缝宽约5mm。 揭露点1：前厅东侧三层退台的东南角。[FL029] 揭露点2：南立面西墙一层窗间墙。[FL032] 水泥砂浆修补裂缝。 水刷石墙脚线脚：高1.9m，仿传统须弥座但各部分有调整，自上至下分别为300mm上枋，150mm上枭，700mm束腰，275mm下枭，475mm下坊，无雕刻的装饰纹样。 水刷石墙顶线脚。[FL070] 中部：檐口出挑约600mm，厚度约200mm，檐下由上至下分别为两路叠涩线条共240mm高，约700~800mm高的传统纹样上下各有约80mm高的凹槽，120mm凸线条，300mm高、240mm宽、100mm出挑的装饰梁头，120mm凸线条。 东西两侧：传统纹样部位在前厅东西侧做抹平，东西两侧檐口线脚与中部类似，但尺寸略小，檐口出挑约300mm，厚度约150mm，檐下由上至下分别为凹槽120mm高，约450mm高的素平面，50mm凸线条，300mm高、240mm宽、100mm出挑的装饰梁头，50mm凸线条	墙面：基本完好。1999年修缮中因无法洗刷，用斧斩出新，表面见轻微的斧剁痕迹。其中墙体顶部有淌水痕迹的部位有：前厅东侧的南墙顶部，前厅西侧的西墙顶部。前厅西侧三层退台的西墙面有水平向裂缝，缝宽1mm以内。[FL003，FL005，FL034-FL037，FL041-FL043，FL045-FL047，FL054，FL055，FL057-FL059，FL067，FL068，FL070，FL071] 墙脚线脚：淌水痕迹污秽较为普遍，各面均有泛碱，束腰偶见竖向裂缝。竖向裂缝在前厅东侧的东、南立面各1处，前厅中部东、西侧面各1处，共4处，缝宽1~3mm。较宽的缝已用水泥砂浆填补。[FL021，FL022，FL024，FL025，FL031，FL037，FL038，FL049-FL052] 墙顶线脚：泛碱。东侧高屋面的东侧、西侧高屋面的西侧的泛碱情况稍好，其余各处泛碱严重。[FL005，FL027，FL028，FL033，FL035，FL036，FL041，FL042，FL046-FL048，FL054-FL056，FL058，FL059，FL067-FL071] 四层内院墙面：东、南、西墙面淌水痕迹严重。东墙面上的钢梯梁与墙面节点处，墙面水平裂缝长约0.6m [FL061-FL064]	自然老化，年久失修	受损范围约10%，属于一般损坏
5	内墙面	黄色水磨石留缝面层：均为1986年重做，当时经检查墙面开裂37道，全部凿除至砖墙面重做。原有黑色磨石子门套改为四川红磨光花岗岩。门厅范围内，水磨石单块约750mm宽，900mm高。凹缝宽约8mm，黑缝。 黄色涂料面层：二层过道。黄色涂料，石灰砂浆轻微拉毛约5mm，水泥砂浆找平层约20mm。 白色涂料面层：三层及四层东西过厅，四层陈列室的北墙。白色涂料，混合砂浆找平层。 木板装饰墙面：二层会议室内，通高装饰墙面。 墙纸墙面：四层陈列室的东、南、西墙面，墙纸图案为陈列主题	水磨石留缝面层墙面：完好。[L1001，L1002，L1004–L1012] 黄色涂料面层：完好。[L2001，L2002] 白色涂料面层：三层过道内墙面完好。过道南侧各房间内南北向墙面有斜裂缝，南墙面有水平裂缝，因堆放杂物墙面未能尽查。过道北侧各房间高窗下墙面有淌水痕迹，潮湿，起皮。四层东、西过厅的东、西墙面门窗洞口附近潮湿，有淌水痕迹，起皮，西过厅的南墙面空鼓。四层陈列室的北墙窗下有淌水痕迹，潮湿。[L3001–L3009，L3012，L3014–L3016，L3018–L3028，L4002，L4003，L4007–L4009] 木板装饰墙面：完好。[L2007–L2011] 墙纸墙面：基本完好 [L4005–L4006]	自然老化，年久失修	受损范围约2%，属于一般损坏

续表

序号	项目	现状形制	残损状况	原因分析	完损等级评估
6	楼梯间	黄色水磨石楼地面：踏口黑色双道微凸防滑条，黑色踢脚，平台及楼梯厅内做铜条划分。 黄色涂料墙面：黄色涂料，石灰砂浆轻微拉毛约 5 mm，水泥砂浆找平层约 20 mm。 揭露点 1：东外楼梯二层楼梯厅东墙窗间墙。[SE1025] 揭露点 2：东外楼梯二层半平台的南墙。[SE1031] 揭露点 3：东内楼梯一层半平台的东墙。[SE1038] 揭露点 4：西外楼梯一层半平台的南墙。 揭露点 5：西外楼梯一层半平台的东墙。[SW1028] 揭露点 6：西外楼梯二层楼梯厅的西墙窗间墙。[SW1035] 揭露点 7：西外楼梯二层至二层半梯段的西墙窗间墙。[SW1042，SW1043] 揭露点 8：西外楼梯二层半至三层梯段的西墙窗间墙。[SW1060] 揭露点 9：西外楼梯三层楼梯厅梁根与西墙面交接处。[SW1063] 揭露点 10：西内楼梯一层半平台南墙窗间墙。[SW2011，SW2012] 揭露点 11：西内楼梯二层梯段口东墙顶部。[SW2021，SW2022] 木扶手：铁托架固定于墙面，直径 70 mm 圆木扶手，栗色浑水漆。 窗下铁护栏：直径 40 mm 圆钢立柱，断面高 20 mm 宽 50 mm 水平方钢 4 道，栗色浑水漆。 白色涂料顶棚。白色涂料面层，砂浆找平。东西外楼梯的一层楼梯厅、东西内楼梯的二层楼梯厅内做装饰顶棚。 铝扣板顶棚：办公室、职工之家的顶棚	楼地面：原有水磨石楼地面，基本完好。肉眼可辨识的较为明显的裂缝出现在：东外楼梯一层梯段起步处的踏步 [SE1008]，东外楼梯二层半梯段楼面 [SE1039]，东内楼梯二层楼梯厅中柱的西侧楼面 [SE2025]，西外楼梯一层梯段起步处的踏步及踏步前的地面 [SW1018，SW1019]，西外楼梯二层楼梯厅靠西廊二层门洞口的楼面 [SW1040]，西内楼梯二层楼梯厅中柱的东侧楼面 [SW2026]，共 6 处。 墙面：1999 年修缮，至今完好。仅东、西外楼梯三层的夹层储藏间的墙面粉刷层剥落。[SW1071-SW1073] 木扶手：完好。 护栏：基本完好，漆面胀裂、剥落。[SE1015，SE1028，SE1034，SE1035，SW1022，SW2015] 顶棚：除屋面下方的顶棚，其余完好。东西外楼梯三层的夹层储藏间的顶棚粉刷层剥落。[SW1072，SW1073] 屋面下方的顶棚残损集中在前厅东、西侧低屋面的下方 [SE1042，SE1043，SE1050，SE1051，SW1056，SW1057]	自然老化，年久失修。顶棚残损因屋面漏水	受损范围约 3%，属于一般损坏
7	顶棚	黄色涂料拉毛顶棚：黄色涂料面层，砂浆找平拉毛，做装饰顶棚，前厅的顶棚。 白色涂料顶棚：白色涂料面层，砂浆找平；前厅、二层过道做装饰顶棚。 装饰顶棚；二层会议室的顶棚。 铝扣板顶棚；三层放映室的顶棚	基本完好，残损的有：三层过道南的中房间的顶棚约 0.3 m^2 的粉刷层起皮 [L3013]；四层陈列室顶棚的东南角粉刷层起皮 [L4004]；四层西过厅的东北角粉刷层起皮 [L4009]	自然老化，年久失修。	受损范围约 1%，属于一般损坏
8	雨棚	水刷石面层。 装饰：莲瓣，减笔组合形回纹。 白色涂料装饰顶棚：白色涂料面层，砂浆找平	完好，有轻微淌水痕迹 [FL006-FL008]		受损范围约 0%，属于完好

续表

序号	项目	现状形制	残损状况	原因分析	完损等级评估
9	门窗	正门原用木门，其余外门窗原为钢窗。1986年全部更换为钢门窗，样式与原来完全相同。（四层陈列室东西窗除外，原状无查，现为木窗） 正门：左、中、右三门洞，左右门洞各两扇双开门，上两横亮子；中门洞中部一扇双开门两侧固定扇；上一横两方亮子。门边框等做红漆，把手、仿古窗格装饰等做金漆。 外门窗：南立面左、中、右三部分各有3组竖条窗；东、西立面各3樘竖条窗，其中靠北的竖条窗底部为外门。前厅一层中部东西两侧各有1樘平开窗。东西三层退台的南立面各有2樘双开窗。东侧三层退台的东立面有3樘双开窗。西侧三层退台的西立面有2樘双开窗及1樘双开门。中部四层东西立面各1樘双开门及1樘三开木窗。四层内院东西墙各1樘双开门、1樘双开窗，南墙3樘三开窗。三层放映室南侧高窗共3樘中悬窗。南立面中部竖条窗有传统窗格的装饰，其余均为简化传统样式。窗框刷红色防锈漆。 外门窗过梁装饰：简化的清末官式和玺彩画，仿大小额枋，保留两道箍头、圭线、岔口线，压缩盒子、藻头的长度，省略装饰图案，枋心约占1/3枋长。水泥砂浆面层。正门过梁仅一道，根据新中国成立前黑白照片，过梁着彩画。 外门窗五金件。把手为铜件。1986年维修中更换所有钢门窗仅保留2只原有把手[L016，SW2016]。 内门窗：1986年修缮中全面修补并油漆出新，更换五金件和玻璃（3mm厚压花玻璃）。（1）木门栗色浑水漆，门扇做金色传统图案的装饰，保留原有铜把手的锁，另装新锁。（2）有防盗需求的加装或改装防盗门，如三层过道两端的门，三层过道南侧财务配用的储藏室。（3）二层中会议室及楼梯厅内各房间已做新的木门。（4）三层放映室的观察窗口及放映室之间的窗口，在1999年放映室改造时，改为铝合金窗并使用至今	正门：完好。[FL009-FL014，L002] 外门窗：框、玻璃均完整，但铰链、把手或缺失、或松动、或锈死，鲜有完好的门窗。油漆起皮、脱落。[FL004，FL021，FL022，FL034-FL039，FL041-FL043，FL045-FL047，FL058-FL060，FL062-FL069，FL071，FL072，L015，SE1011-SE1018，SE1021，SE1024，SE1028，SE1033-SE1035，SE1045-SE1046，SE2011-SE2014，SW1020-SW1024，SW1035-SW1037，SW1046-SW1048，SW1058，SW1059，SW1064，SW2013，SW2014，L3020，L4002，L4003] 外门窗过梁：完好。 [FL005，FL010-FL012，FL014，FL026，FL036，FL046，FL047] 内门窗：基本完好，油漆少量起皮[L010-L012，SE1004，SE1026，SE1048，SE1049，SE1054，SE2019-SE2025，SW1005，SW1006，SW1033，SW1062，SW1065-SW1069，SW2023-SW2025，L2005，L2006，L3003-L3005，L3009，L3018，L3024-L3028，L4001，L4008]	自然老化，年久失修	外门窗的受损范围约10%，属于一般损坏； 内门窗的受损范围约5%，属于一般损坏
10	踏步	正门踏步：5级踏步，踏步平台铺150mm厚、300mm宽的长条石，护栏的压顶、踢脚、墙面的面层做水刷石。 东西外楼梯厅出口处的踏步：踏步、护栏板的面层做水刷石	完好[FL015，FL016，FL051-FL053]	日常维护良好	受损范围约0%，属于完好
11	墙灯	铸铁装饰灯，简化的传统装饰纹样，刷绿色防锈漆。均为20世纪80年代原样复制。正门两侧共2只，东西外门各2只	基本完好，漆面略有起皮[FL018，FL030，FL038，FL054]	自然老化	受损范围约3%，属于一般损坏

（二）观众厅

注：表中方括号内为《全国重点文物保护单位国民大会堂旧址现状及残损照片》中对应的照片编号，本书略。

序号	项目	现状形制	残损状况	原因分析	完损等级评估
1	屋面	压型铝板屋面：包括观众厅三级标高的台阶式屋面、观众厅东西廊二层的屋面。 观众厅屋面：0.8 mm 压型铝板表面刷锌黄环氧底漆及醇酸磁漆，二毡三油，25 mm 厚木板，约 65 mm 宽、约 130 mm 高、间距约 1 000 mm 方木空档内填 100 mm，厚袋装超细玻璃棉的保温隔热材料，钢丝网托底，木檩条 150 mm 宽，300 mm 高，间距详见结构专业图纸，表面刷防火涂料，钢屋架。（1986 年修理前屋面构造为瓦楞白铁皮，木屋架，油毡防水层，70 mm 厚煤渣砼保温层，25 mm 厚木板，65 mm 高方木，木檩条。木板以上在当年维修中拆除，更换为现有做法。） 东西廊二层屋面：0.8 mm 压型铝板表面刷锌黄环氧底漆及醇酸磁漆，二毡三油，20 mm 水泥砂浆找平，80 mm 厚树脂珍珠岩保温层，水泥珍珠岩 3% 找坡。（1986 年修理前屋面构造为瓦楞白铁皮，木桁条，木屋架，二毡三油，木屋面板，保温层，木桁条，二毡三油一砂防水层。当年维修中拆除。） 与铝板屋面配套的天沟：包括观众厅的大屋面、东西二层廊的屋面。沟内铺三毡四油，靠女儿墙上翻形成的缝涂沥青。 保温隔热不上人屋面：包括东西廊屋面，由上至下，20 mm 厚 1∶3 水泥砂浆（油膏嵌缝），二毡三油防水层，20 mm 厚 1∶2.5 水泥砂浆找平，80 mm 厚树脂珍珠岩块材保温板，1∶8 水泥膨胀珍珠岩找坡。（1986 年维修中拆除原油毡防水层。根据 1947 年历史图纸档案，绿豆砂，双层油毛毡上下柏油，三合土。） 揭露点 1：观众厅一层东廊屋面中段靠南（保护层以下未揭开防水层探查）。[R041] 混凝土廊架：东西二层廊屋面的女儿墙上，单排柱廊架，柱、梁及交接处均用传统样式	观众厅屋面：基本完好。由于排水沟靠墙一侧金属板及防水卷材上翻高度不足并且上翻的卷材存在脱落的情况，在观众厅闷顶内靠东墙的部位存在 2 处漏水点。[R027-R036] 二层东、西廊的屋面：基本完好。东廊二层屋面基本完好。[R047-R048] 西廊二层南端的顶棚粉刷层约 1 m^2 受潮、起皮、剥落。[CW2002，CW2005] 西廊二层屋面西北角的女儿墙压顶的面层裂缝，缝宽不足 1 mm。[R054-R059] 一层东、西廊的屋面：东廊屋面的保护层风化、裂缝、脱落，排水口淤塞，女儿墙压顶裂缝、脱落，高窗部位的挡水坎上翻高度不足。[R037-R046] 西廊屋面的保护层风化，高窗的雨棚顶露筋，西廊后出口门厅的东北角顶棚及西廊北端舞台楼梯过厅西北角顶棚各有约 0.1 m^2 的渗水痕迹 [R049-R053，CW1014，CW1019]	自然老化，年久失修。因改、加建限制，挡水坎、局部女儿墙高度偏小	受损范围约10%，属于一般损坏

续表

序号	项目	现状形制	残损状况	原因分析	完损等级评估
2	楼、地面	黄色水磨石楼、地面：包括一、二层东西廊，一层观众厅。 一层观众厅的地面原为普通水泥地面，1986年因起壳、开裂严重，将原有砼找平层和水泥砂浆面层凿除，改为C200细石砼找平层和水磨石面层，颜色偏红，有铜分隔条，走道及踢脚线为红色。 东西廊一层地面为1986年重做的水磨石面层，包括水泥砂浆找平层。颜色较原水磨石楼地面（楼梯间部位）的略偏红。 东西廊二层楼面为原有的水磨石楼面。1986年修缮中做局部修理并打磨抛光。 涂料楼面：包括观众厅楼座楼面。原为水泥砂浆面层，1986年修缮中用棕色H80高级环氧涂料罩面，以后仅稍作维护	观众厅地面及楼座楼面：完好。前厅入口的中门、双号门地面存在东西向裂缝，裂缝长度同门宽。[L013-L014] 一层东、西廊地面：裂缝众多，方向不一，长度约1~3 m，缝宽较大的约2 mm，已用水泥砂浆填补。 东廊的裂缝共15条，北端5条，南北向；中部1条，东西向；南段9条，东西向为主。[CE1006，CE1014，CE1017，CE1018，CE1020，CE1025-CE1027] 西廊的裂缝共14条，北端5条，其中东西向4条，门洞部位1条南北向；中部门洞部位2条南北向；南段7条，东西向为主。[CW1006，CW1009，CW1015，CW1016，CW1020，CW1021，CW1030-CW1033] 二层东、西廊楼面：裂缝出现部位集中在南北两端，以东西向为主，裂缝宽不足1 mm，长度均不超过1m。 东廊楼面裂缝共7条，楼坐东休息厅内东西向裂缝3条；舞台东楼梯厅内东西向裂缝2条，南北向裂缝2条。[CE2002，CE2014，CE2015，CE2021-CE2023] 西廊楼面裂缝共4条，南端门洞口附近楼面东西向裂缝2条，北端楼梯厅内东西向裂缝2条[CW2006，CW2022]	地面裂缝与地基沉降有关，楼面裂缝与楼板结构有关。尚不能排除与1987年西侧建设工程无关	受损范围约5%，属于一般损坏

续表

序号	项目	现状形制	残损状况	原因分析	完损等级评估
3	外墙面	水刷石墙面：1986年修缮中对于开裂、起壳的外墙面损坏处进行整块修复，经修复的墙面与原墙面略有色差。红砖基层，水刷石面层30 mm厚，分割约600 mm高、900 mm宽，缝宽约5 mm。 突出墙面的护头装饰：观众厅的钢屋架端头在外墙有突出墙面约200 mm的水泥砂浆保护，长1 100 mm、高500 mm，东西各7个。 二层廊窗墙的装饰：简化的传统纹样，凹凸约5 mm，水泥砂浆面层。 传统梁头样式的墙顶线脚装饰：观众厅的墙顶。类似前厅东西侧墙顶的相同部位，檐口出挑较小约300 mm。 简化线脚的墙顶装饰：包括东西廊一、二层墙面顶部。高约900 mm，二层檐口出挑300 mm，一层檐口出挑约100 mm。二层墙顶装饰刷灰色水泥浆，一层墙顶为水泥砂浆面层。 简化线脚的墙脚装饰：高约800 mm，水刷石面层	一层东廊墙面：墙面流痕污渍。[FA005-FA012] 二层东廊墙面：墙面顶部装修泛碱、流痕污渍。墙身落水管口、窗台下流痕污渍。[FA013，FA014] 东侧二层以上墙面：基本完好。突出墙面的护头装饰脱落缺失1个（第4个）。[FA015-FA018] 一层西廊墙面：墙面流痕污渍。北段墙身2条长约1.2m竖裂缝，高窗间墙1条水平裂缝，墙根处1条长约1.5m水平裂缝；南段墙身的高窗间墙4条斜裂缝。[FA021-FA032] 二层西廊墙面：墙面顶部装修泛碱、流痕污渍。墙身窗台下流痕污渍。[FA022，FA038] 西侧二层以上墙面：基本完好。[FA039-FA042] 观众厅顶部的南侧墙面：基本完好[FA045-FA050]	自然老化，年久失修。 西侧一层廊墙面裂缝与地基沉降有关	受损范围约10%，属于一般损坏
4	内墙面	黄色涂料拉毛墙面：包括一、二层东西廊、观众厅及楼座的下部墙裙。墙基层，约20 mm厚水泥砂浆找平层，约5 mm厚石灰砂浆层，约3 mm厚面层拉毛刷黄色涂料。 揭露点1：一层东廊前门边内墙。[CE1007] 揭露点2：一层西廊中出口门厅的侧墙上部。[CW1010] 揭露点3：一层西廊南段近地面处前面的面层。[CW1029] 穿孔板吸声墙面：PVC低发泡塑料穿孔板，板背铺70 mm厚袋装超细玻璃棉吸声材料[CW1031]。 观众厅侧、后墙的上部，墙面有装饰线脚。根据1986年资料，原楼座3.5 m以上为甘蔗板墙面，当年修缮时改为现在的做法。 白色涂料墙面：走道两侧房间内，为浅色光面瓷砖墙面。一、二层东西廊的中部各有约3m长的墙面改造作为饮用水装置，配有进深约300 mm的浅水池。 墙面通风口、柜门：金色涂层，保持原有传统样式	观众厅及楼座：基本完好。楼座后墙放映室有纵向裂缝[A052]。 一层东廊：南段东侧墙面空鼓，面积约5 m^2。前门门厅西北角的阴角有竖裂缝。[CE1003-CE1005，CE1008] 一层西廊：南段高窗下角斜裂缝[CW1004]。中部的西墙约5 m^2空鼓、水平裂缝。后出口门厅的东北角墙面渗水痕迹约0.2 m^2。[CW1007，CW1008，CW1014] 二层东、西廊：完好。 通风口、柜门：完好[A005，A006，A010，A012，A029-A031]	墙面空鼓与墙另一侧卫生间改造后墙体长期潮湿有关。 裂缝与加建、地基沉降有关	受损范围约3%，属于一般损坏

续表

序号	项目	现状形制	残损状况	原因分析	完损等级评估
5	顶棚	穿孔板吸声装饰顶棚：观众厅内，楼座下部，PVC低发泡塑料穿孔板，板背的木龙骨空档之间铺100 mm厚袋装超细玻璃棉吸声材料。[B017-B019，AL023] 白色涂料顶棚：一、二层东西廊内，观众厅东西侧加座区的顶棚。一层东西廊及二层东西廊的休息厅内为装饰顶棚	观众厅及楼座顶棚：完好。[A001，A003，A014，A015，A018，A019，A025，A027，A028，A034-A038，A051，A053] 一层东廊顶棚：基本完好。南段东侧墙顶棚约0.1 m^{2}涂层起皮。[CE1004] 一层西廊顶棚：基本完好。北端舞台楼梯厅西北角顶棚约0.1 m^{2}渗漏。[CW1019] 二层东廊顶棚：完好。 二层西廊顶棚：南端顶棚约1.5 m^{2}起皮[CW2002，CW2005]	自然老化，年久失修。屋面渗漏	受损范围约2%，属于一般损坏
6	门窗	外窗：原为钢窗，1986年全部更换，仍为钢窗，样式与原来完全相同，为简化的传统样式，刷栗色防锈漆。一层外窗内侧加装不锈钢的防盗窗。 其中，二层东、西廊外窗中连续7樘窗周边的墙面用砂浆做凹凸纹样以体现传统建筑风格。窗过梁做简化的清末官式和玺彩画，仿一道额枋，保留两道箍头、圭线、岔口线，压缩盒子、藻头的长度，省略装饰图案，枋心约占1/3枋长。窗间墙仿柱。窗间墙与过梁交接处形成的方形区域做阳刻的传统团花纹样。窗下墙仿望柱、栏板。其均为水泥砂浆面层。 另有观众厅闷顶的南墙在东、西两侧各有3个用于通风窗洞口，东侧两洞口、西侧一洞口后又改作机械排风口，其余洞口装白色木百叶。[FA049，FA050] 外门：双开木门，传统长窗的类似花结嵌玻璃样式的简化和变形，边梃、横头加大，刷栗色浑水漆，心仔中结子及四角部位用金色。一层东、西廊的前、中、后门共6樘。门两侧均有壁灯，西廊前门因加建值班室使得东壁灯被遮挡。 内门窗：木质，刷栗色浑水漆，传统样式装饰涂金漆	外窗：框完整，但玻璃有碎裂，铰链、把手或缺失、或松动、或锈死，鲜有完好的窗。油漆起皮、脱落。[FA005，FA006，FA008，FA010，FA012，FA013，FA021，FA022，FA024，FA025，FA028，FA030-FA032，FA038] 外门：基本完好。西廊前门因经常使用，漆面脱落[FA007，FA009，FA011，FA026，FA029，FA034，FA035] 内门窗：完好。[CE1010，CE1013，CE1015，CE1016，CE1019，CE1021，CE2003，CE2004，CE2009，CE2010，CE2013，CE2017，CE2018，CE2025，CW1016-CW1018，CW1022，CW1024-CW1026，CW2003，CW2004，CW2010，CW2011，CW2016-CW2018，L2003]	自然老化，年久失修	外门窗的受损范围约10%，内门窗的受损范围约2%，属于一般损坏
7	卫生间	卫生间均匀分布于观众厅两侧，一层共5处，二层共4处。墙面为白色瓷砖，楼地面为彩釉砖，系1986年维修时改造	卫生间完好	日常维护良好	属于完好
8	座席	1986年改为悬挑排式沙发椅，1999年改为现状座席	完好	日常维护良好	属于完好

（三）舞台

注：表中方括号内为《全国重点文物保护单位国民大会堂旧址现状及残损照片》中对应的照片编号，本书略。

序号	项目	现状形制	残损状况	残损状况原因分析	安全等级评估
1	屋面	压型铝板屋面：包括舞台屋面。0.8 mm 压型铝板表面刷锌黄环氧底漆及醇酸磁漆，二毡三油，20 mm 厚水泥砂浆保护层，80 mm 树脂珍珠岩块材保温板，水泥膨胀珍珠岩找坡层坡度 3%。（1986 年修理前屋面构造为瓦楞白铁皮，木桁条，木屋架，二毡三油一砂防水。当年维修时全部拆除，更换为现有做法。） 保温隔热不上人屋面：包括东、西侧台屋面。由上至下，防水卷材（东侧为黑色沥青类防水卷材，西侧为浅反射表面沥青类防水卷材，该表层为 1986 年以后施工），20 mm 厚1∶3 水泥砂浆（油膏嵌缝），二毡三油防水层，20 mm 厚 1∶2.5 水泥砂浆找平，80 mm 厚树脂珍珠岩块材保温板，1∶8 水泥膨胀珍珠岩找坡。（1986 年维修时拆除原油毡防水层。） 揭露点 1：西侧台屋面西北角女儿墙根 [R066]	舞台屋面：基本完好，室内顶棚未见明显漏水点。[R072-R076] 东侧台屋面：基本完好，室内顶棚未见明显漏水点。[R060-R063] 西侧台屋面：表层浅反射防水卷材靠女儿墙上翻部分脱落。屋面东北角残留设备基础，设备已拆除。室内为西侧台贵宾室顶棚上空，未进入待查 [R064-R071]	自然老化，年久失修	受损范围约 2% 属于一般损坏
2	楼面	实木地板楼面：包括舞台及东、西侧台的大部分楼面。因保存完好未查明构造做法。 复合木地板楼面：东侧台一层消防控制室、灯光控制室，东侧台二层配电间、台口东侧二层控制室，东侧台三层库房，采用复合木地板、防潮垫、水泥砂浆。 地砖楼面：一层台口两侧卫生间、东侧台一层计票室。 静电地板楼面：东侧台二层控制室，东侧台三层控制室。 地毯楼面：西侧台一层贵宾室。 压花钢板楼面：台口西侧二层控制室。 水磨石楼面：东侧台东北角防火卷帘附近楼面。做法与前厅水磨石楼面相同。 水泥楼面：水泥砂浆面层，台口东侧一层储藏间及各层走道	保存基本完好，可满足使用要求	日常维护良好	受损范围 0%，属于完好
3	地下室地面	水泥地面：除东侧废弃房间，均为水泥地面。地坪标高略有不同。 瓷砖地面：东侧废弃房间。 木装饰墙裙：西侧台	水泵房内水泥地面积水、潮湿。[D019，D020，D043，D052-D054，D020] 其余基本完好。 东侧废弃房间内瓷砖破裂较多，地面积水 [D055，D056]	因改建导致通风不畅，潮湿积水，疏于维护，年久失修	受损范围约 10%，属于一般损坏
4	楼梯间	4 梯段，灰色水磨石楼地面，配金刚砂凸防滑条，舞台西楼梯间梯段及平台加铺复合木地板，配金色金属边口防滑条，圆钢扶手。内墙面、顶棚为白色涂料	保存基本完好，存在残损的是舞台东侧楼梯间的顶棚，粉刷层剥落 3 处，约 0.1 m^2 [SS001]	日常维护良好	受损范围约 1%，属于一般损坏
5	侧台楼梯	1 至 6 层为钢筋砼直跑楼梯，水泥楼面，无防滑条，圆钢扶手	保存基本完好	日常维护良好	受损范围约 0%，属于完好

续表

序号	项目	现状形制	残损状况	残损状况原因分析	安全等级评估
6	钢梯	东侧地下室钢梯，系1999年之前加建，梯梁为槽钢，踏步为压花U型钢板，圆钢扶手。西北角旋转钢梯，已废弃，仅连通地下室与舞台四层。圆钢立柱，斜纹钢板踏步，圆钢扶手 [S042]	东侧钢梯基本完好，漆面脱落。[D003] 旋转钢梯基本完好	自然老化，年久失修	受损范围约1%，属于一般损坏
7	外墙面	水刷石墙面：1986年修缮中对于开裂、起壳的外墙面损坏处进行整块修复，经修复的墙面与原墙面略有色差。红砖基层，水刷石面层30 mm厚，分割约600 mm高、900 mm宽，缝宽约5 mm。 传统梁头样式的墙顶线脚装饰。舞台的墙顶。类似前厅东西侧墙顶的相同部位，檐口出挑较小约300 mm。 简化线脚的墙顶装饰：包括东西侧台墙面顶部。高约900 mm，檐口出挑300 mm。墙顶装饰刷灰色水泥浆。 简化线脚的墙脚装饰：样式同前厅墙脚装饰的下部。高约800 mm，水刷石面层	东西侧墙面的窗口下部流痕污渍。[FS001，FS004，FS005，FS012，FS015，FS016] 南墙顶部檐口下部泛碱。[FS006，FS026，FS027] 北墙檐口挑板的顶面粉刷层起皮、剥落。[FS022，FS025] 西墙根部，装饰线脚的顶面与上部墙面接缝处南北贯通缝，缝宽约5 mm [FS018]	自然老化，年久失修。西侧墙根裂缝不排除地基沉降因素造成	受损范围约5%，属于一般损坏
8	内墙面	瓷砖墙面：包括地下室西侧废弃房间，台口卫生间。 木装饰墙裙：西侧台门厅。 大理石装饰墙面：西侧贵宾室的北墙。 白色涂料墙面：包括除以上各种墙面的部位。基层，地下室墙体在室外地坪以下为钢筋砼，其余为砖墙。找平层为水泥砂浆或石灰砂浆，种类、厚度不一。 揭露点1：地下室东侧北仓库东窗的窗边墙。[D009] 揭露点2：地下室东侧南房间东窗的窗边墙。[D012] 揭露点3：地下室东侧南房间南墙。[D013] 揭露点4：地下室东厅西墙上靠北侧的门边。[D018] 揭露点5：地下室中厅北侧的泵房室内东北角的柱棱 [D042]	地下室墙面潮湿，起皮、剥落严重。[D004-D006，D009-D015，D019，D020，D029-D031，D040-D045，D047，D052-D056] 1至6层墙面基本完好。存在残损的是：西侧台南墙面上部粉刷层起皮。[S039] 六层的葡萄架支点处的墙面粉刷层剥落 [SU014]	自然老化，年久失修	受损范围约12%，属于一般损坏
9	顶棚	造型装饰顶棚：包括西侧台贵宾室，为石膏板顶棚。 涂料顶棚：除西侧台贵宾室以外，刷白色涂料	地下室顶棚起皮剥落较为严重。[D006，D008，D010，D011，D014，D024，D027-D029] 1至6层顶棚基本完好	自然老化，年久失修	受损范围约5%属于一般损坏

前厅地面

观众厅入口

续表

序号	项目	现状形制	残损状况	残损状况原因分析	安全等级评估
10	门窗	外窗：原为钢窗，1986 年全部更换，仍做钢窗，样式与原来完全相同，为简化的传统样式，刷栗色防锈漆。舞台东侧过道的钢窗内侧增加木窗遮光，外包铝皮防水。舞台顶部高侧窗外包铝皮防水。 外门：不锈钢门，传统长窗的类似花结嵌玻璃样式的简化和变形，边梃、横头加大，刷栗色浑水漆，心仔中结子及四角部位用金色。西侧台门厅处 1 樘。门两侧有壁灯。另有东西四层过道通向东西侧台屋面的检修木门 2 樘，东五层过道东北角通向加建化妆楼屋面的检修木门 1 樘，均为夹板木门，刷栗色浑水漆，外包铝皮防水。 内门： （1）原有木门，刷栗色浑水漆，传统样式装饰涂金漆。包括地下室北门厅通向地下室中厅的 1 樘双开门，东侧台过厅处除加建大屏控制室的 4 樘平开门，西侧台过厅通向观众厅的 1 樘平开门，东西侧台夹层通向半圆阳台的 2 樘平开门。以上共 8 樘。 （2）不锈钢栅栏门。包括地下室楼梯间通向东厅处 1 樘双开门，地下室中厅北墙上 2 樘平开门，地下室北门厅通向北侧加建建筑地下室的 1 樘双开门及通向地下室西厅的 1 樘平开门，地下室西侧北房间 1 樘双开门。以上共 5 樘。 （3）高级装饰双开防盗门。包括西侧台贵宾室房间门 1 樘。 （4）高级装饰双开木门。包括西侧台一层北墙通向北侧加建建筑的 1 樘。 （5）其余均为夹板木门。 内窗：东侧二、三层过道部分改造为控制室，增加铝合金推拉窗共 6 樘。 防火卷帘：东北角通向加建化妆楼，一至三层门洞处为防火卷帘，门洞边做卷帘轨道	外窗：框完整，但玻璃有碎裂，铰链、把手或缺失、或松动、或锈死，鲜有完好的窗。油漆起皮、脱落。[FS002-FS005，FS013-FS016，FS020，FS021，S013，S019] 外门：西侧台门厅处基本完好。[FA024] 通向屋面的木门漆面脱落。[S013，S040，FS020，FS022，R071] 内门窗：基本完好。存在残损的是：地下室木门受潮变形，漆面损坏较为严重。[D011，D015，D020，D052，D053] 防火卷帘：完好 [S009-S011]	自然老化，年久失修	受损范围约 10%，属于一般损坏
11	踏步	包括西侧台门厅处及东北角踏步。东北角踏步为 2005 年改变位置及方向。踏步、护栏板的面层做水刷石	完好 [FA024，FS011]	日常维护良好	受损范围约 0%，属于完好

二层东外楼梯厅

二层东休息厅及东廊

二、结构现状及存在的主要问题

（一）结构现状测绘

大会堂主体结构无原始结构图纸，且现场外饰面及砖墙将主体结构包裹在内部，为了弄清结构状况，且秉着最小干预原则，东南大学建筑设计研究院结构工程师、建筑师与检测单位多次奔赴现场进行主体测绘，同时收集、查阅历史资料，对结构的布置、构件支撑逻辑关系进行推敲，以最大可能性复原原始建造结构。

（二）结构概况

南京人民大会堂建于 1936 年，地下局部 1 层，地上 4 层，建筑由前厅、观众厅及楼座、舞台、休息厅等组成，建筑面积 7 576 m^2，为全国重点文物保护单位，是近代建筑的优秀代表。建筑主屋面高度为 18.7 m，舞台屋顶梁跨度 17.1 m，台口梁跨度 14.6 m，楼座采用钢筋混凝土混合桁架，挑梁悬挑尺寸近 6 m，楼座宽度 33.1 m。主体结构采用钢筋混凝土框架结构，根据实际情况并结合当年的技术水平来分析，更适合定义为钢筋混凝土框架加砌体填充的混合结构。

按现行相关的有效结构设计规范、规程及补充勘察资料，工程所在地抗震设防烈度为 7 度，地震分组为第一组，建筑场地类别为 III 类，特征周期为 0.45 s，抗震设防类别为重点设防类，更新改造设计后续使用年限为 30 年 (A 类建筑)[①②]。

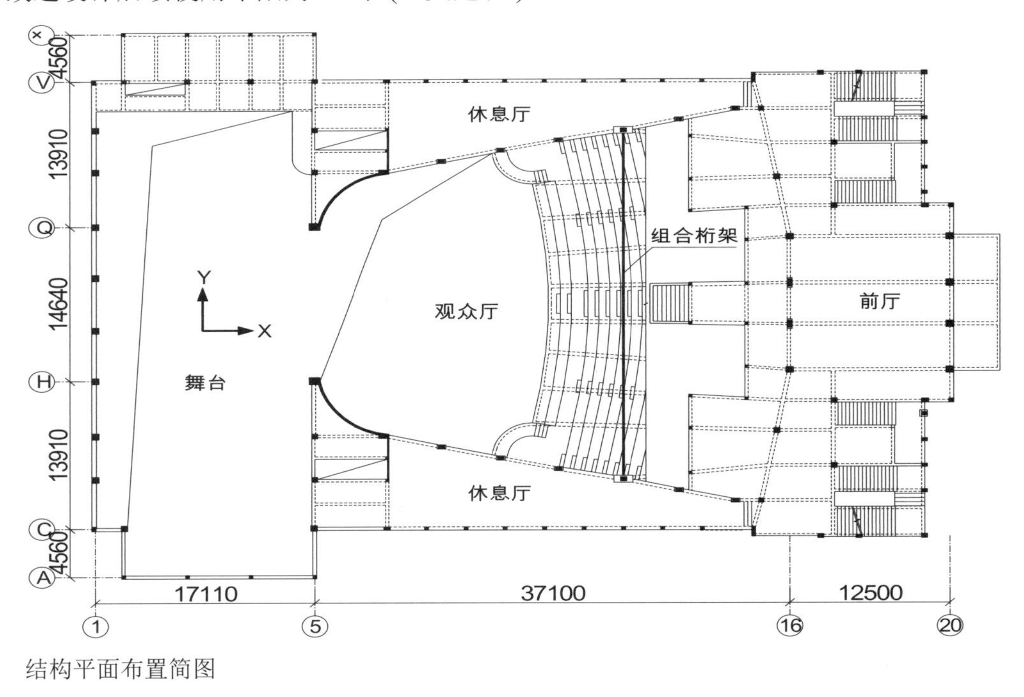

结构平面布置简图

① 中华人民共和国住房和城乡建设部，中华人民共和国国家质量监督检验检疫总局 . 建筑抗震设计规范（2016 年版）：GB 50011—2010[S]. 北京 : 中国建筑工业出版社 , 2016.

② 中华人民共和国住房和城乡建设部 , 中华人民共和国国家质量监督检验检疫总局 . 建筑抗震鉴定标准：GB 50023—2009[S]. 北京 : 中国建筑工业出版社 , 2009.

（三）结构现状及存在的主要问题

由于本项目无原始设计资料，构件布置及尺寸均由现场测定，钢筋配置采用抽样方法检测。鉴定报告揭示，原结构梁柱未设置箍筋加密区、混凝土强度等级较低 (小于 C18)、混凝土露筋、胀裂、钢筋锈蚀严重、结构体型不规则，建筑安全性鉴定评级为 C_{su} 级，表明安全性不符合规范要求且显著影响承载力，应采取措施尽快维护。

按刚性连接的框架进行小震下结构计算分析，框架梁负弯矩区均需配置一定量钢筋，经现场抽查，原结构均按简支梁设计，未配置相应的钢筋；部分框架柱配筋亦不足。

（四）综合抗震能力指数

参考《建筑抗震鉴定标准》GB 50023—2009① 第 6.2.11 条，楼层屈服强度系数及楼层综合抗震能力指数：

$$\beta = \psi_1 \psi_2 \xi_y \tag{1}$$

$$\xi_y = V_y / V_e \tag{2}$$

式中：ψ_1 为体系影响系数；ψ_2 为局部影响系数；ξ_y 为楼层屈服强度系数；V_y 为楼层现有受剪承载力；V_e 为楼层弹性地震剪力；β 为楼层综合抗震能力指数。

由上式计算出本项目楼层综合抗震能力指数小于 1，说明竖向构件截面偏小，混凝土强度等级低，结构抗震能力弱。根据相关文献② 描述：楼层综合抗震能力指数 $0.4<\beta<0.8$，多数承重构件在地震作用下可能严重破坏或部分倒塌。

原结构楼层综合抗震能力指数

楼层	ψ_1	ψ_2	X 向		Y 向	
			ξ_y	β	ξ_y	β
4 层	0.8	0.8	1.65	1.06	0.96	0.61
3 层	0.8	0.8	0.75	0.48	0.71	0.45
夹层	0.8	0.8	0.71	0.45	0.67	0.43
2 层	0.8	0.8	1.29	0.83	1.31	0.84
1 层	0.8	0.8	0.98	0.63	0.77	0.49
夹层	0.8	0.8	0.94	0.60	0.79	0.51

（五）结构变形

考虑到原结构梁按简支设计，几乎无抗震能力，复核主体结构变形，其中梁柱连接处按铰接模型。原结构在小震下最大层间位移角 1/311，大于规范限值 1/550，说明小震下结构部分构件将进入弹塑性变形阶段。罕遇地震作用下最大层间位移角 1/46，大于规范限值 1/50，存在倒塌风险。

① 中华人民共和国住房和城乡建设部，中华人民共和国国家质量监督检验检疫总局 . 建筑抗震鉴定标准：GB 50023—2009[S]. 北京：中国建筑工业出版社，2009.

② 刘培，姚志华，马学坤等 . 不同性能要求下的框架结构综合抗震能力控制指标 [J]. 工程抗震与加固改造，2017,39(S1):39-43.

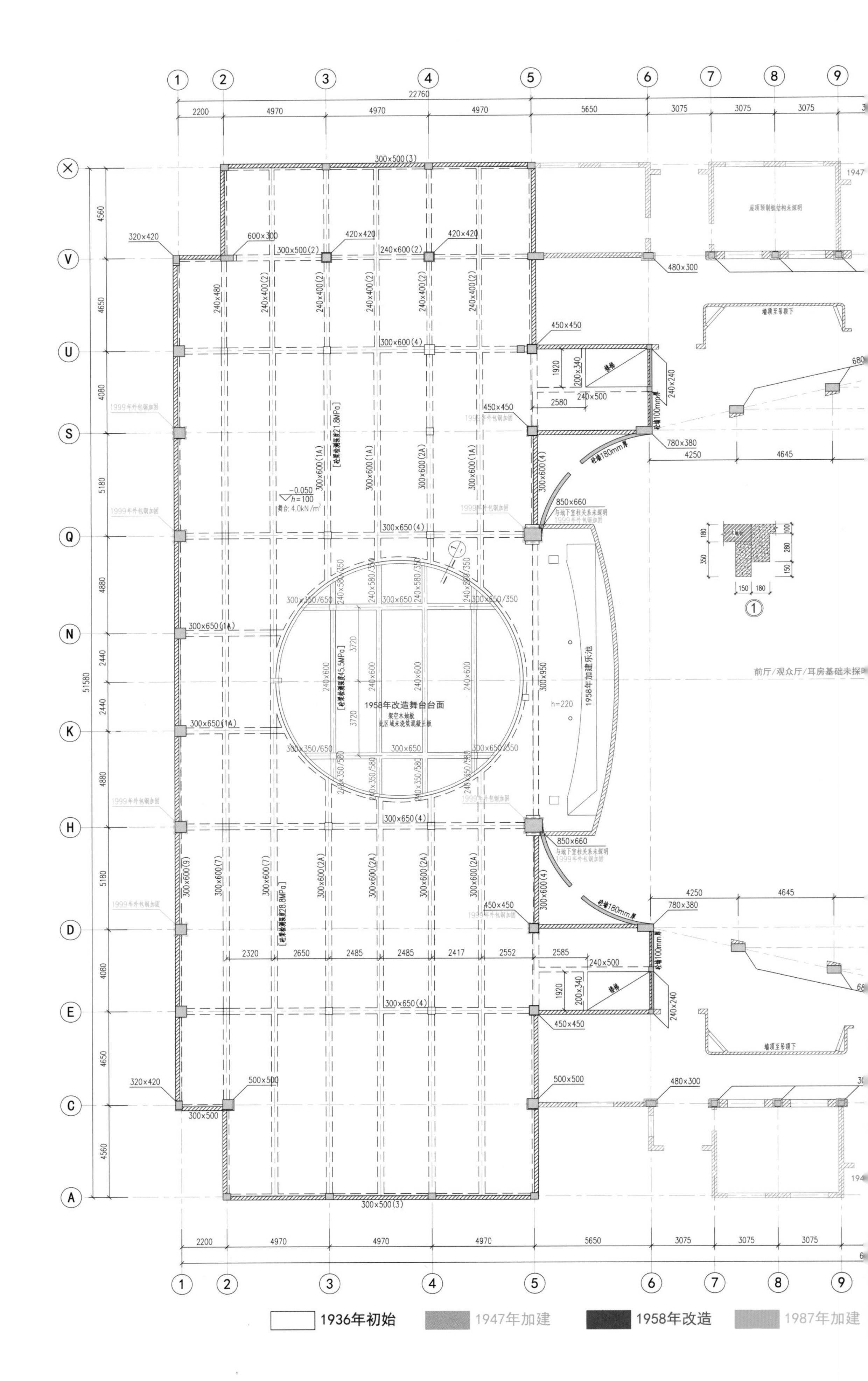

1936年初始
1947年加建
1958年改造
1987年加建
1958年改造舞台台面
1958年加建乐池
前厅/观众厅/耳房基础未探明

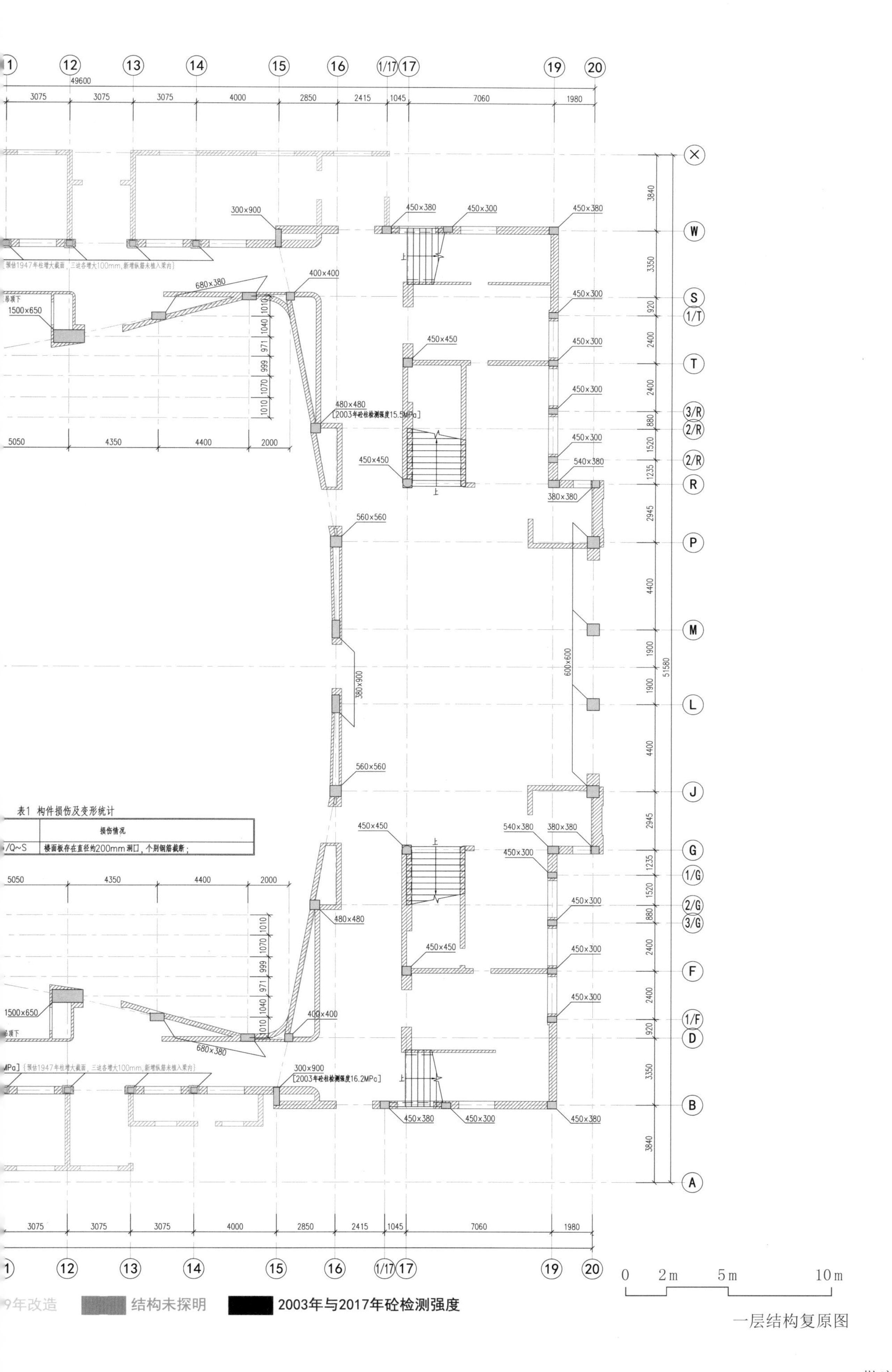
49600
3075
4000
2850
2415
1045
7060
1980
300×900
450×380
450×300
400×400
680×380
1500×650
450×450
480×480
[2003年砼柱检测强度15.5MPa]
540×380
380×380
560×560
380×900
600×600
51580
表1 构件损伤及变形统计
损伤情况
楼面板存在直径约200mm洞口，个别钢筋截断；
5050
4350
4400
2000
300×900
[2003年砼柱检测强度16.2MPa]
上
0
2m
5m
10m
结构未探明
2003年与2017年砼检测强度

一层结构复原图

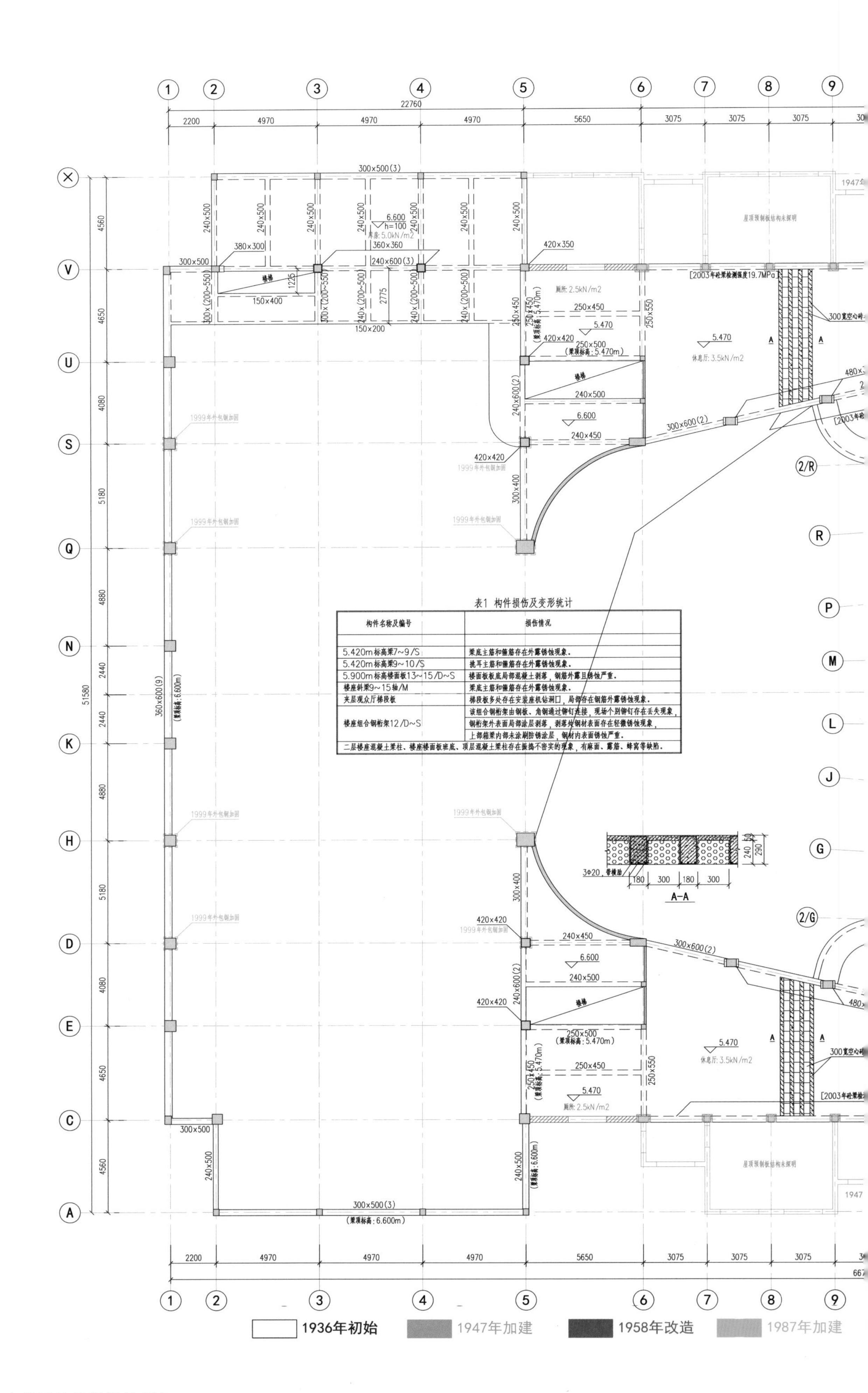

表1 构件损伤及变形统计

构件名称及编号	损伤情况
5.420m标高梁7~9/S	梁底主筋和箍筋存在外露锈蚀现象。
5.420m标高梁9~10/S	挑耳主筋和箍筋存在外露锈蚀现象。
5.900m标高楼面板13~15/D~S	楼面板板底局部混凝土剥落，钢筋外露且锈蚀严重。
楼座斜梁9~15轴/M	梁底主筋和箍筋存在外露锈蚀现象。
夹层观众厅梯段板	梯段板多处存在安装座机钻洞口，局部存在钢筋外露锈蚀现象。
楼座组合钢桁架12/D~S	该组合钢桁架由钢板、角钢通过铆钉连接，现场个别铆钉存在丢失现象， 钢桁架外表面局部涂层剥落，剥落处钢材表面存在轻微锈蚀现象， 上部箱梁内部未涂刷防锈涂层，钢材内表面锈蚀严重。
二层楼座混凝土梁柱、楼座楼面板班底、顶层混凝土梁柱存在振捣不密实的现象，有麻面、露筋、蜂窝等缺陷。	

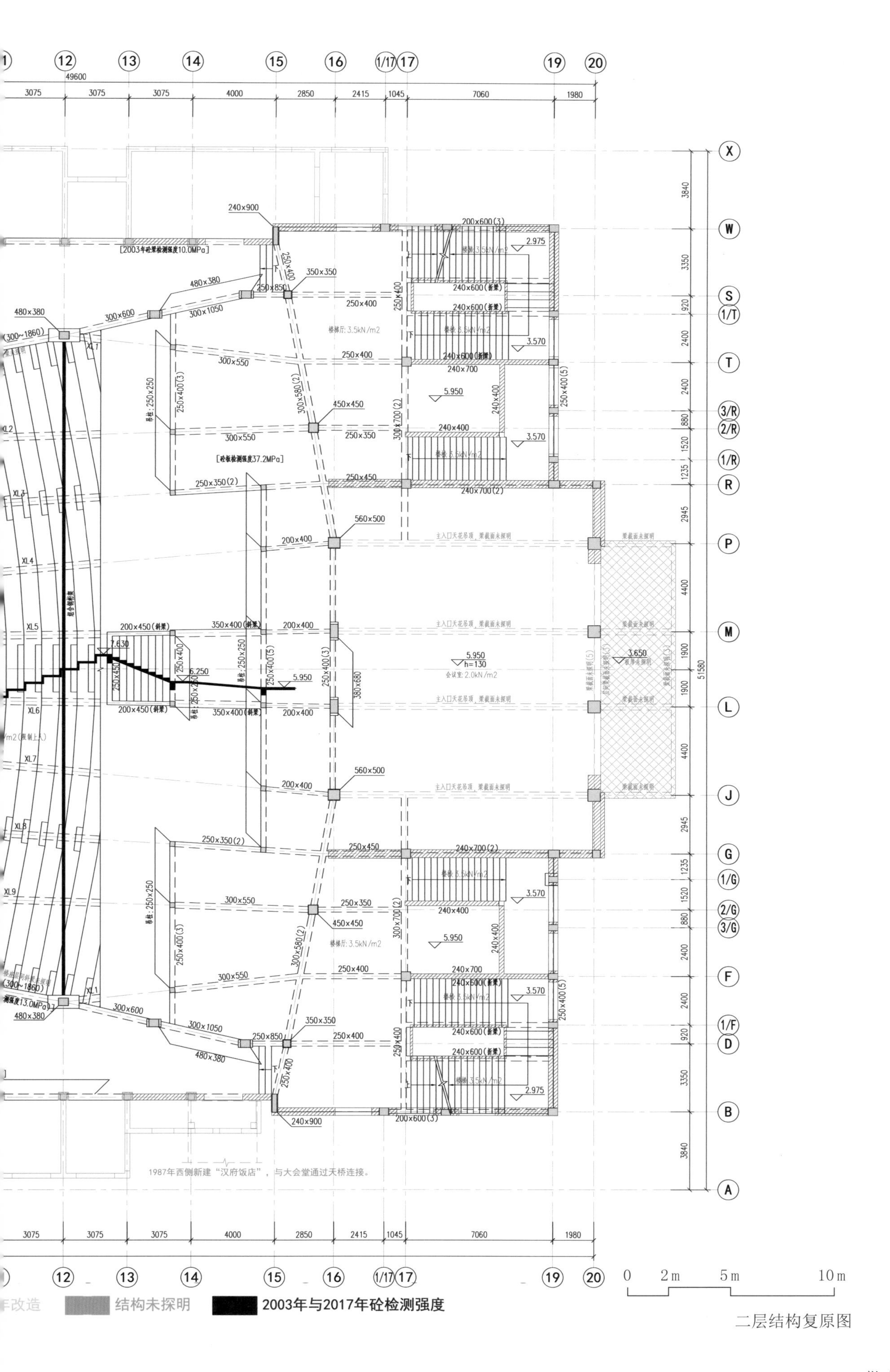
12
13
14
15
16
1/17
17
19
20
49600
3075
3075
3075
4000
2850
2415
1045
7060
1980
X
W
S
1/T
T
3/R
2/R
1/R
R
P
M
L
J
G
1/G
2/G
3/G
F
1/F
D
B
A
3840
3350
920
2400
2400
880
1520
1235
2945
4400
1900
1900
4400
2945
1235
1520
880
2400
2400
920
3350
3840
51580
240×900
200×600(3)
2.975
[2003年砼梁检测强度10.0MPa]
480×380
350×350
250×850
300×600
300×1050
250×400
240×600(新梁)
3.570
240×700
5.950
300×550
250×400(3)
450×450
250×350
300×580(2)
300×700(2)
250×400(5)
[砼板检测强度37.2MPa]
250×350(2)
250×450
240×700(2)
560×500
200×400
200×450(斜梁)
350×400(斜梁)
7.630
6.250
5.950
250×400(3)
380×680
h=130
会议室：2.0kN/m2
3.650
1987年西侧新建"汉府饭店"，与大会堂通过天桥连接。
0
2m
5m
10m
结构未探明
2003年与2017年砼检测强度

二层结构复原图

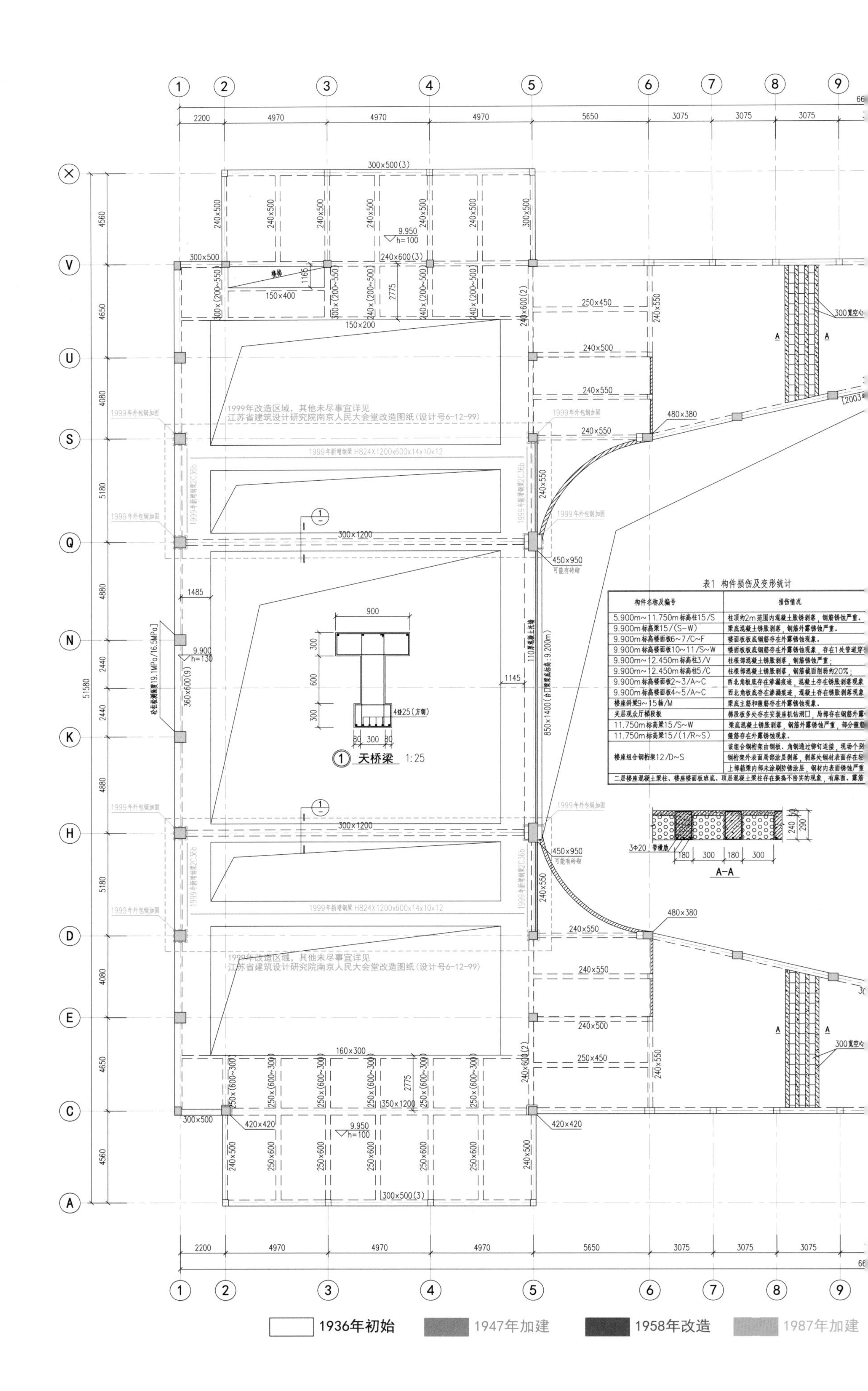

表1 构件损伤及变形统计

构件名称及编号	损伤情况
5.900m~11.750m标高柱15/S	柱顶约2m范围内混凝土胀锈剥落，钢筋锈蚀严重。
9.900m标高梁15/(S-W)	梁底混凝土锈胀剥落，钢筋外露锈蚀严重。
9.900m标高楼面板6~7/C~F	楼面板板底钢筋存在外露锈蚀现象。
9.900m标高楼面板10~11/S~W	楼面板板底钢筋存在外露锈蚀现象，存在1处管道穿
9.900m~12.450m标高柱3/V	柱根部混凝土锈胀剥落，钢筋锈蚀严重；
9.900m~12.450m标高柱5/C	柱根部混凝土锈胀剥落，钢筋截面削弱约20%；
9.900m标高楼面板2~3/A~C	西北角板底存在渗漏痕迹，混凝土存在锈胀剥落现象
9.900m标高楼面板4~5/A~C	西北角板底存在渗漏痕迹，混凝土存在锈胀剥落现象
楼座斜梁9~15轴/M	梁底主筋和箍筋存在外露锈蚀现象。
夹层观众厅梯段板	梯段板多处存在安装座机钻洞口，局部存在钢筋外露
11.750m标高梁15/S~W	梁底混凝土锈胀剥落，钢筋外露锈蚀严重，部分箍筋
11.750m标高梁15/(1/R~S)	箍筋存在外露锈蚀现象。
楼座组合钢桁架12/D~S	该组合钢桁架由钢板、角钢通过铆钉连接，现场个别 钢桁架外表面局部涂层剥落，剥落处钢材表面存在轻 上部箱梁内部未涂刷防锈涂层，钢材内表面锈蚀严重
二层楼座混凝土梁柱、楼座楼面板班底、顶层混凝土梁柱存在振捣不密实的现象，有麻面、露筋	

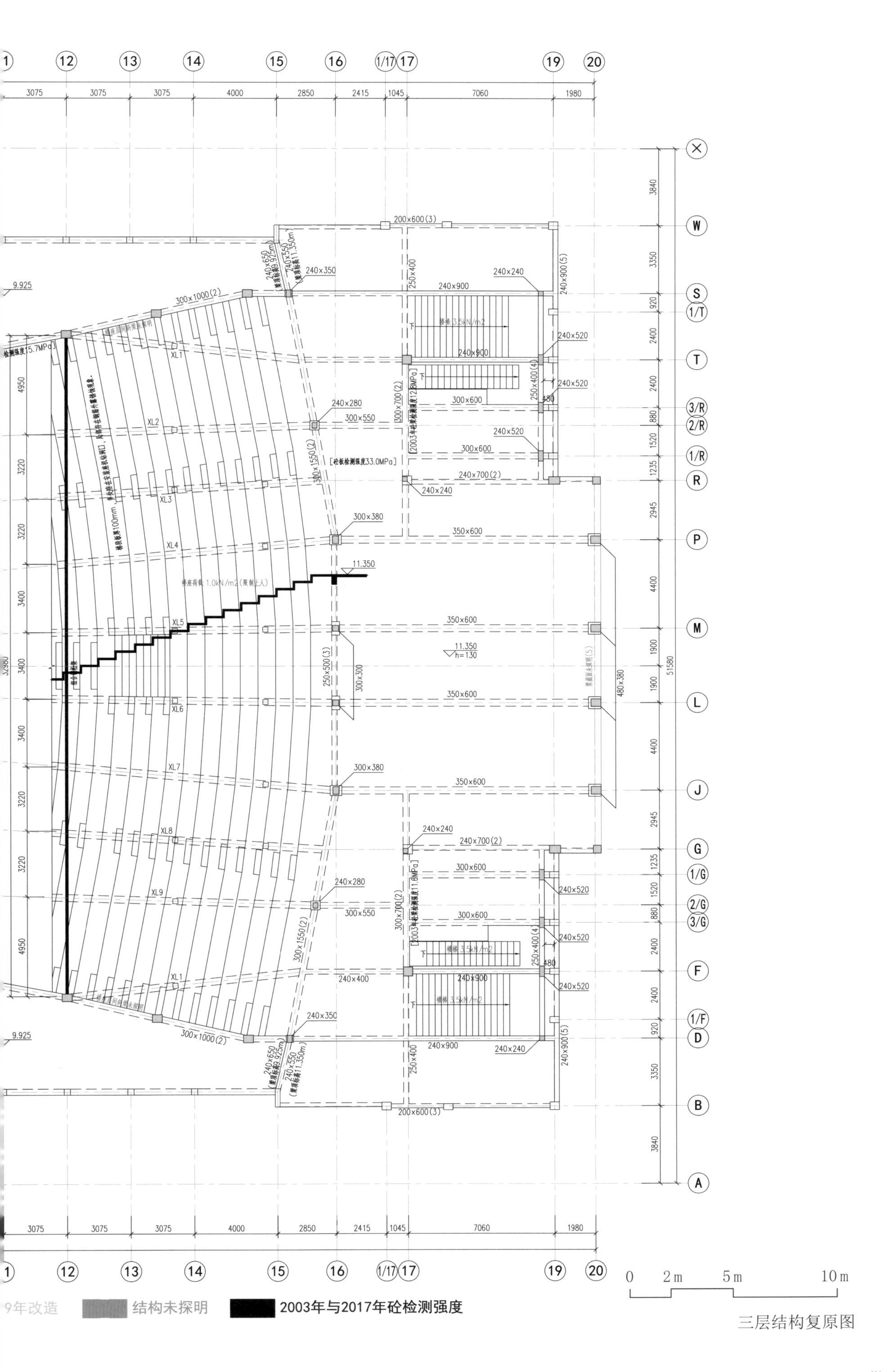

三层结构复原图

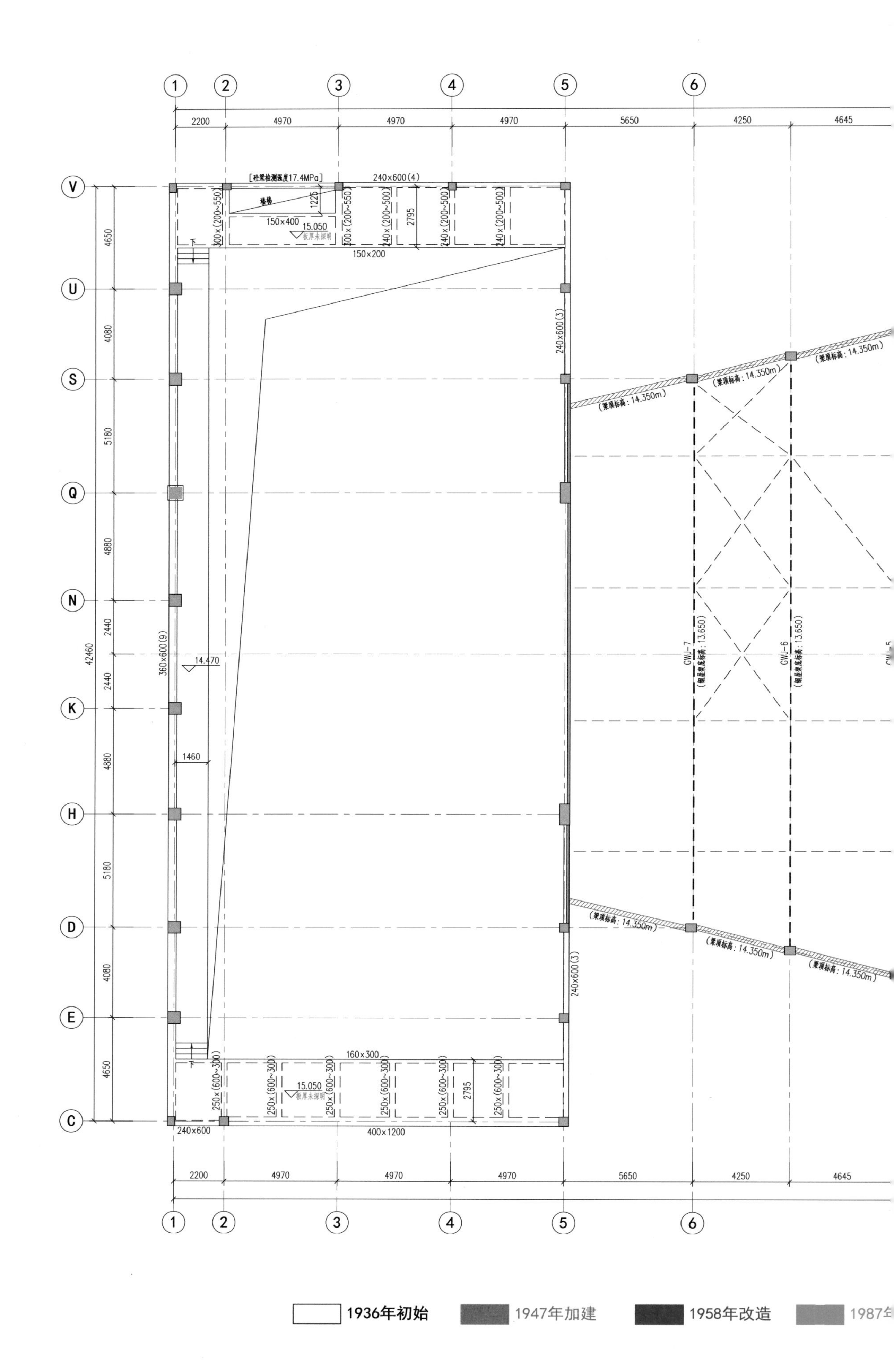

1936年初始
1947年加建
1958年改造

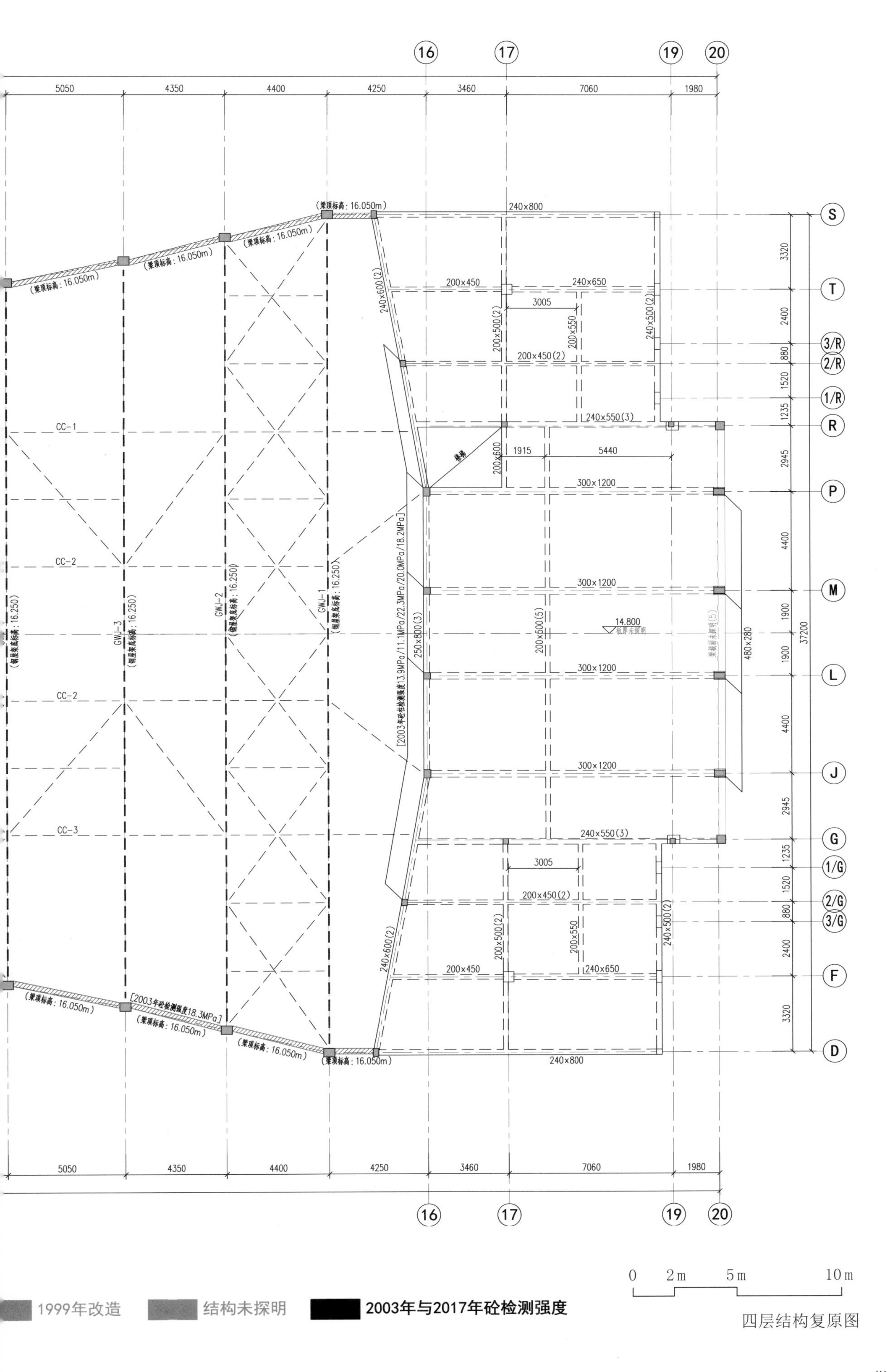

四层结构复原图

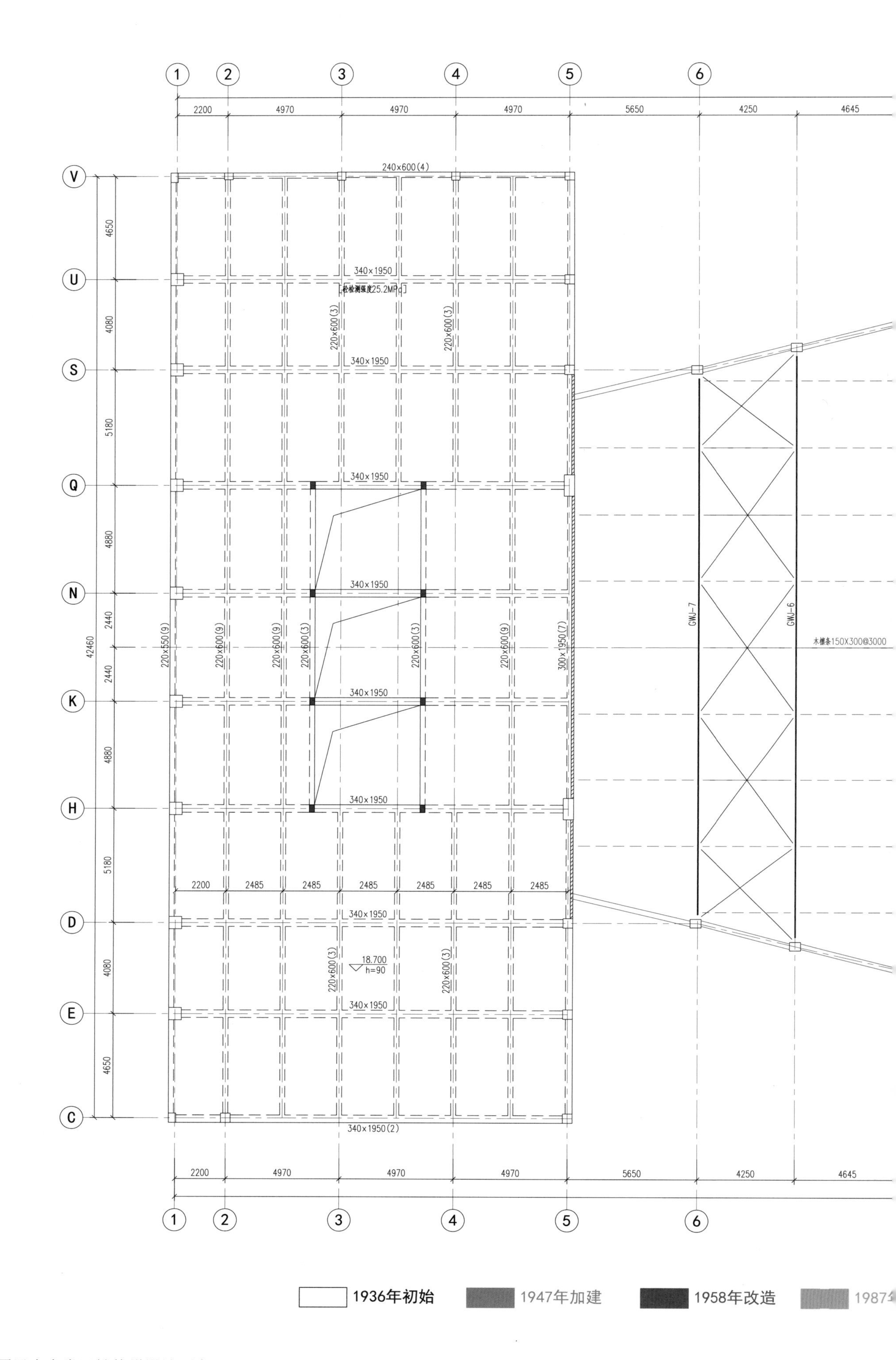

1936年初始
1947年加建
1958年改造
240×600(4)
340×1950
340×1950(2)
220×600(3)
220×550(9)
220×600(9)
300×1950(7)
GWJ-7
GWJ-6
木檩条150X300@3000
18.700
h=90

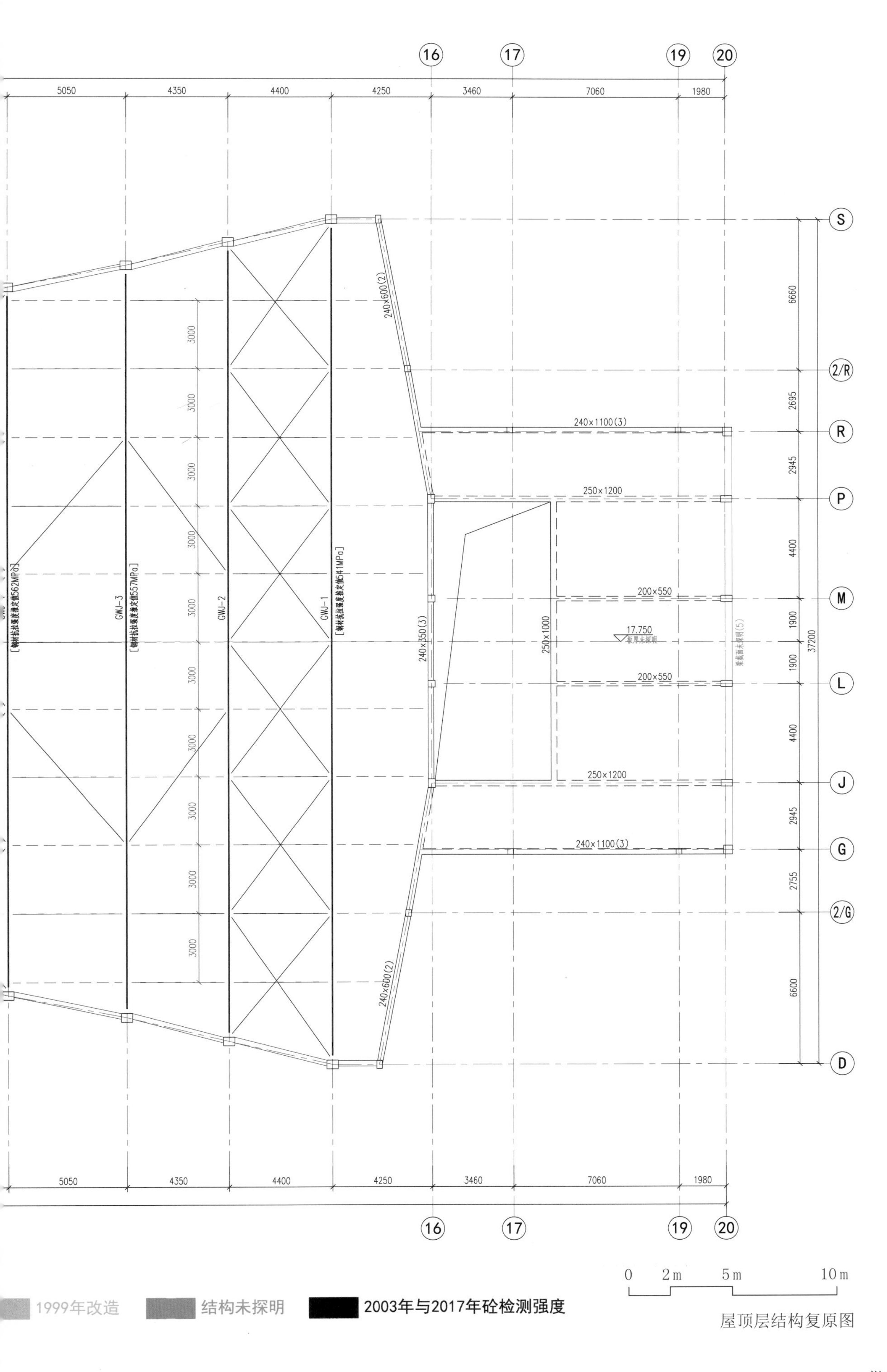
16
17
19
20
5050
4350
4400
4250
3460
7060
1980
S
2/R
R
P
M
L
J
G
2/G
D
6660
2695
2945
4400
1900
1900
4400
2945
2755
6600
37200
3000
240×600(2)
240×1100(3)
250×1200
200×550
240×350(3)
250×1000
17.750
GWJ-3
GWJ-2
GWJ-1
0
2m
5m
10m
1999年改造
结构未探明
2003年与2017年砼检测强度

屋顶层结构复原图

原结构层间位移角

楼层	小震		罕遇地震	
	X 向	Y 向	X 向	Y 向
4 层	1/311	1/433	1/49	1/69
3 层	1/311	1/238	1/50	1/46
夹层	1/337	1/297	1/54	1/47
2 层	1/480	1/396	1/76	1/63
1 层	1/409	1/335	1/65	1/53
夹层	1/770	1/592	1/122	1/94

其他未尽事宜详见江苏建研建设工程质量安全鉴定有限公司提供的南京人民大会堂检测报告（本书略）。

三、现状评估、原因分析及评估结论

（一）现状评估

地基基础

在 1986 年维修工程前期的探查中即发现前厅地面、东西廊地面由于沉降问题导致地面裂缝众多，因此前厅做双向配筋砼垫层，至今未见明显裂缝。而东西廊地面仅重做水泥砂浆找平层，并未如前厅一样做配筋砼垫层，如今出现较多裂缝。由此可见，其一，地基在 20 年左右的时间内仍存在沉降；其二，配筋砼垫层在此处对抗沉降有效果。

此外，建筑西北侧均有建设工程，而东侧仅加建美术馆的一层检票通道，因此不能确定周边的建设工程引起了地基变化。并且，地面裂缝出现在东西廊，前厅东西侧办公室的地面、窗台（1986 年维修中将原木窗台板更换为水磨石窗台板）也存在裂缝，而观众厅内、舞台地下室的地面均未出现明显裂缝，似乎表明周边的建设工程与地基沉降并无关联。从地面裂缝分布情况来看，观众厅和舞台部分交接处，在东西两侧走廊的地面裂缝较多。此处是结构体系变化的部位，因荷载差异较大，地面存在不均匀沉降。

自 1986 年以来，由于观测时间较短而且暂不便开挖查明基础形式，尚不能确定东西廊、前厅范围内的地基沉降是否已经或者趋于稳定。因此对于地基基础的沉降问题仍需继续观测，并在施工开始后做开挖以查明基础形式，并获得结构沉降观测数据以完善评估内容。

上部承重结构

国民大会堂旧址的地下一层局部、地上四层，主体结构采用钢筋混凝土框架结构，中间观众厅为空旷房屋。

建筑分为前厅、观众厅（此处特指不包括东西廊的空旷结构）、舞台、东西廊及廊外加建房屋。据相关历史资料记载：1947 年加建的一层东西廊外房屋为砖混结构，同时对东西廊两侧混凝土柱进行增大截面加固，经现场观测，新增纵筋未植入梁内；1958 年对舞台区域进行改造，同时加建乐池；1987 年新建天桥，与西侧汉府饭店连接；1999 年江苏省建筑设计研究院对舞台部分柱进行外包钢加固，并增设钢天桥。

勘察阶段的国民大会堂旧址仍在使用，部分构件暂未探明。

通过两次对混凝土强度的检测（2003 年及 2017 年），混凝土强度离散性较大，混凝土强度等级普遍较低（小于 C15），部分混凝土构件强度失效，混凝土露筋、胀裂、钢筋锈蚀严重；部分框架为单跨框架，观众厅楼层开洞较大；梁柱未设置箍筋加密区，箍筋直径不满足要求；框架柱最小截面尺寸小于 400 mm；填充墙砂浆强度小于 M2.5 并且与周边框架未设置拉结筋。该建筑为乙类建筑，且多项不符合《建筑抗震鉴定标准》要求，根据《建筑抗震鉴定标准》第 6.2.8 条规定，其综合抗震能力评定不满足对 A 类建筑抗震鉴定的要求，经检测单位安全性鉴定评级为 C_{su}。

但上部结构的勘察工作并不完整。其原因除建筑仍在使用，主要使用空间范围内不能使用明显的、破损程度较大的检查手段外，也包括了勘察手段与结构安全性之间的矛盾。例如，原楼座内组合桁架结构构造复杂，楼座内悬挑大梁的钢筋、楼座混凝土悬挑梁与组合桁架的连接、组合桁架与两侧混凝土柱连接均未探明，其主要原因是受检测技术水平限制，若要探明则会对原结构破坏较大，有较大安全隐患。因此，在楼座、前厅及其南外墙等部位暂时不能做到完全的评估，需要在施工开始前补充调查。

维护系统

前厅东西两侧的低屋面漏水，观众厅东西墙渗水。檐口的外侧，在对应内侧屋面标高的高度附近泛碱情况较多。钢窗的把手、铰链，或松动、或缺失、或锈死，油漆起皮、脱落。

其中屋面问题大多因天沟而起，残损情况有所不同。一类是铝板屋面，观众厅铝板屋面的天沟，沟边防水卷材上翻高度受限，翻边并未埋入女儿墙压顶下，且封边材料流失，造成水分自防水卷材的翻边沿内墙面而下，因此观众厅闷顶内漏水点多靠东、西墙。类似构造的舞台屋面，女儿墙较高，能够满足天沟处防水卷材上翻高度，故未出现室内贴内墙漏水的情况。

另一类是前厅、一层东西廊等屋面，1986 年维修中屋面构造层加大，天沟变浅，导致排水缓慢，同时采用 20 mm 厚水泥砂浆的保护层并留分格缝在天沟边，水泥砂浆风化失性、嵌缝油膏流失，无法迅速排走的雨水进入防水卷材上后，穿过女儿墙沿外墙渗出，带出墙内氢氧化物并析出于外墙面，因而檐口泛碱多发生在这类屋面。

从汇水面积的角度来看，前厅东西侧的高屋面的檐口泛碱少、低屋面檐口泛碱严重，也是容易理解的，即高屋面的面积小，雨水排向邻近的低屋面，这样低屋面的汇水面积就比较大。管理使用者对改善泛碱情况已有尝试，东、西侧台屋面在之后的维修中将后加的防水卷材敷贴上翻至女儿墙顶面，对于避免檐口泛碱现象是有效的。

墙面裂缝主要出现在前厅南面一层窗台以下、观众厅西侧外廊的外墙，根据裂缝走向可以确认是由地基沉降引起的。由于大会堂日常维护工作细致及时，裂缝均已填补，因此难以对裂缝的趋势作出判断。

雨水排水系统

从现场残留的原有排水构件来看，国民大会堂初建时屋面排水均为内落水，排水立管均在墙体内。后期维修将部分排水立管改做墙外立管。

目前仍沿用原内落水方式的部位包括：前厅中部屋面靠南墙 2 根，前厅中部内院 1 根（原有靠东侧 1 根废堵），前厅东西侧高屋面各 2 根（排至外侧低屋面），前厅东西侧低屋面各 2 根，观众厅屋面的中部东西各 1 根，观众厅西廊一层中部 2 根，舞台东侧台屋面靠北 1 根，舞台西侧台屋面 2 根，舞台屋面北侧 3 根，以上共 21 根。

改做墙外雨水斗加立管的部位包括：观众厅屋面四角 4 根（排至外侧东西廊二层屋面），观众厅东西廊二层屋面各 2 根（排至外侧东西廊一层屋面），观众厅东廊一层屋面 4 根，观众厅西廊一层屋面 2 根，舞台屋面南侧 4 根（中部 2 根排至观众厅东西廊二层屋面，东西 2 根排至舞台东西侧台屋面），舞台屋面西北角 1 根，以上共 19 根。

雨水口、雨水管分布均匀，数量、管径基本满足雨水排水要求。唯前厅中部的屋面面积较大，仅用 2 处排水口，前厅中部内院的屋面仅用 1 处排水口。根据工作人员提供的资料，这两块屋面在雨水量较大、较急时，存在积水现象，排水能力不足。

经内落水排放的雨水汇入东西通道路面下敷设的雨水管网。

经墙外立管排至东西侧室外地面的雨水，汇入东西侧墙根处的排水明沟内。东西通道路面上的雨水管井数量充足，路面坡度满足排水要求。

（二）残损原因分析

自然老化、年久失修

首先，钢筋砼构件中梁等受弯构件的徐变，成为楼面、屋面变形的主要原因。而且，砂浆类面层风化失性，分格缝、嵌缝材料流失，面层透水性加大，防水卷材及其接缝部位年久失效，造成屋面渗水。随之而出现的，保温材料进水失效，顶棚粉刷层起皮、脱漏。如前厅东西侧的低屋面，即使在 1986 年、1999 年两次维修中对其防水性能均有所补强，但此处结构转换的方式使得其屋面板变形大进而渗水。

其次，雨浸、潮湿。如门窗长期不用，五金件生锈卡死；地下室高侧窗附近的室外地面加高，高侧窗易于进水，导致墙面潮湿、起皮、剥落等。

最后，屋面排水不畅。使用管理者对屋面虽定期检查维护，但仍然不能完全避免持续降雨引起的排水问题，进而影响到檐口部位出现泛碱情况。

人为因素

1986 年屋面维修后，各处屋面的排水沟由于屋面构造层加大，导致沟浅坡缓，而且防水卷材上翻高度受限（竣工资料中记载上翻 300 mm，实际上翻大多为 150～200 mm），积水排出缓慢，而水分穿过女儿墙，造成檐口部位泛碱。

此外，舞台地下室经多次改造，北侧加建，平面布局改变。在原始设计图纸中，地下室东西通畅，北墙开高侧窗，北墙的东西两侧设两部直跑楼梯，方便舞台与地下联系。相比之下，加建、改建造成地下室换气能力下降，但并未增加机械换气的设备，因此导致地下室潮湿，墙面粉刷层起皮、脱落，同时上下便利性降低，人员不愿驻留使用，其空间被用于堆放杂物甚至被弃之不用。

综上，国民大会堂旧址经过1947年加建、1958年舞台部分改造、1987年较为彻底的维修和舞台设备的完善更新、1999年舞台设备升级和全面修缮，以及使用管理者长期良好地维护，在建筑本体和使用功能上都延长了该建筑的使用时间。经勘察发现，现有建筑屋面渗漏，檐口渗水泛碱，门窗五金件松动、缺失、锈死，东西廊楼、地面开裂，地下室墙体粉刷层起皮、脱落等。因此对国民大会堂旧址进行全方位的保护，采取必要的、科学有效的保护措施势在必行。

（三）评估结论

依据《文物保护工程管理办法》，对照与文物相关的法律、法规和准则的有关规定，在深入研究、全面论证的基础上，以彻底消除安全隐患为基本条件，确定此次维修工程的性质为修缮工程。

四、设备、电气设施勘察

南京人民大会堂在1986年的维修工程中，调整、更新了大量设备设施，提高、完善了其使用功能，达到了在当时适应大型会议和演出的需求。1999年为举办第六届2000年艺术节对其进行了必要的维修改造，如扩大台口、加建化妆楼、调整更换舞台设备及控制系统等。经过这两次工程后，南京人民大会堂的演出设备能够满足承担大型会议和演出的需求。并且经过十多年的使用检验，并未发现设备管线的敷设存在安全隐患。其使用管理单位于2017年委托江苏省建筑设计研究院有限公司完成南京人民大会堂的消防改造工程的设计工作，以提高消防扑救能力（暂未实施）。

五、结构安全鉴定报告（略）

六、现状勘察照片（略）

七、现状勘察图纸

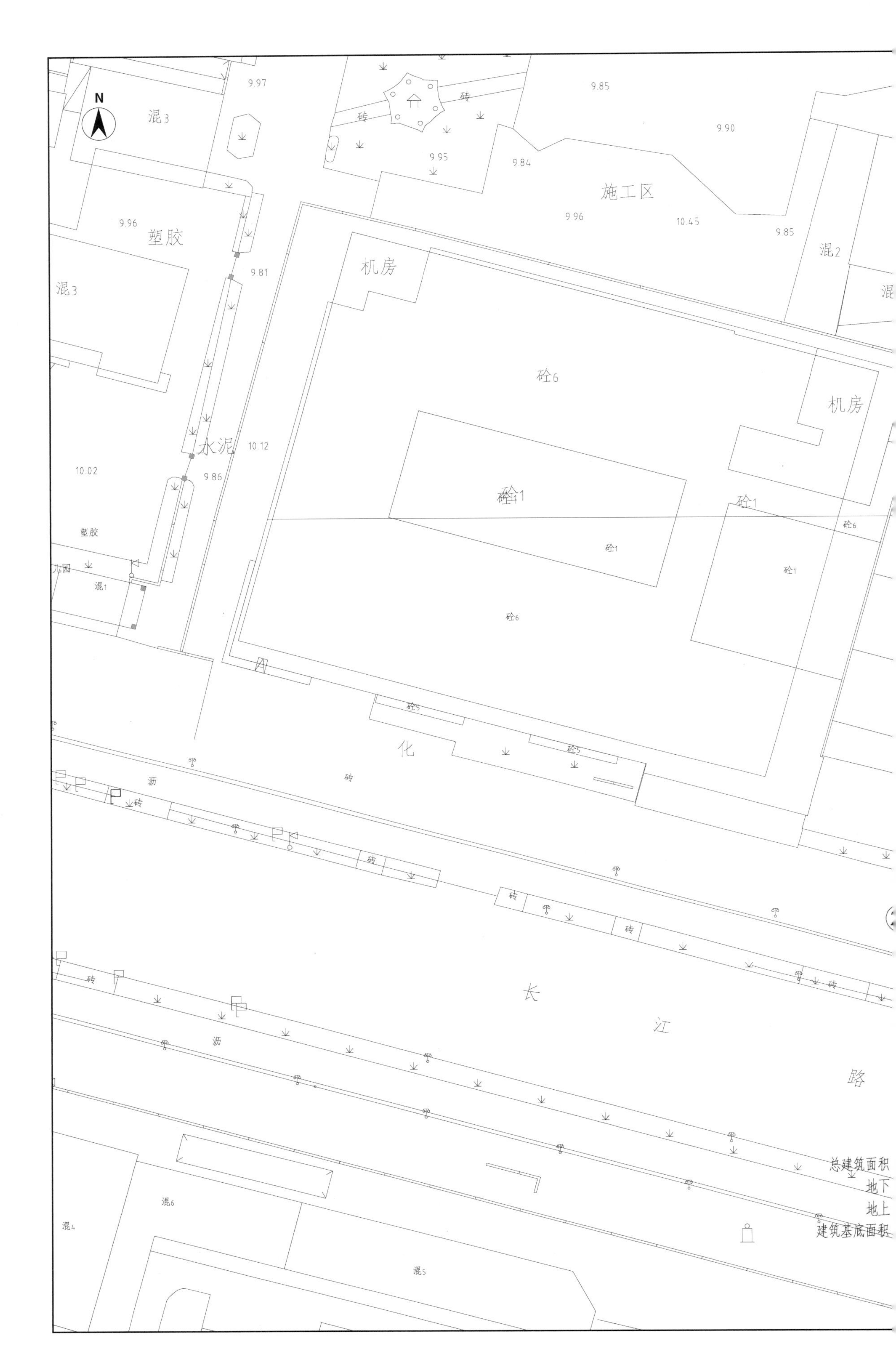
N
混3
9.97
砖
9.85
9.90
9.95
9.84
施工区
9.96
塑胶
9.96
10.45
9.85
混2
混3
9.81
机房
砼6
机房
水泥
10.12
10.02
9.86
砼1
砼1
砼6
砼1
塑胶
砼1
儿园
混1
砼6
砼5
化
砼5
沥
砖
砖
砖
砖
砖
砖
长
沥
江
路
总建筑面积
地下
地上
建筑基底面积
混6
混4
混5

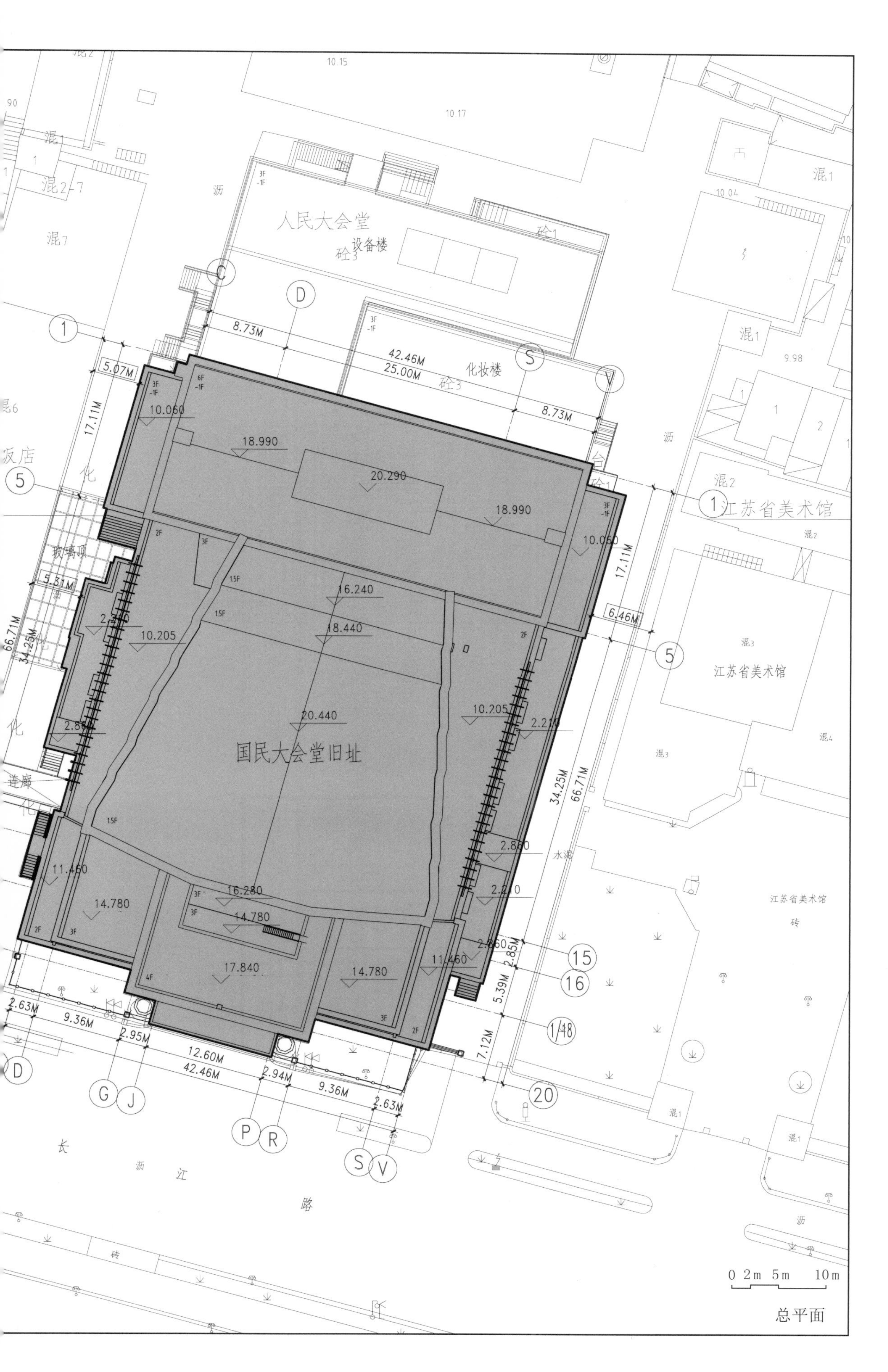
人民大会堂
设备楼
化妆楼
国民大会堂旧址
江苏省美术馆
长江路
玻璃顶
连廊
总平面

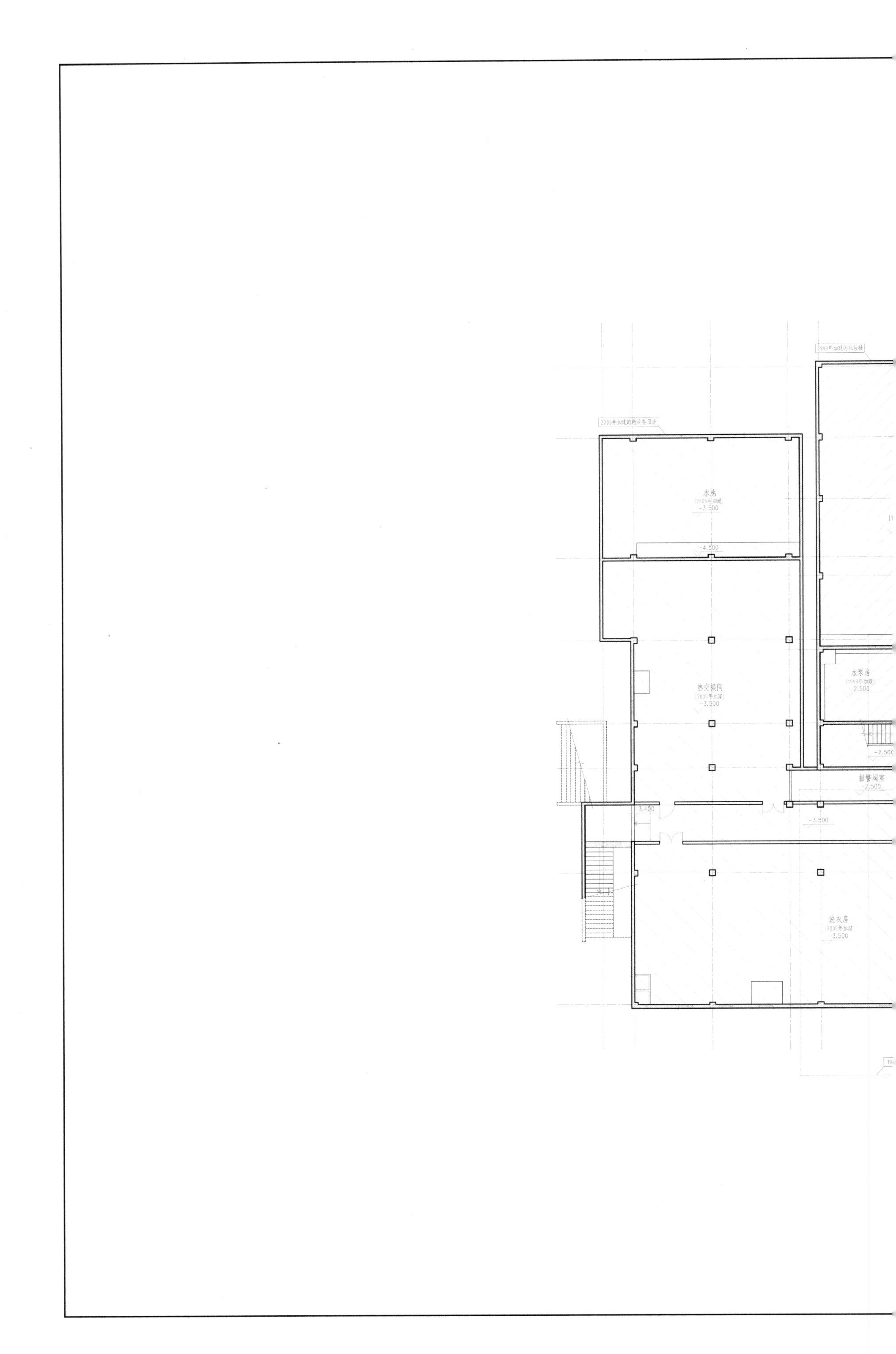
1999年加建的化妆楼
2005年加建的新设备用房
水池
[2005年加建]
-3.500
-4.500
热交换间
[2005年加建]
-3.500
水泵房
[1999年加建]
-2.500
-2.500
报警阀室
-2.500
-3.400
-3.500
洗衣房
[2005年加建]
-3.500

2
3
4
5
6
22760
2200
4970
4970
4970
5650
X
V
U
S
Q
1/P
N
K
1/J
H
D
E
C
A
4560
4650
4080
5180
1260
3620
4880
51580
库房
水泥地面
楼梯厅
-2.900
-3.010
水泵房
集水坑
东厅
-2.930
配电间
-2.890
配电间西套间
水泥地面
中厅
乐池
-2.470
北门厅
-3.180
西厅
-3.080
废弃房间
集水坑(已废弃)
-2.180
风道
建筑面积：997.7m²
1. 本套图根据测绘图和结构鉴定资料整理，尺寸须与现场核对。
2. 本套图中北侧加建建筑根据2005年加建设备楼的竣工图。
0
2m
5m
10m

地下层平面

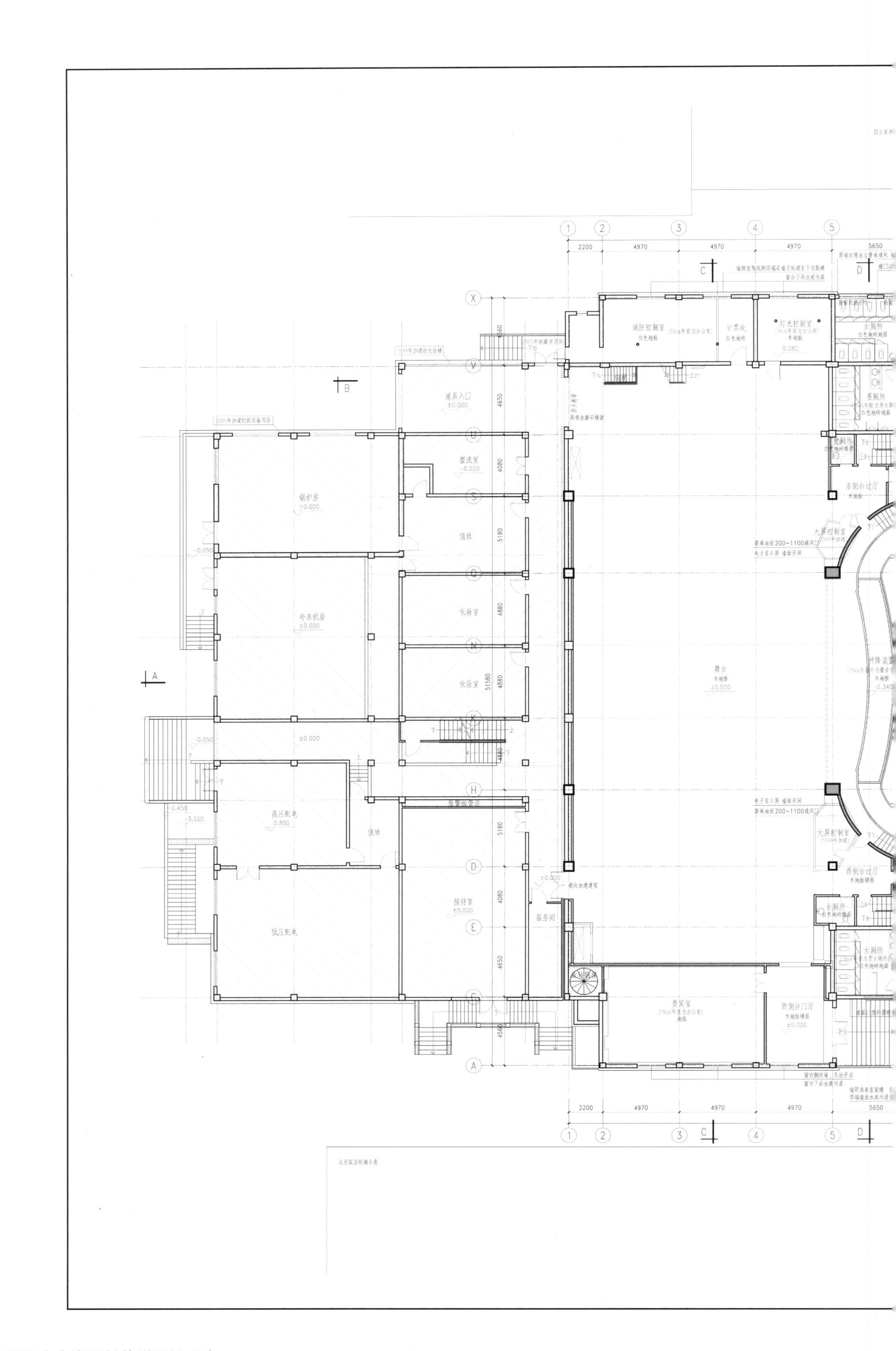

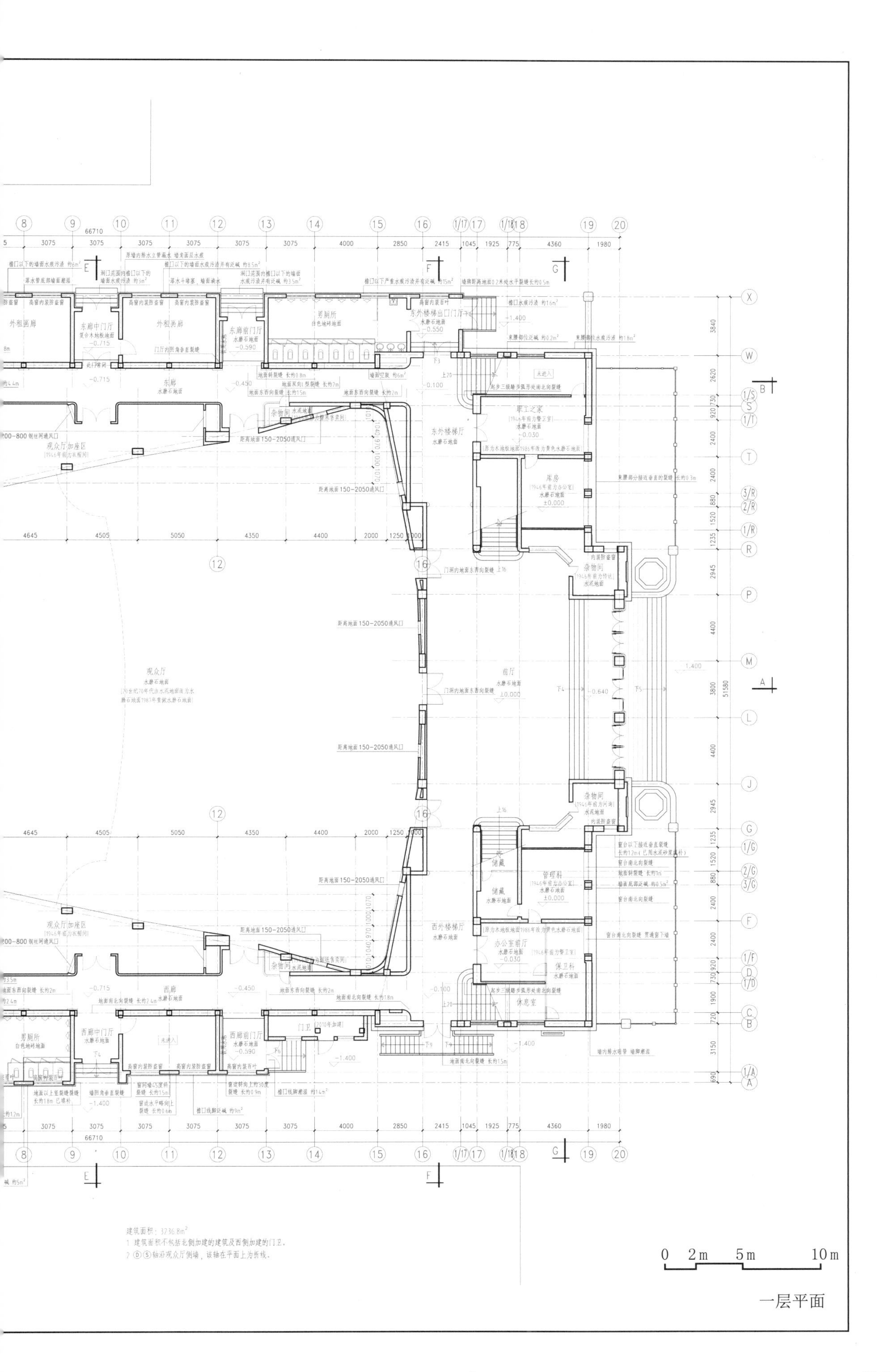

一层平面
0 2m 5m 10m
建筑面积：3736.8m²
1 建筑面积不包括北侧加建的建筑及西侧加建的门卫。
观众厅
前厅
东外楼梯厅
西外楼梯厅
管理科
库房
职工之家
办公室前厅
休息室
男厕所

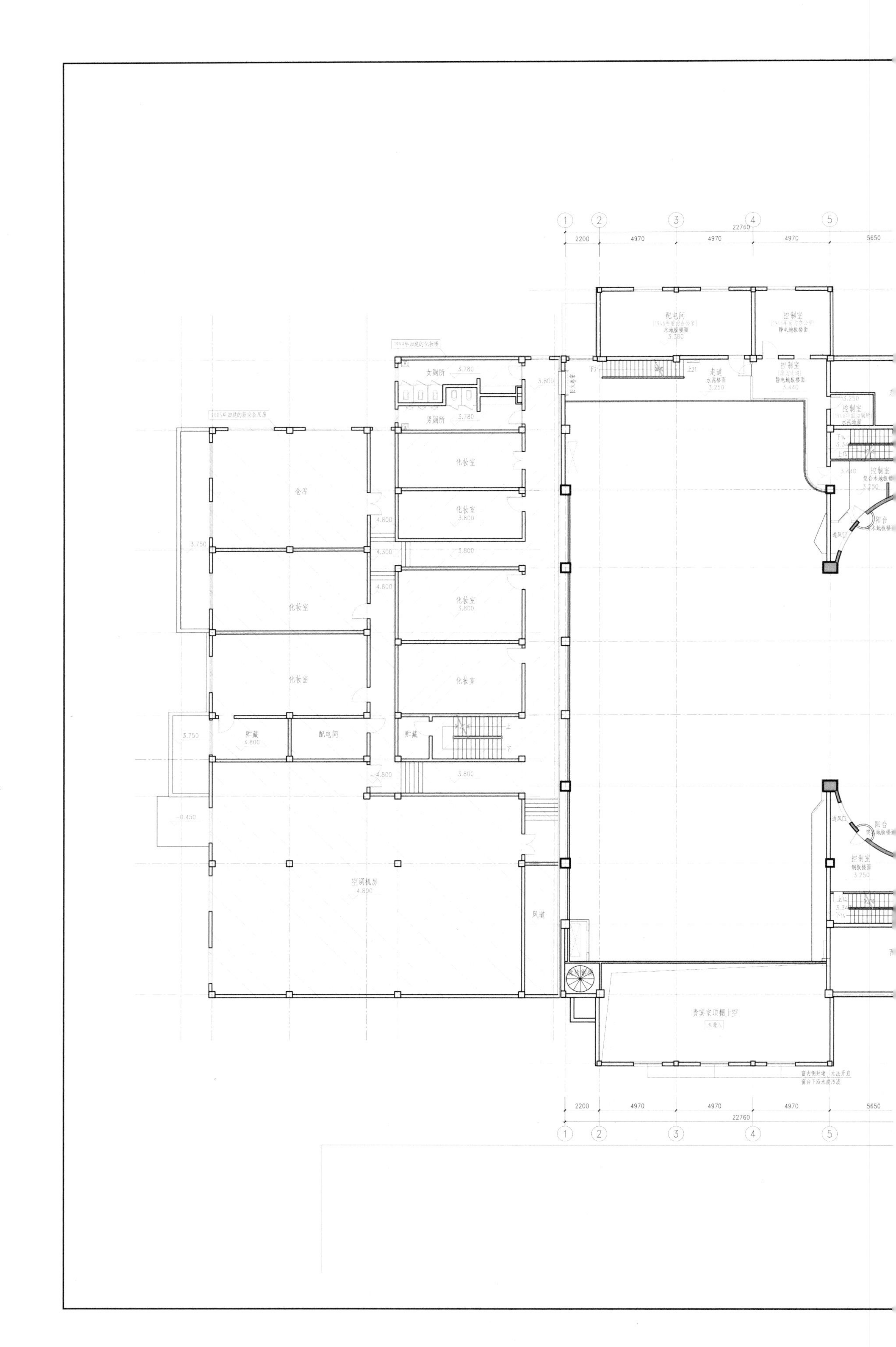

配电间
控制室
女厕所
男厕所
走道
仓库
化妆室
贮藏
配电间
空调机房
风道
阳台
贵宾室顶棚上空
22760
2200
4970
4970
4970
5650

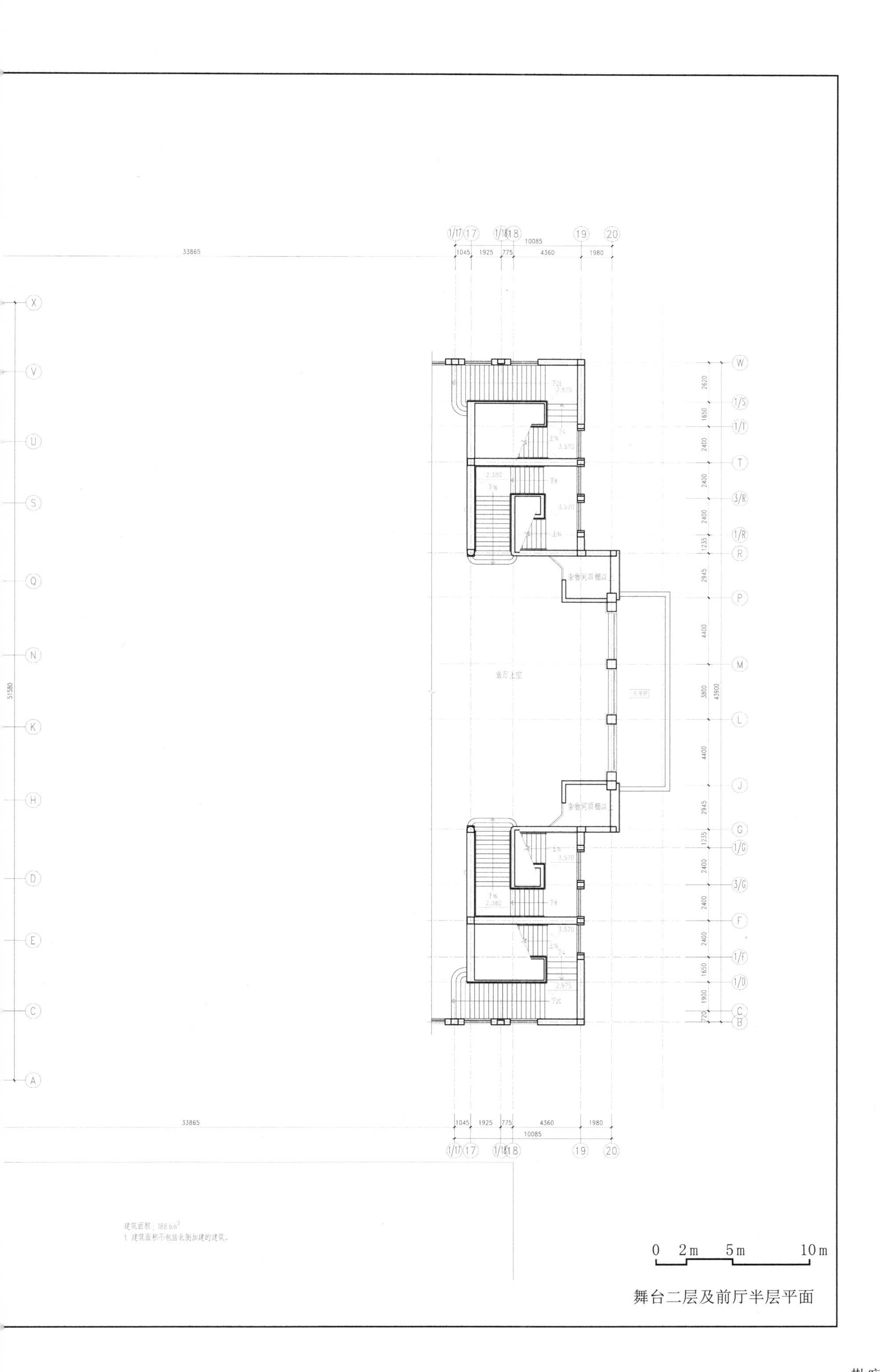

舞台二层及前厅半层平面

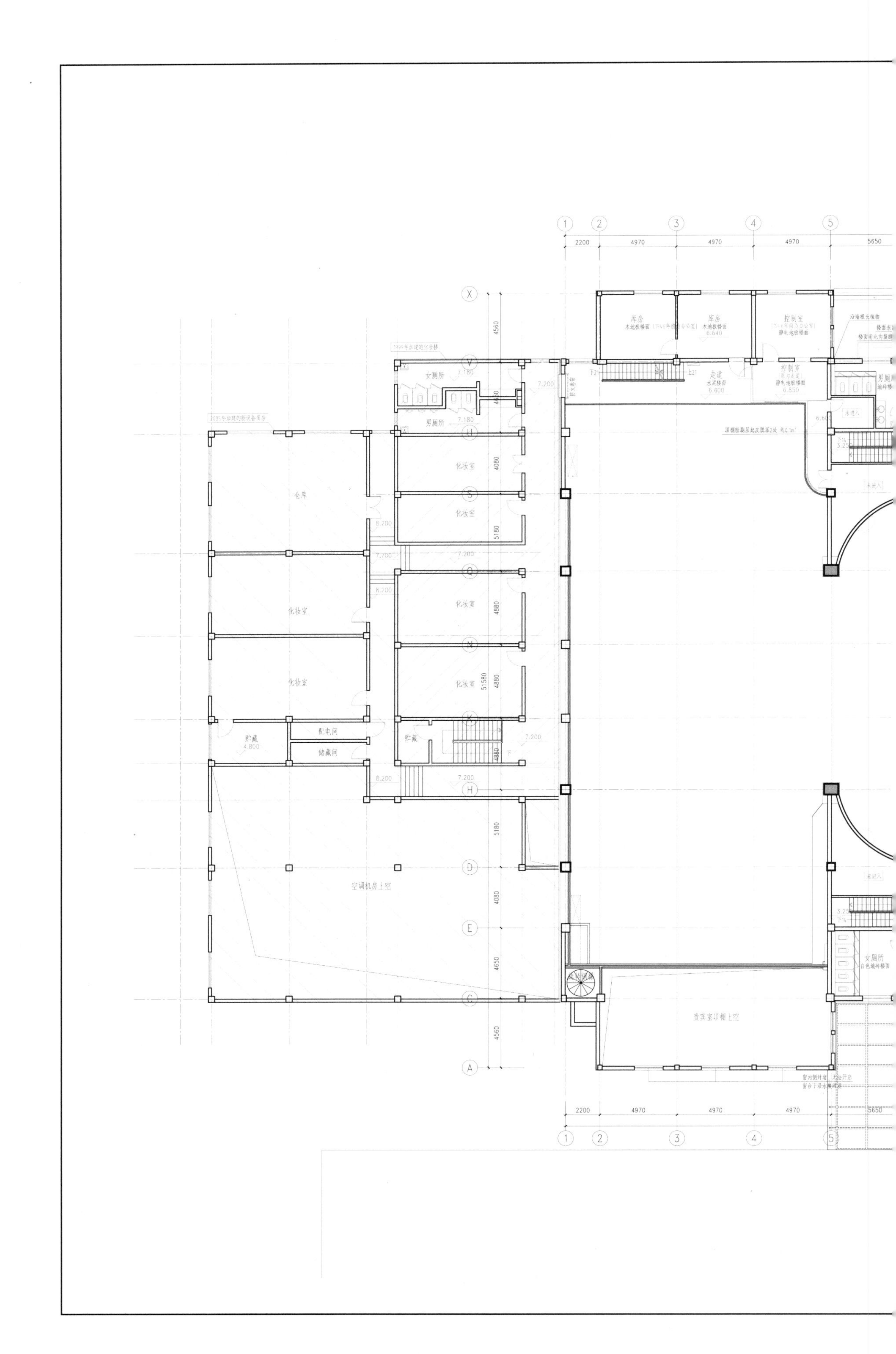
库房
控制室
走道
女厕所
男厕所
化妆室
仓库
贮藏
配电间
储藏间
空调机房上空
贵宾室顶棚上空

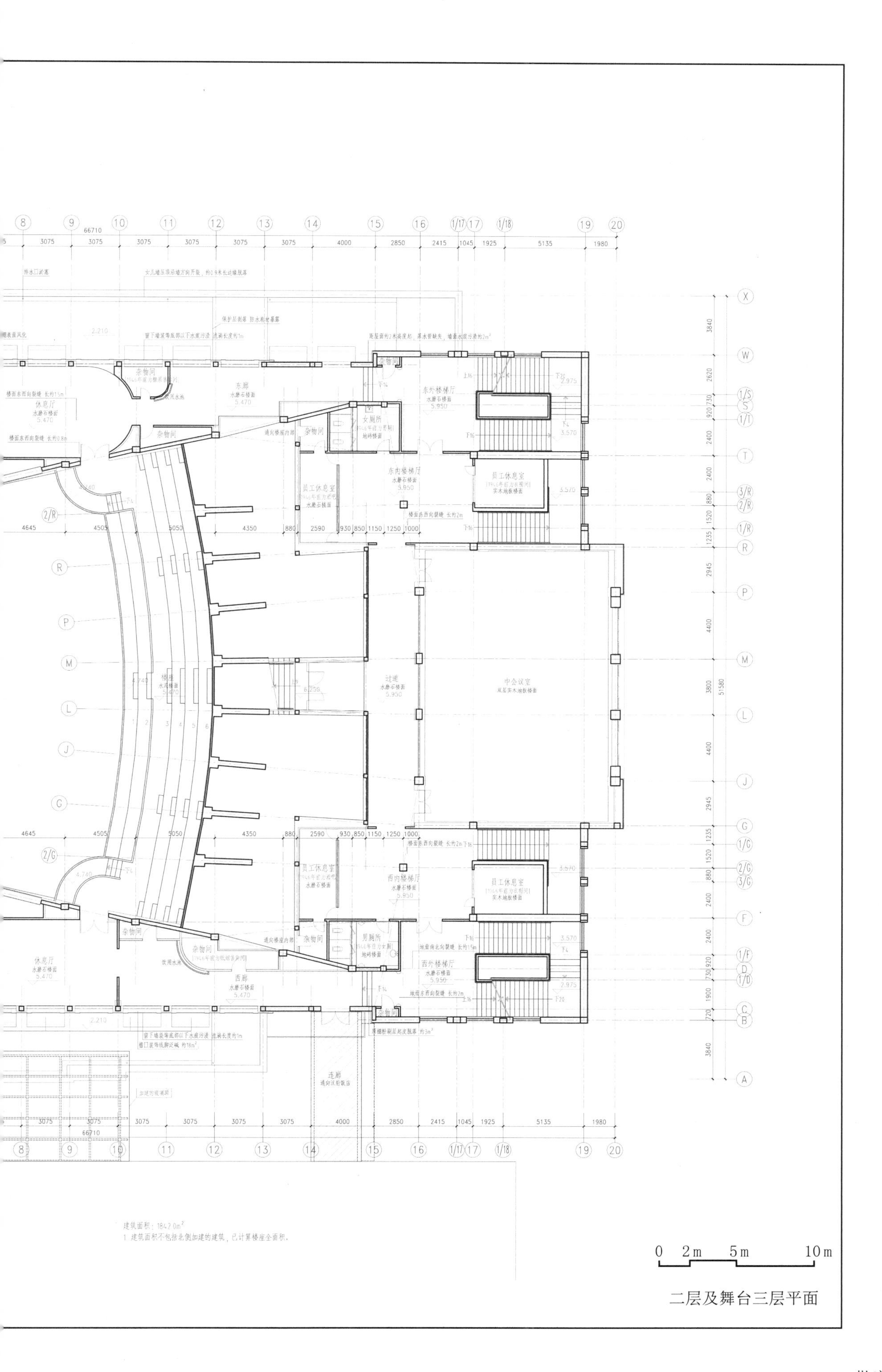

二层及舞台三层平面

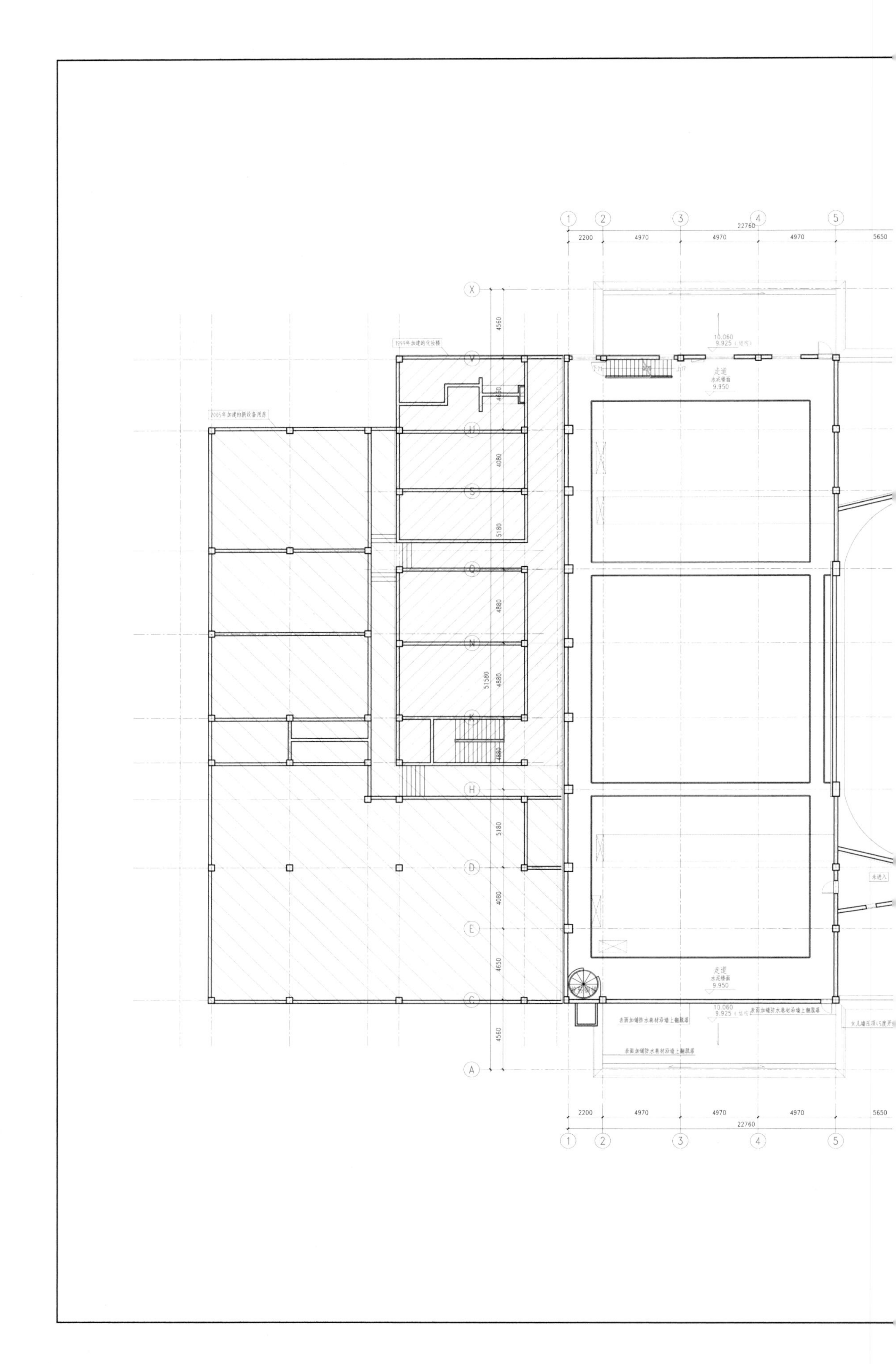

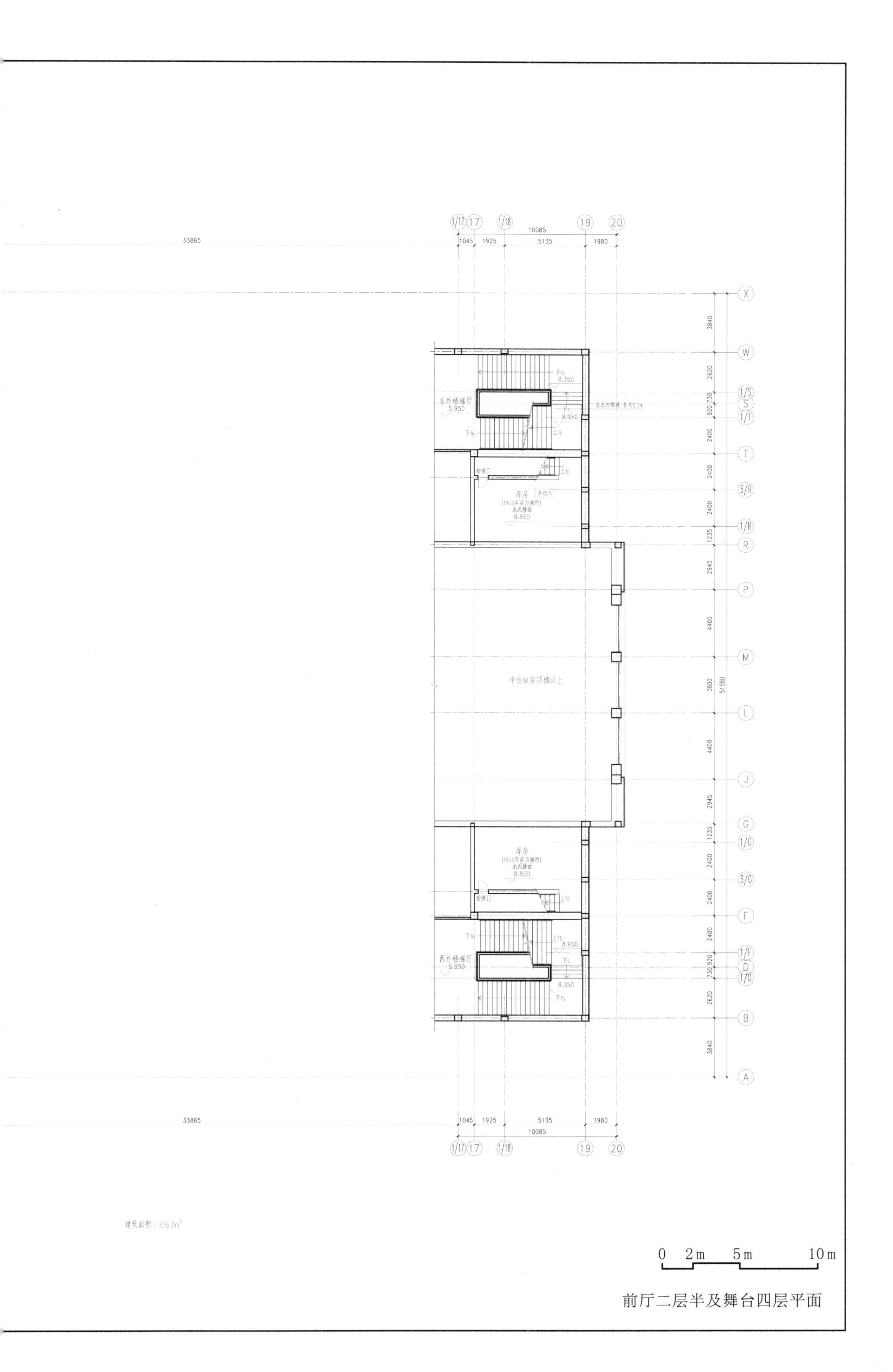

前厅二层半及舞台四层平面

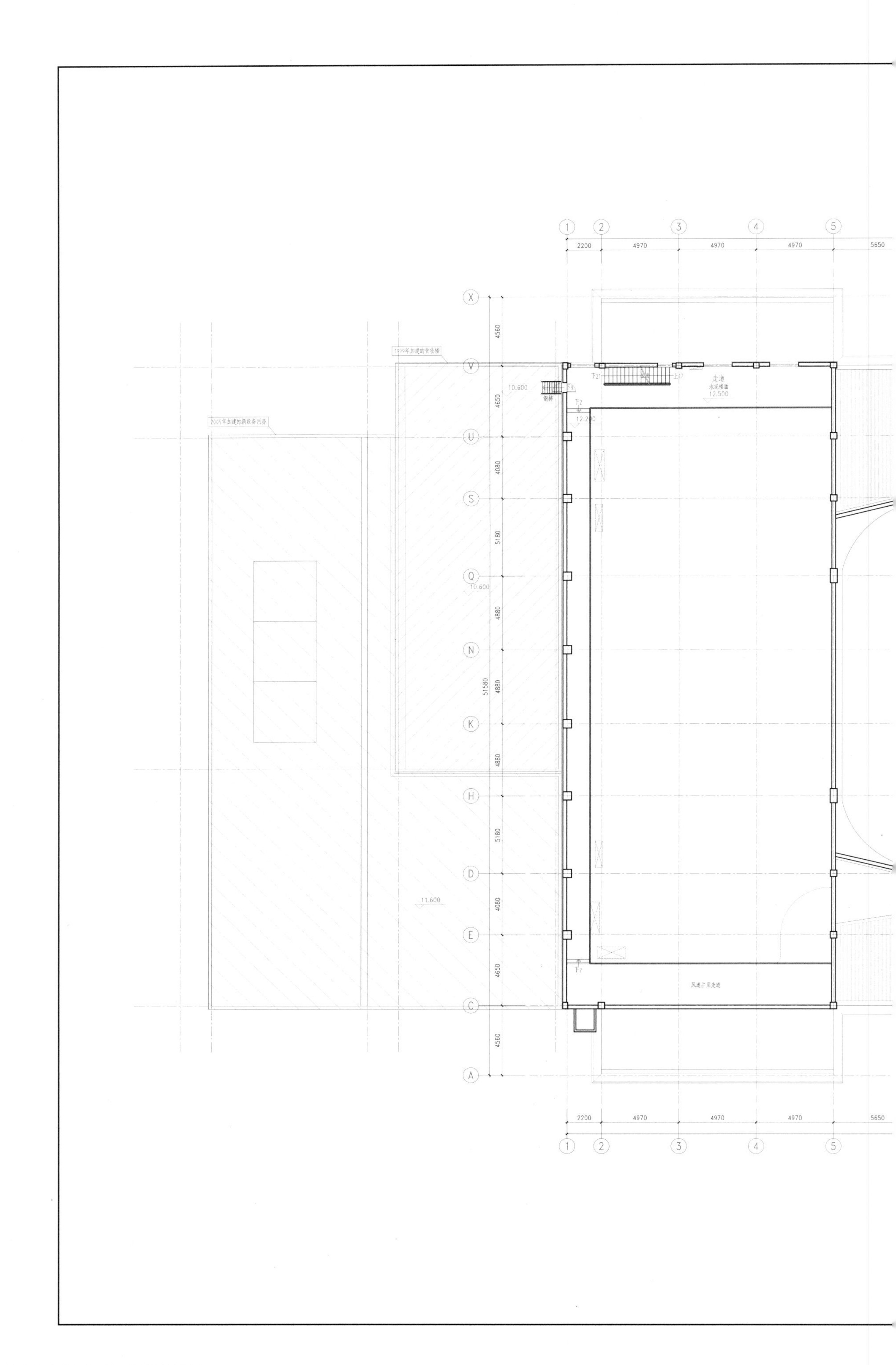
1999年加建的化妆楼
2005年加建的新设备用房
走道
水泥楼面
12.500
10.600
12.200
11.600
钢梯
风道占用走道

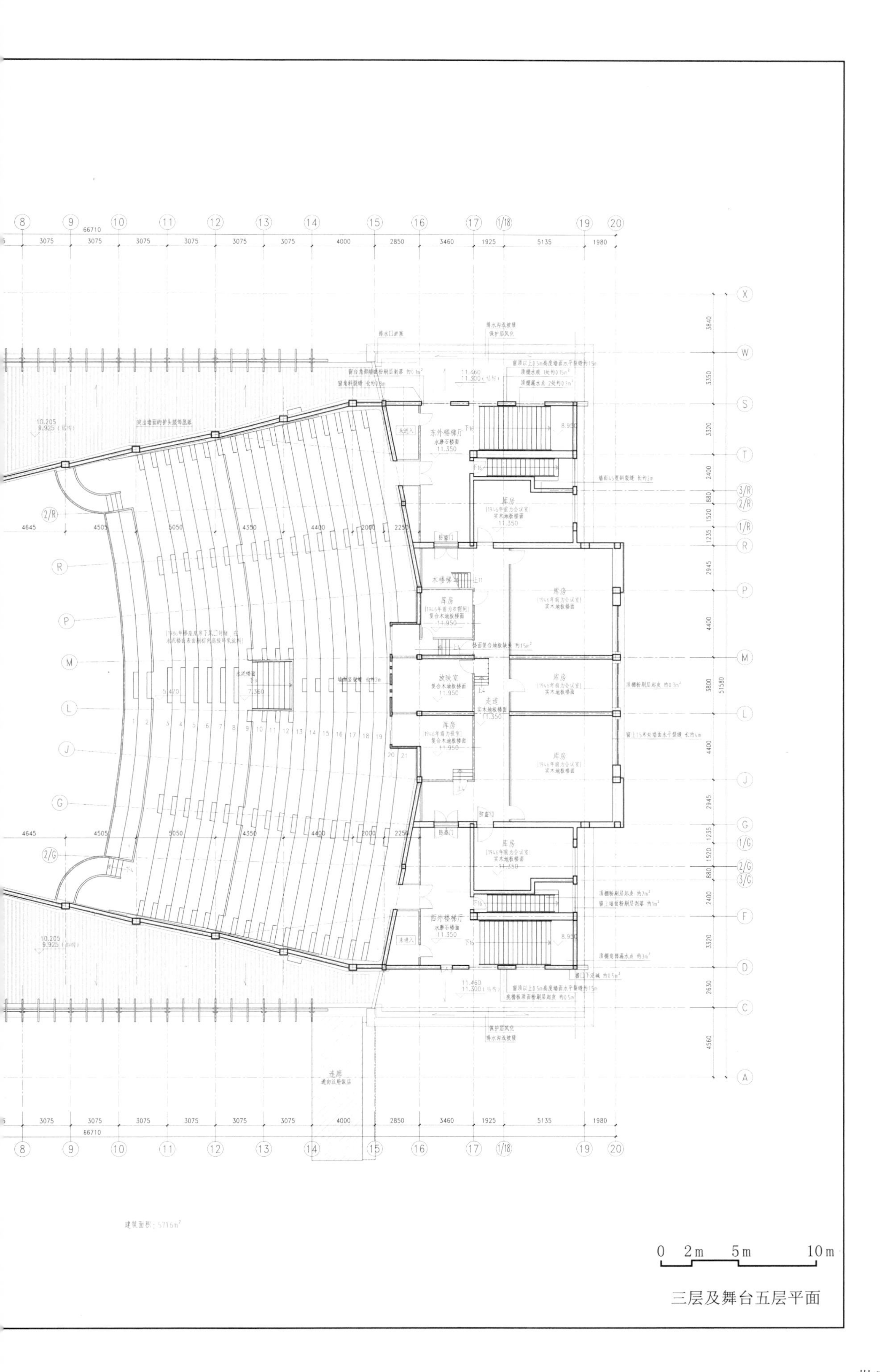

三层及舞台五层平面

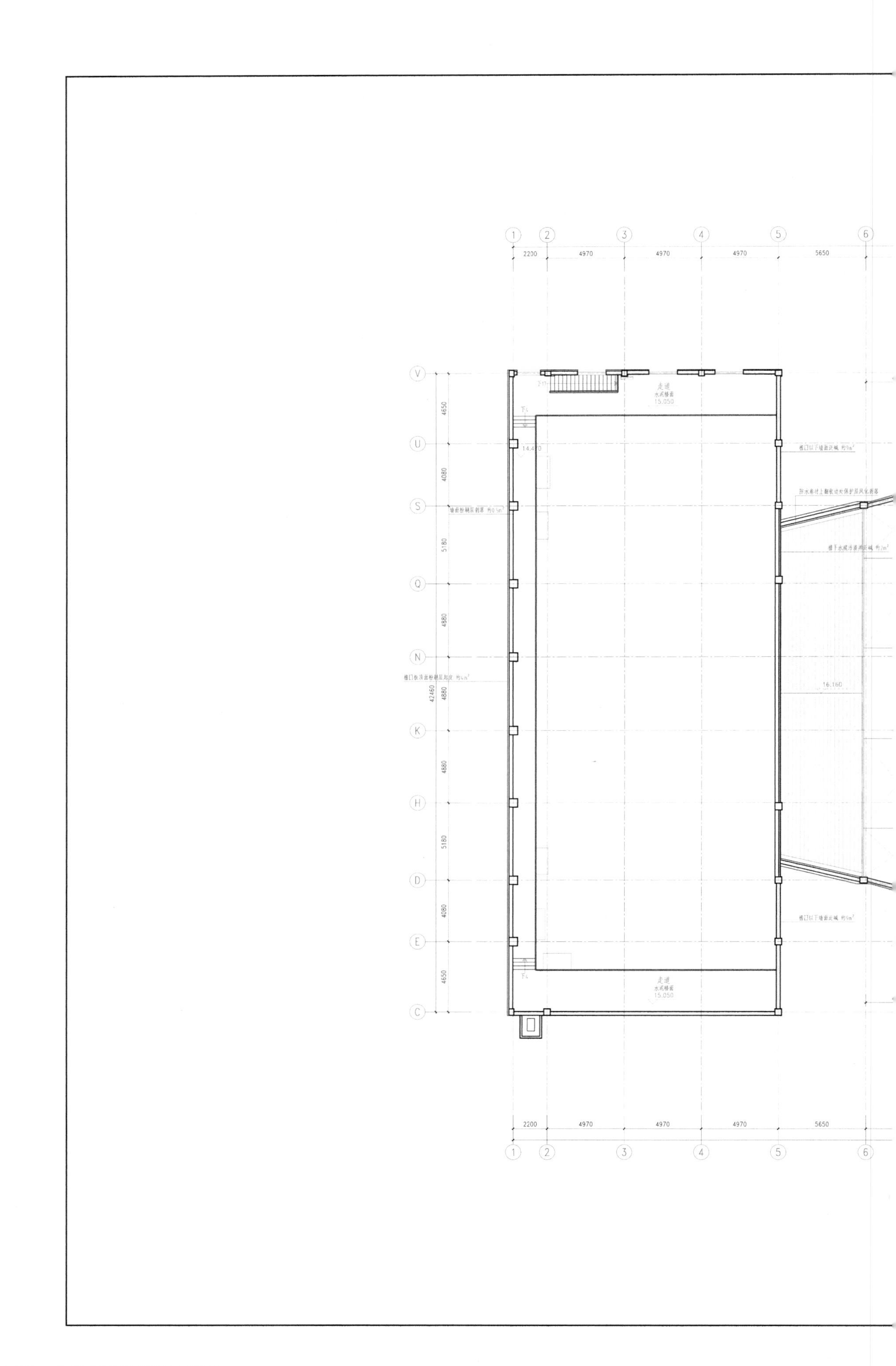

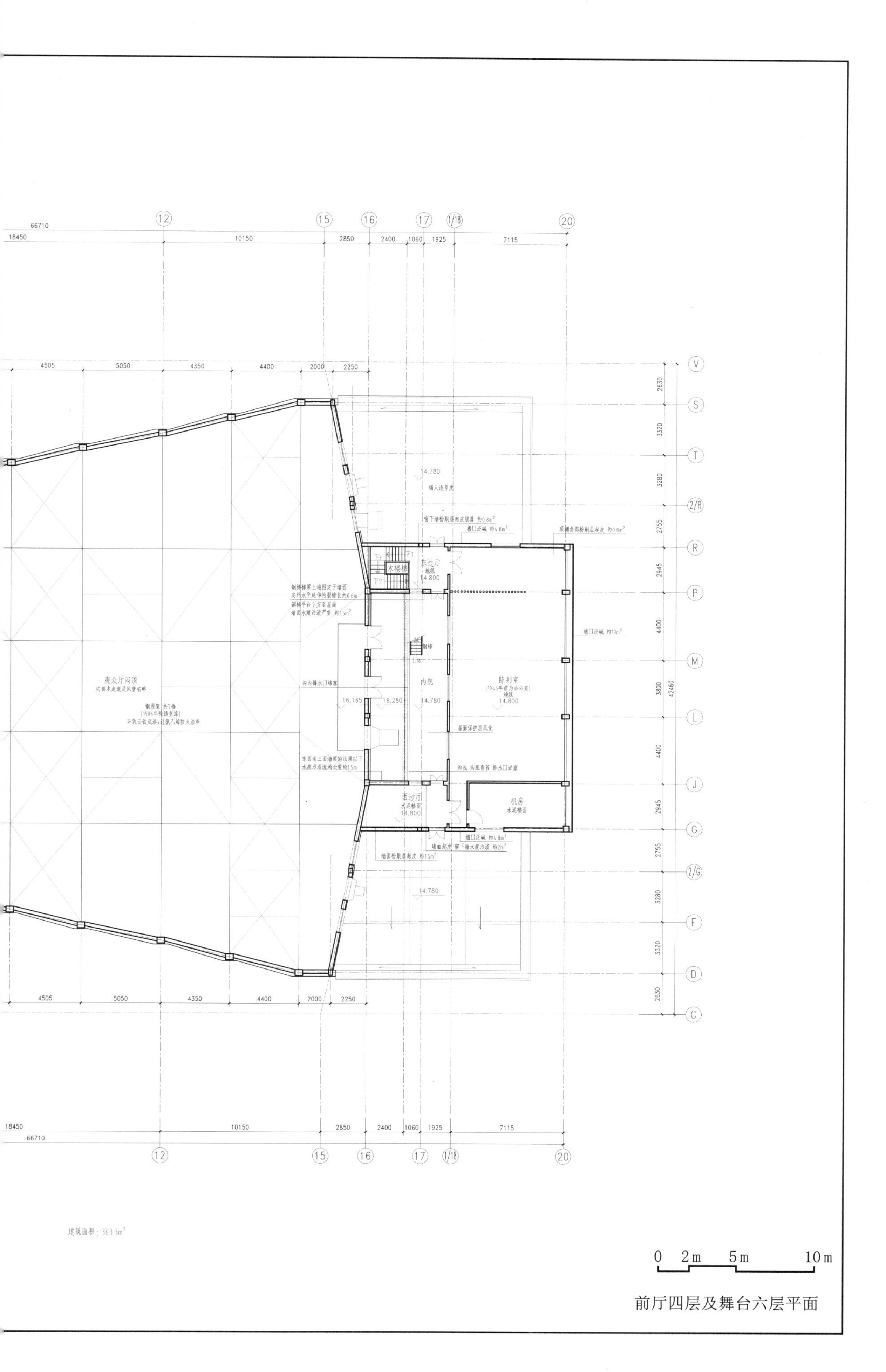

前厅四层及舞台六层平面

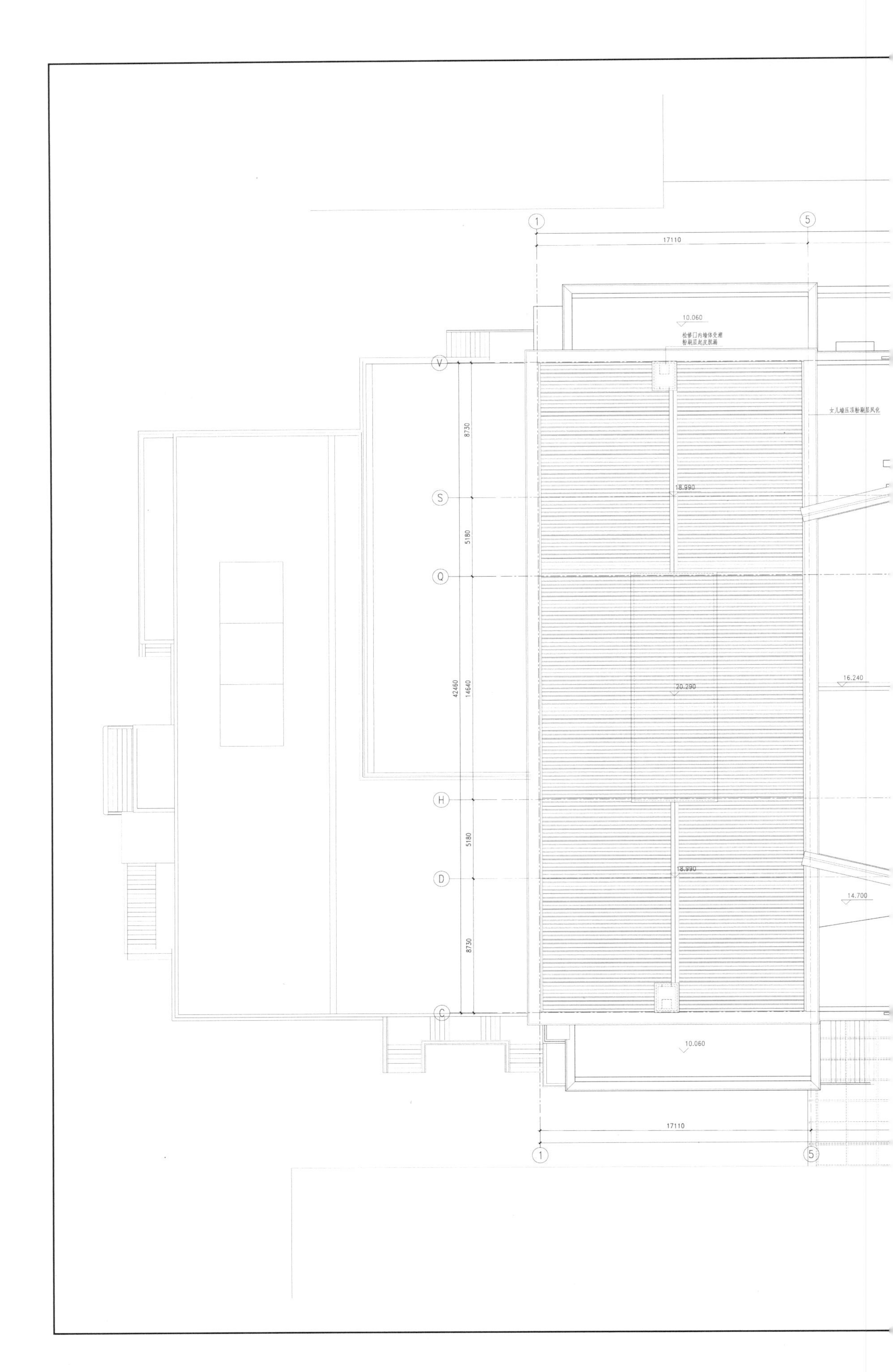
1
5
17110
10.060
检修口内墙体受潮
粉刷层起皮脱漏
V
女儿墙压顶粉刷层风化
8730
S
18.990
5180
Q
42460
14640
20.290
16.240
H
5180
D
18.990
14.700
8730
C
10.060
17110
1
5

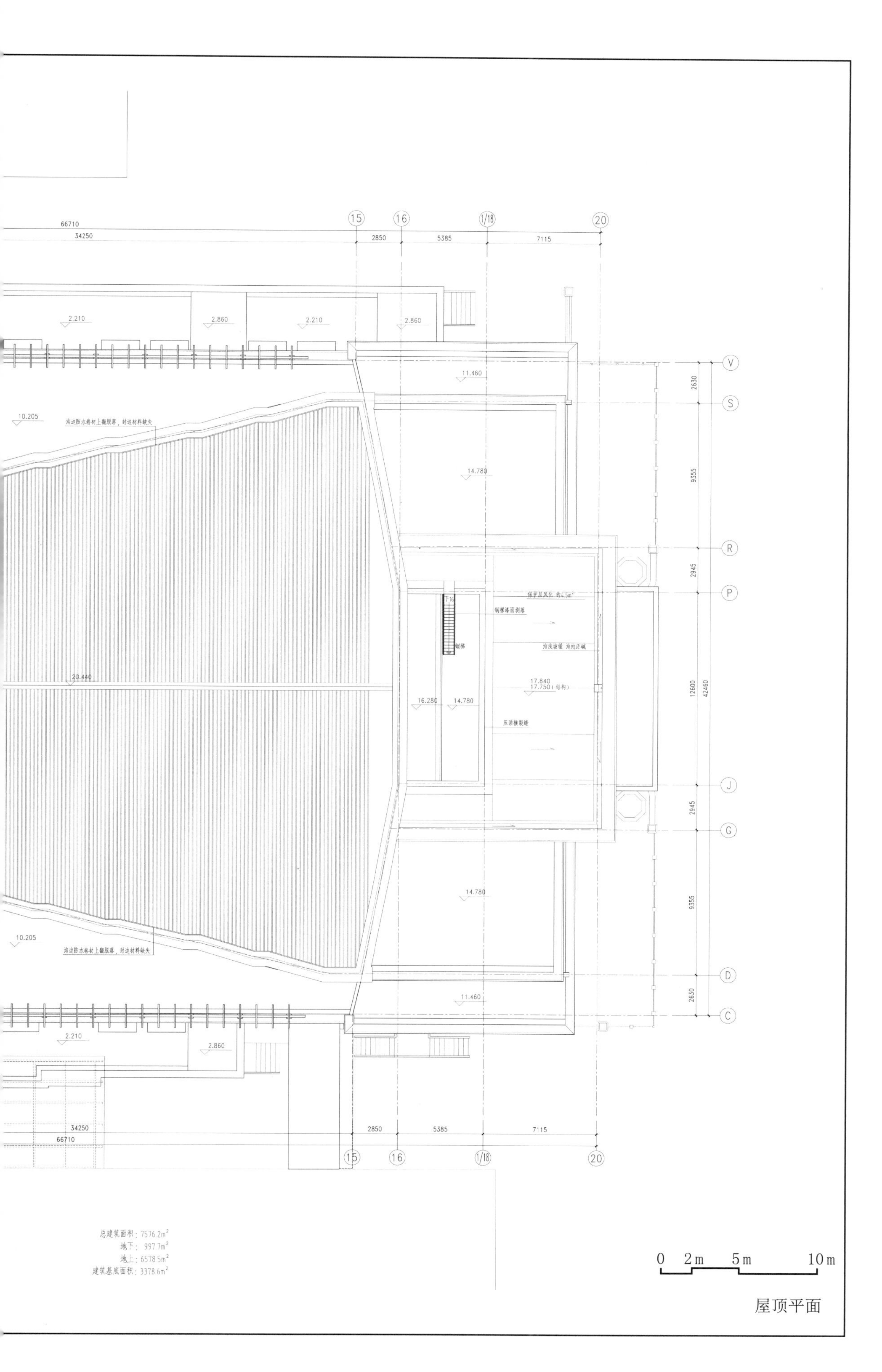
66710
34250
15
16
1/18
20
2850
5385
7115
2.210
2.860
2.210
2.860
V
11.460
2630
S
10.205
沟边防水卷材上翻脱落，封边材料缺失
14.780
9355
R
2945
P
保护层风化 约4.5m²
钢梯漆面剥落
下16
钢梯
沟浅坡缓 沟内泛碱
20.440
17.840
17.750（结构）
16.280
14.780
12600
42460
压顶横裂缝
J
2945
G
14.780
9355
10.205
沟边防水卷材上翻脱落，封边材料缺失
D
11.460
2630
C
2.210
2.860
34250
66710
2850
5385
7115
15
16
1/18
20
总建筑面积：7576.2m²
地下： 997.7m²
地上：6578.5m²
建筑基底面积：3378.6m²
0 2m 5m 10m

屋顶平面

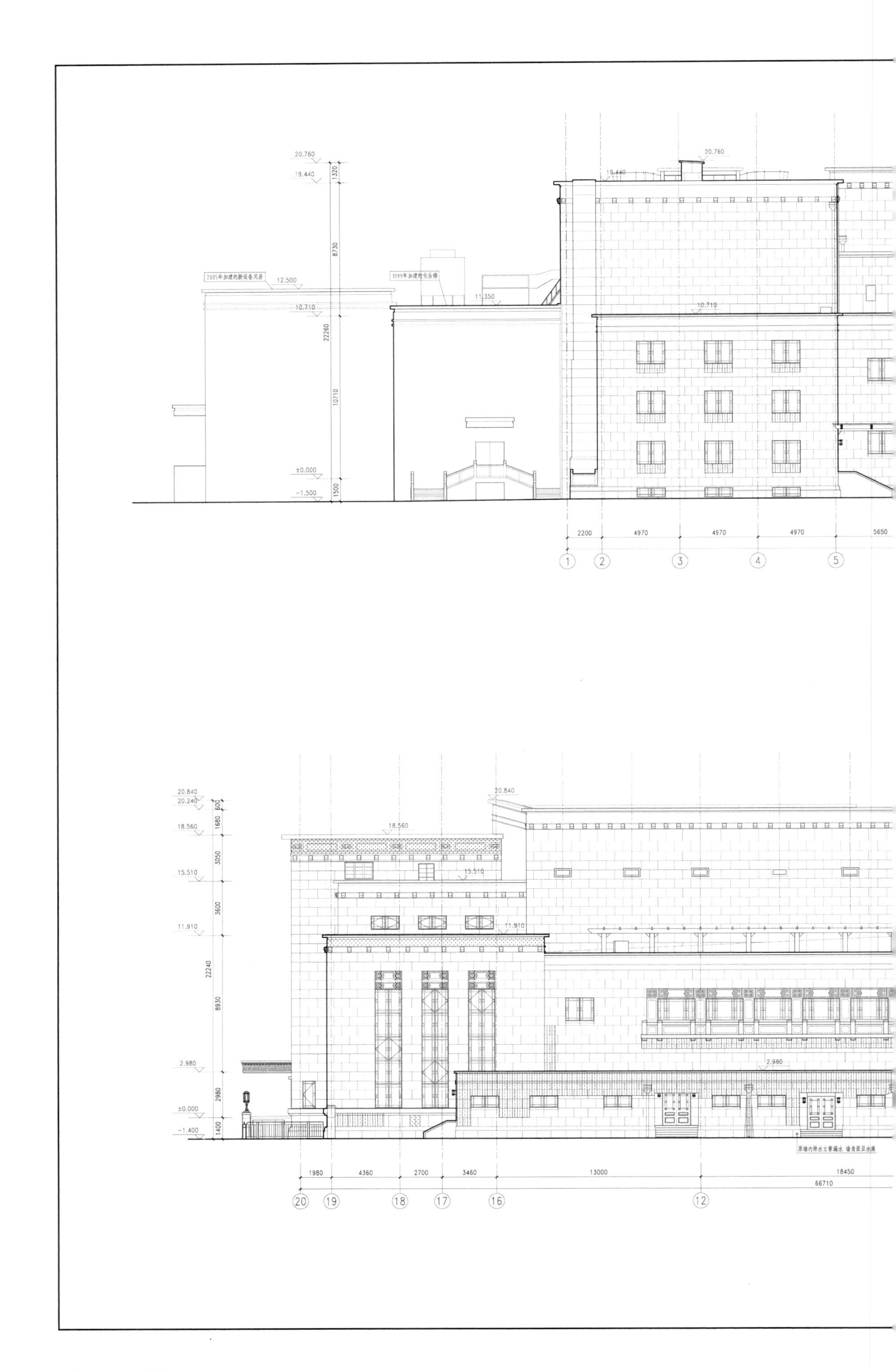

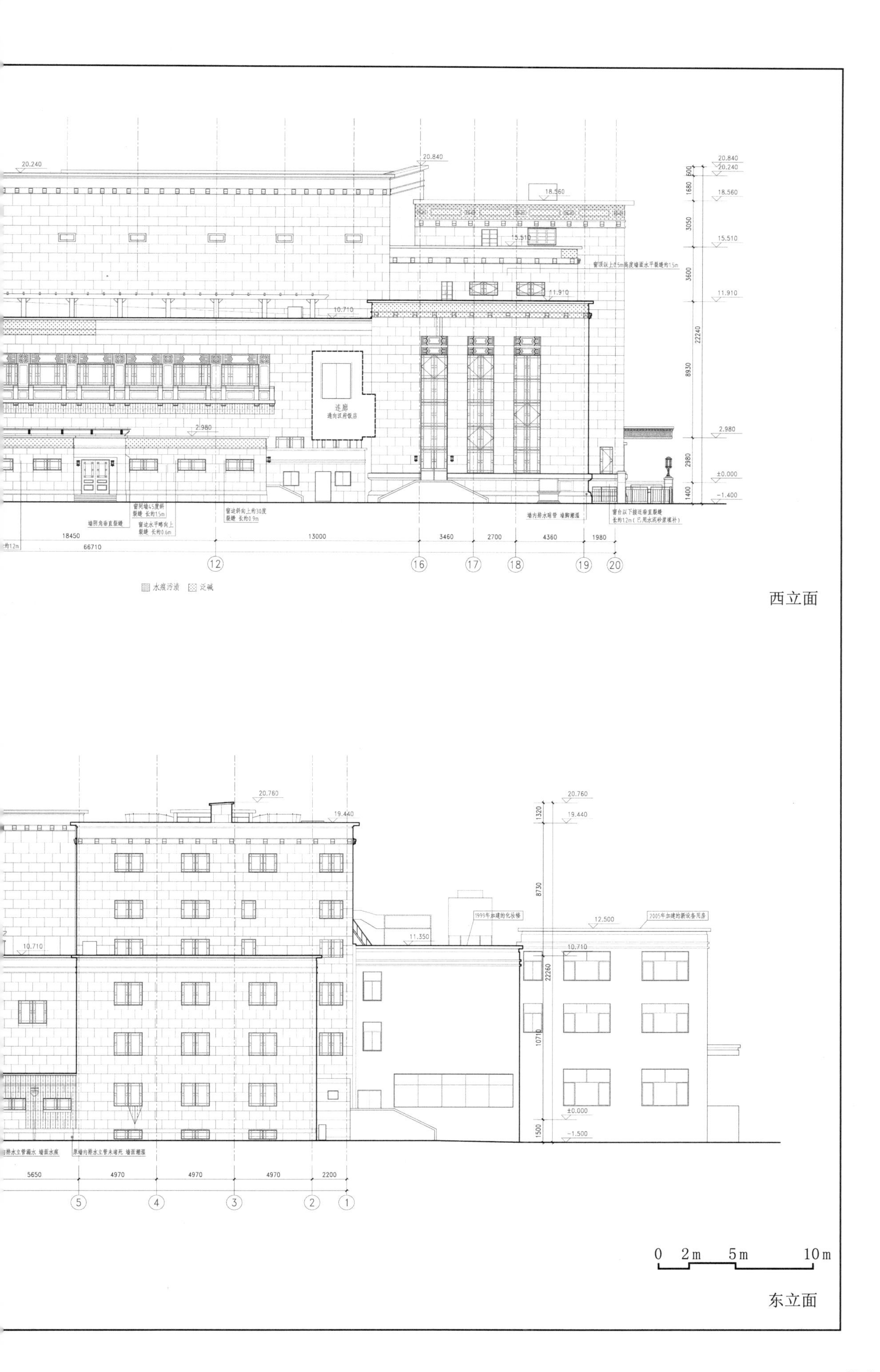
西立面
东立面
连廊
水痕污渍
泛碱
1999年加建的化妆楼
2005年加建的新设备用房
0 2m 5m 10m

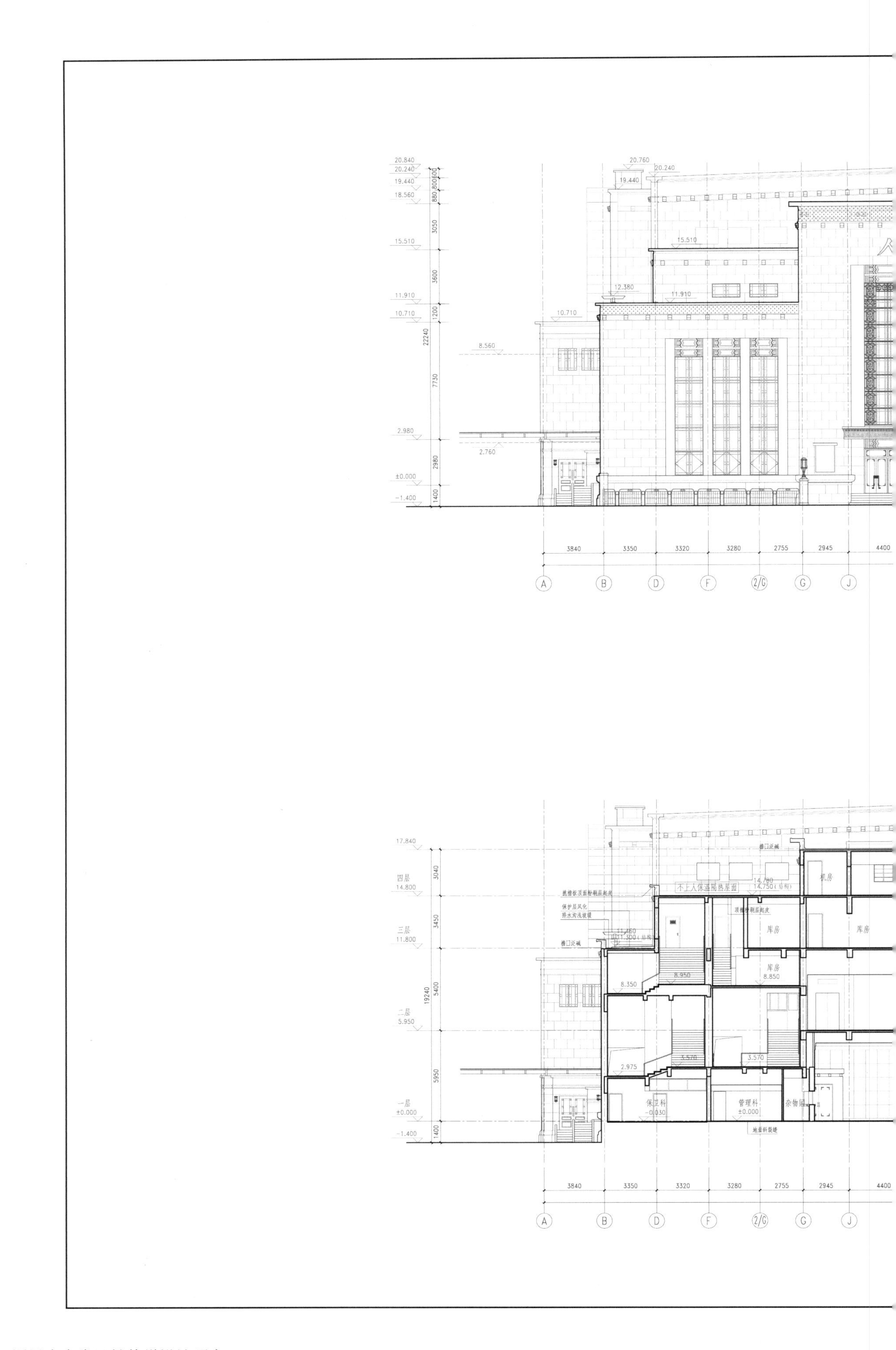

20.760
20.840
20.240
19.440
18.560
15.510
12.380
11.910
10.710
2.980
±0.000
-1.400
4400
2945
2760
3275
3320
3350
3840
P
R
2/R
T
S
W
X
水渍污渍
泛碱
库房
未进入
杂物间
17.840
四层
14.800
三层
11.800
二层
5.950
一层
±0.000
-1.400
8.850
8.950
8.350
3.570
2.975
±0.000
-0.030
0 2m 5m 10m

南立面

G-G 剖面

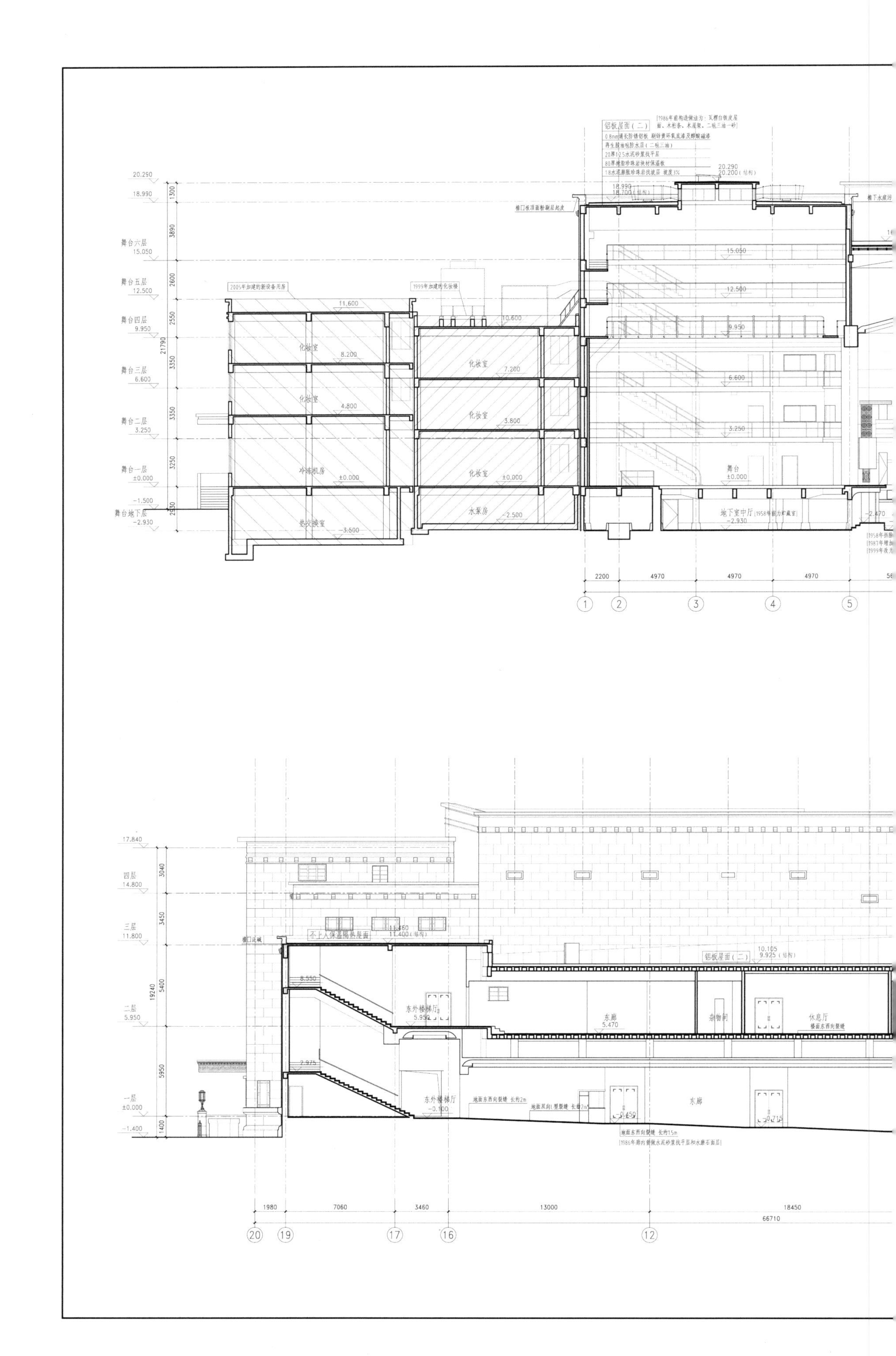

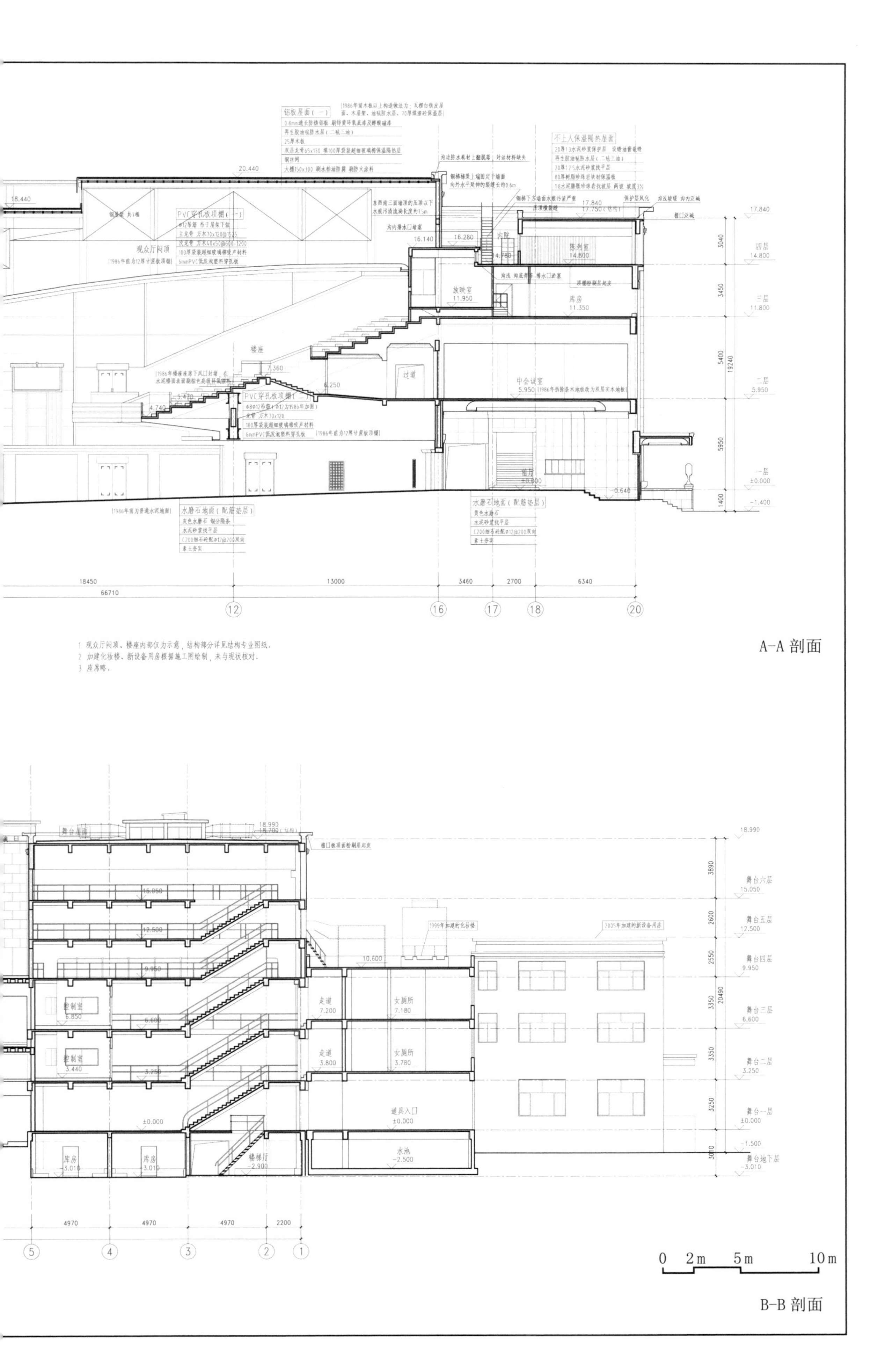

A-A 剖面

B-B 剖面

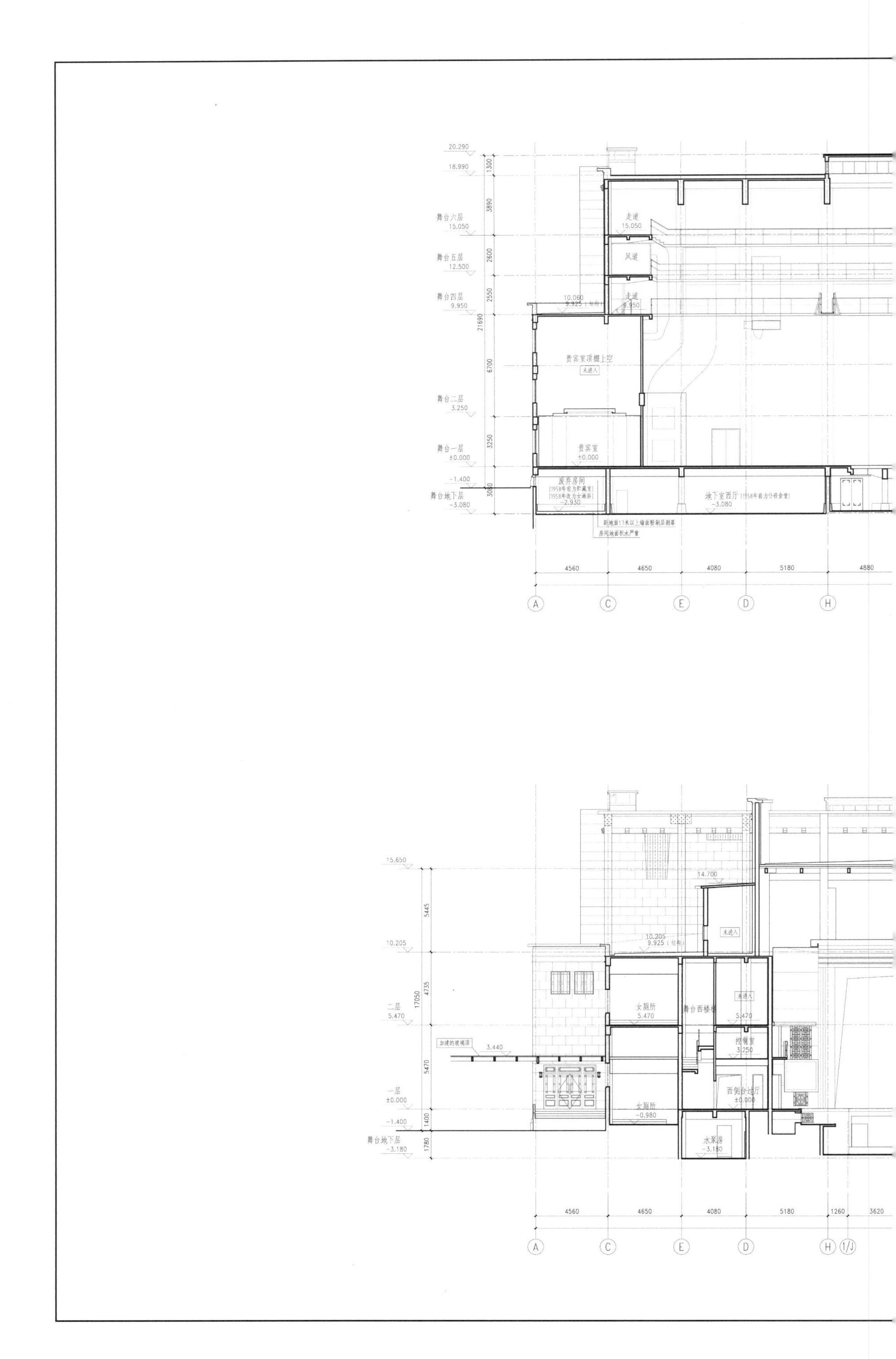

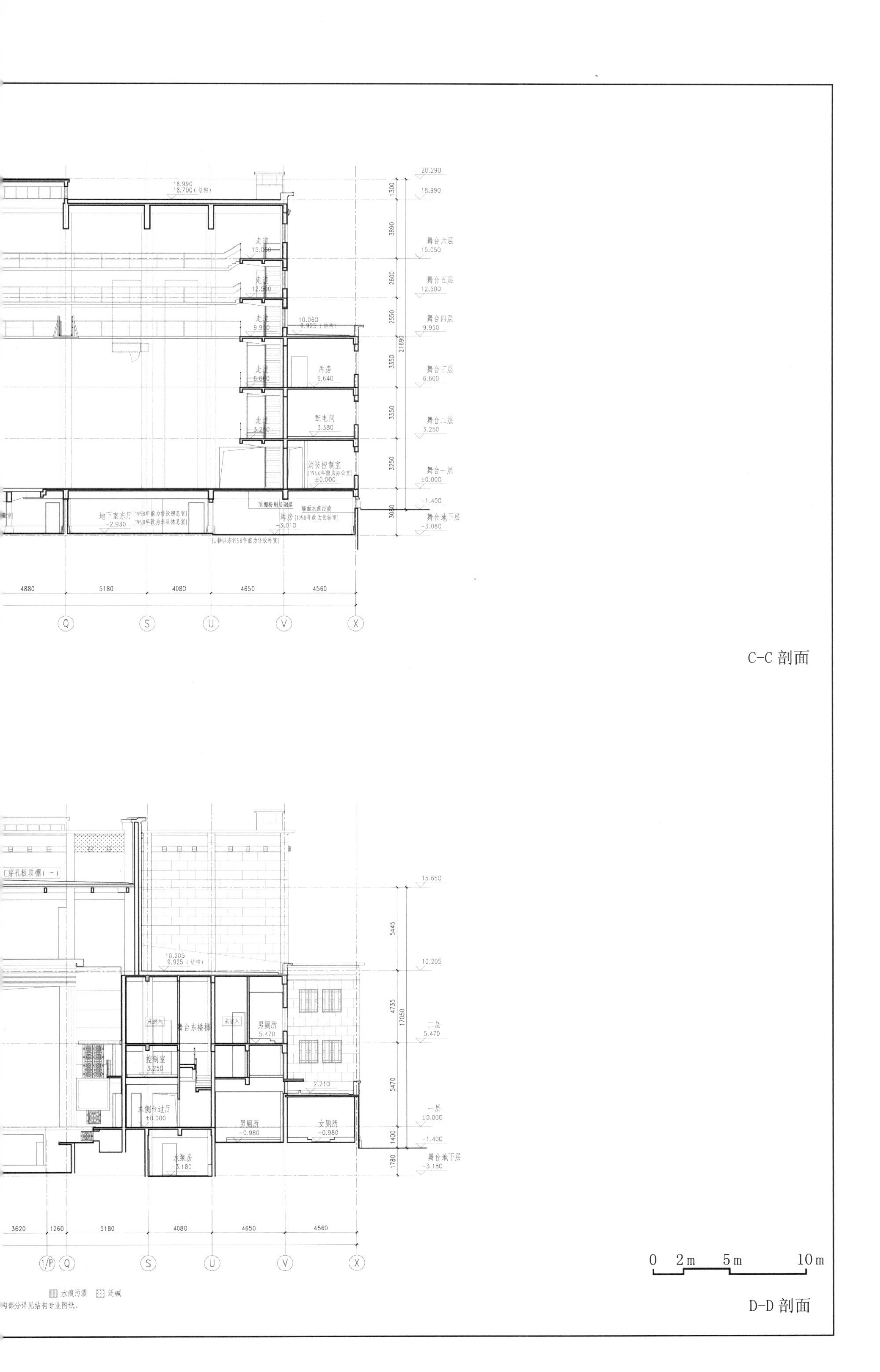
C-C 剖面
D-D 剖面
0 2m 5m 10m

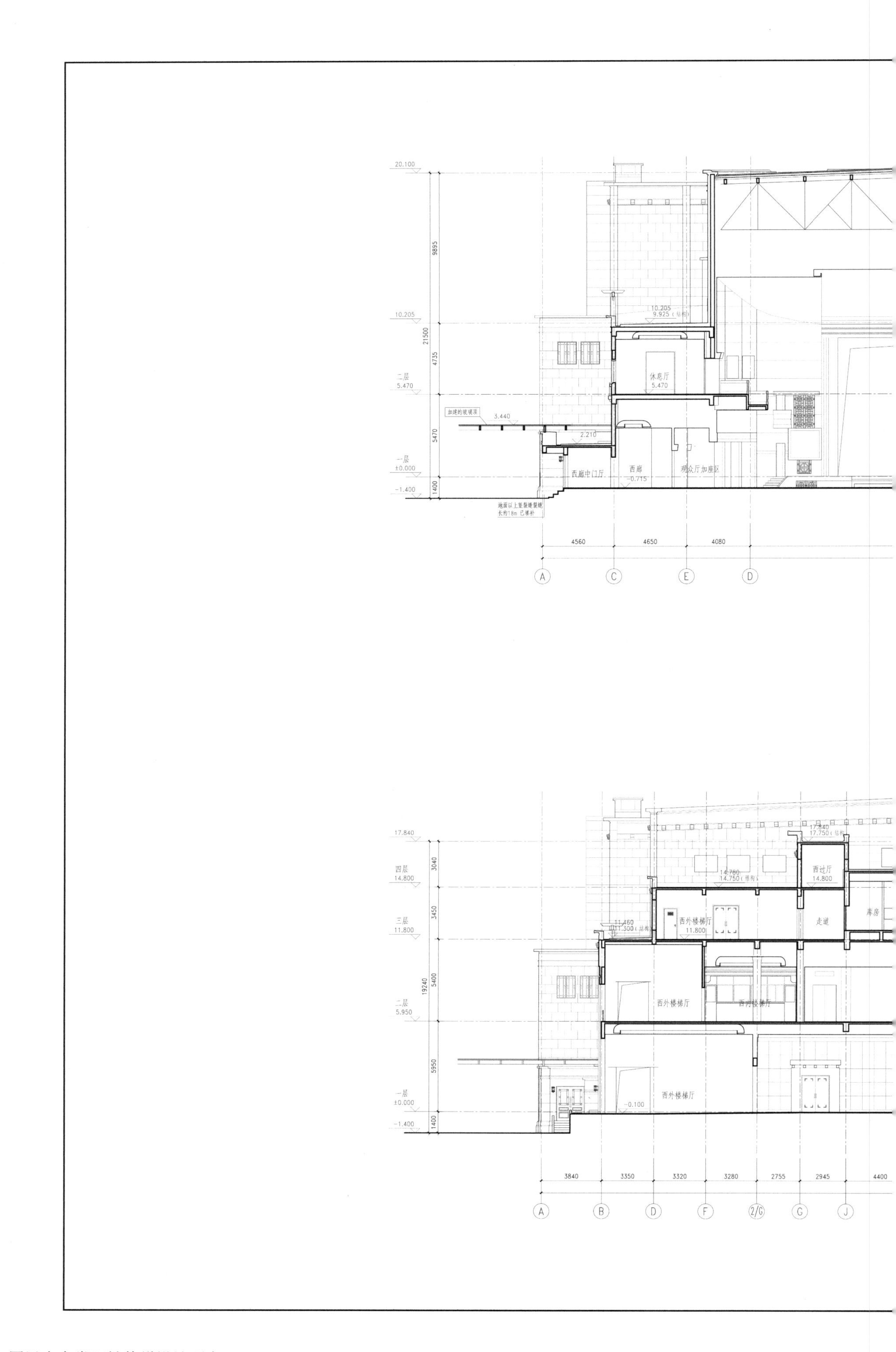

20.100
10.205
二层
5.470
一层
±0.000
-1.400
9895
21500
4735
5470
1400
10.205
9.925
休息厅
5.470
加建的玻璃顶
3.440
2.210
西廊中门厅
西廊
-0.715
观众厅加座区
4560
4650
4080
A
C
E
D
17.840
四层
14.800
三层
11.800
二层
5.950
一层
±0.000
-1.400
3040
3450
5400
19240
5950
1400
17.840
17.750
西过厅
14.800
14.780
14.750
西外楼梯厅
11.800
走道
库房
11.460
西外楼梯厅
西内楼梯厅
西外楼梯厅
-0.100
3840
3350
3320
3280
2755
2945
4400
A
B
D
F
2/G
G
J

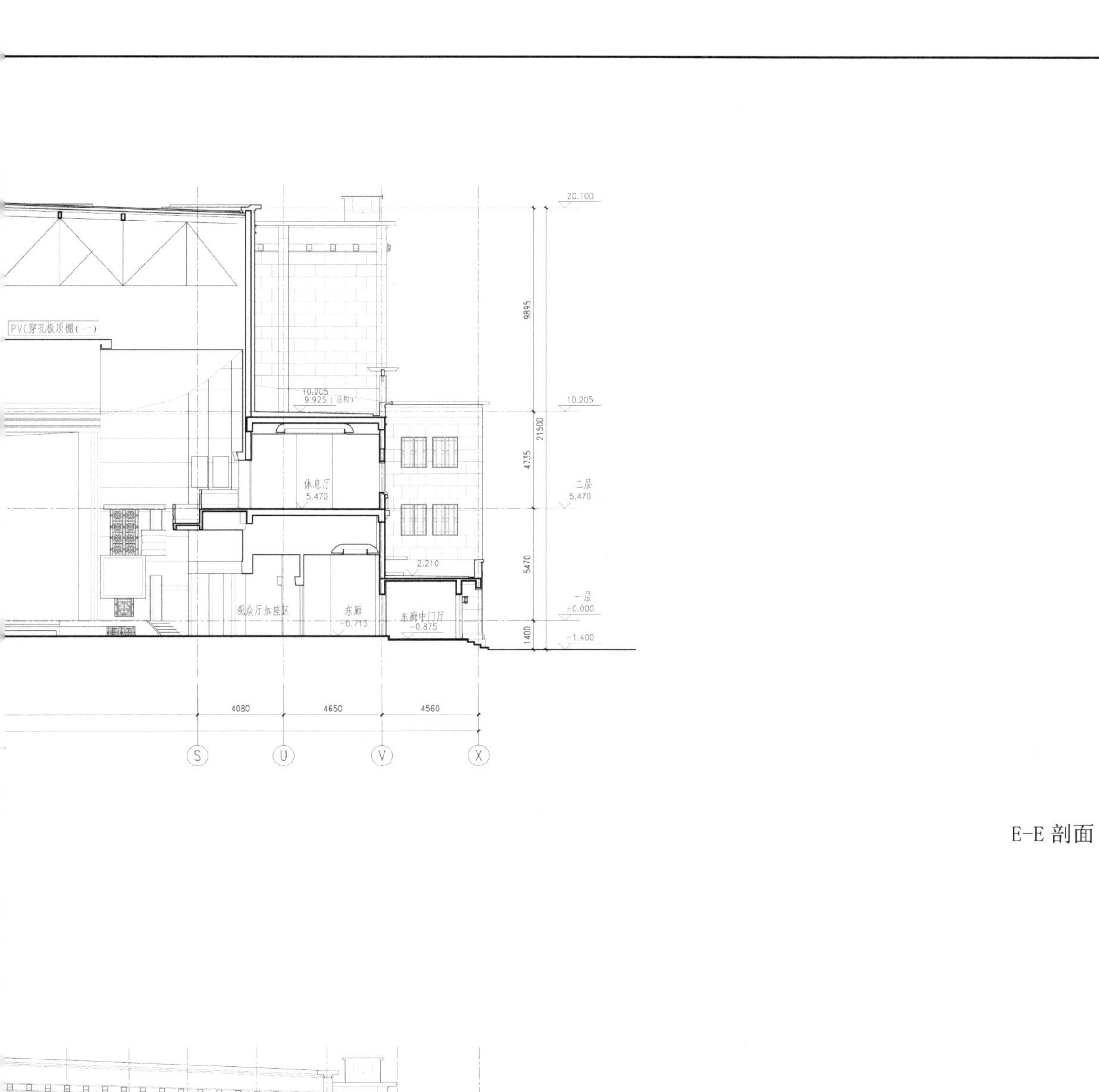

E-E 剖面

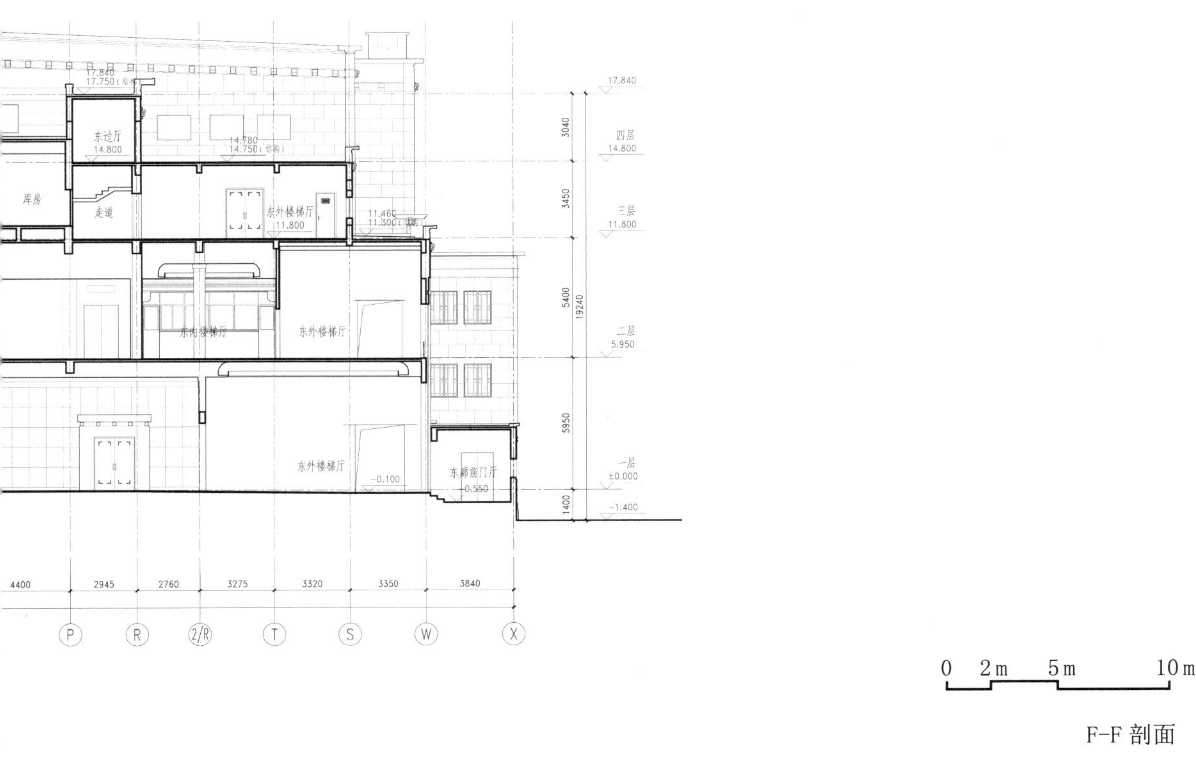

0 2m 5m 10m

F-F 剖面

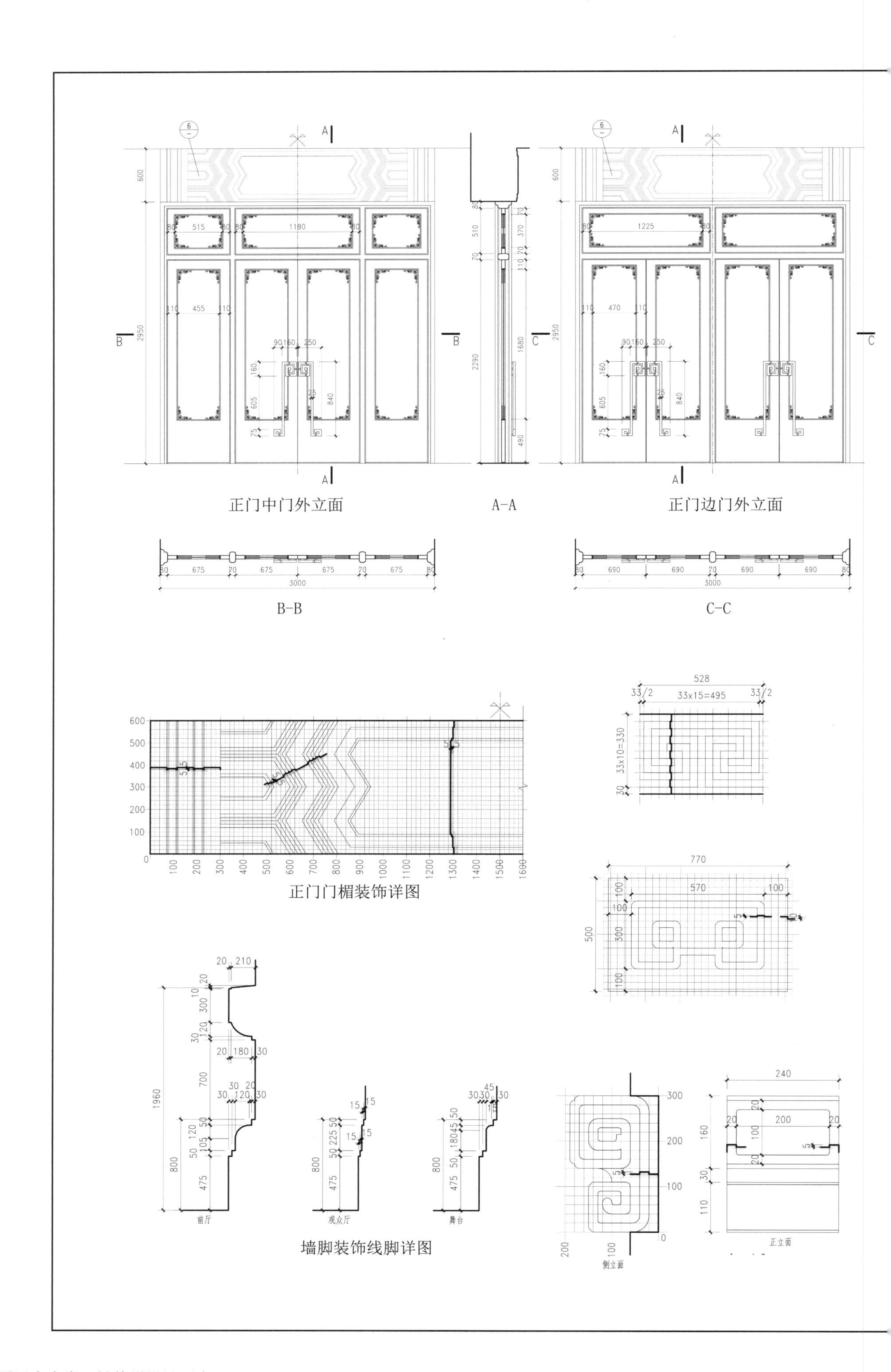
正门中门外立面
A-A
正门边门外立面
B-B
C-C
正门门楣装饰详图
前厅
观众厅
舞台
墙脚装饰线脚详图
侧立面
正立面

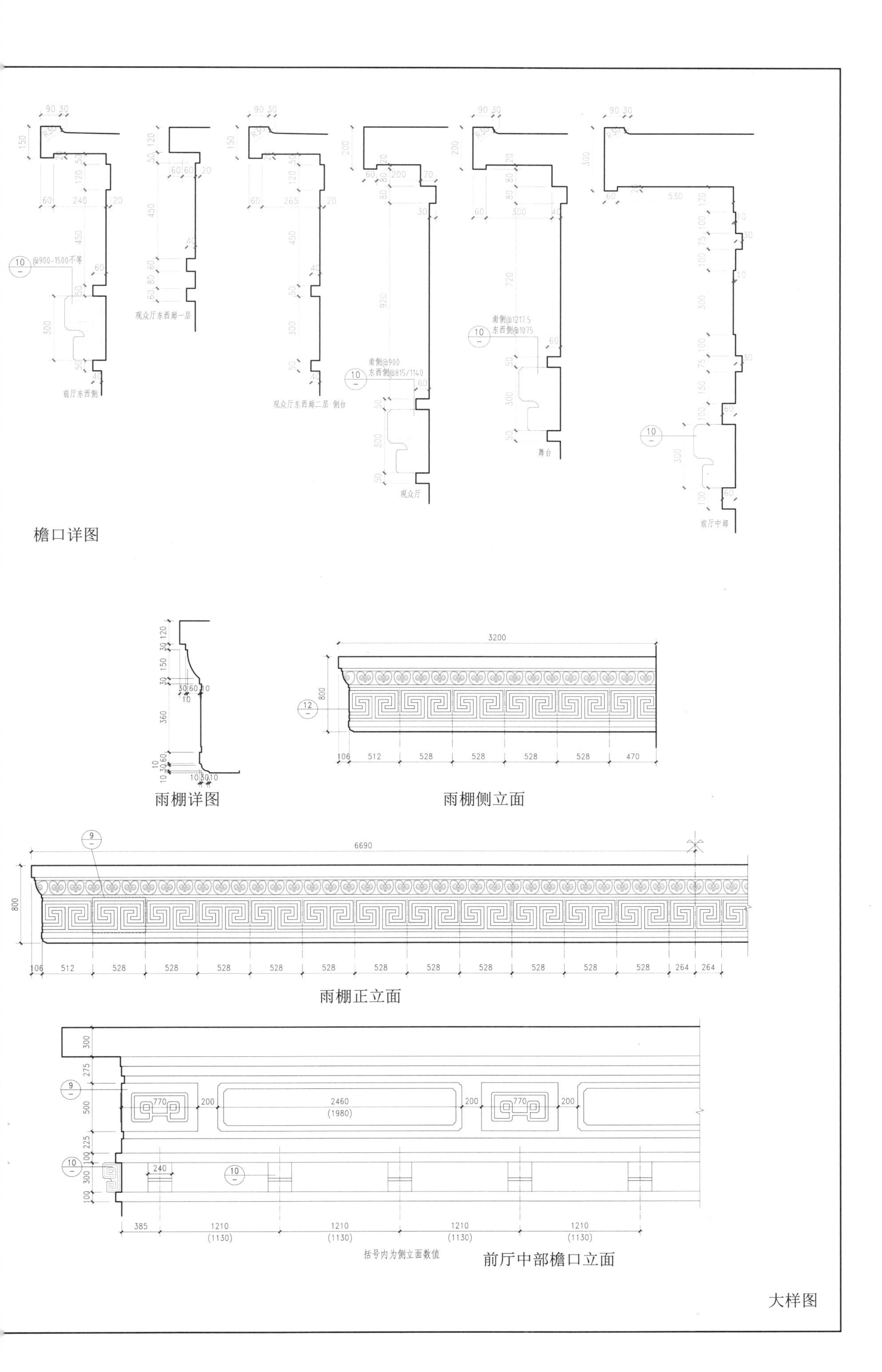

檐口详图
前厅东西侧
观众厅东西廊一层
观众厅东西廊二层 侧台
观众厅
舞台
前厅中部
雨棚详图
雨棚侧立面
雨棚正立面
前厅中部檐口立面
括号内为侧立面数值
大样图

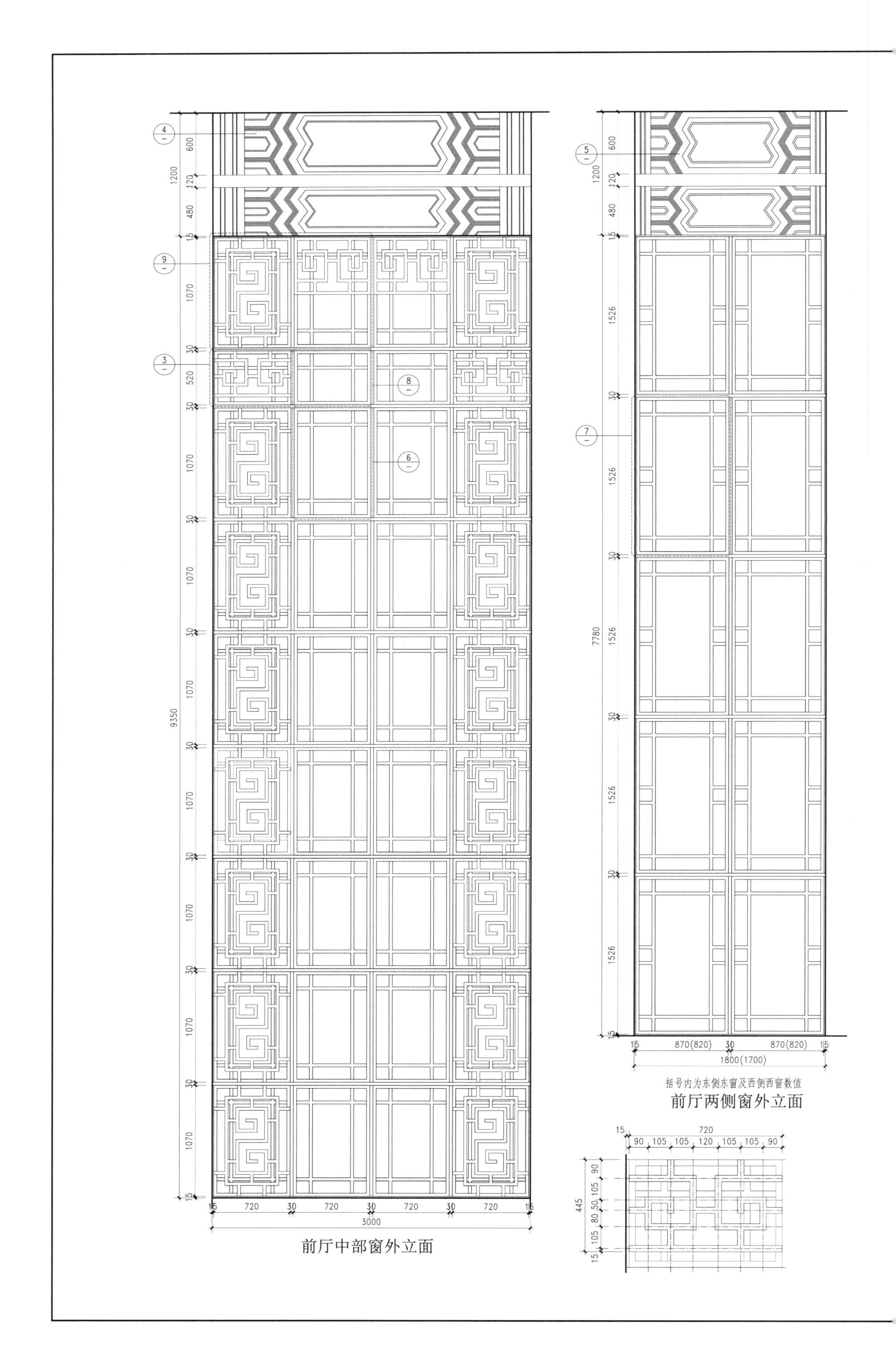

前厅中部窗外立面

前厅两侧窗外立面

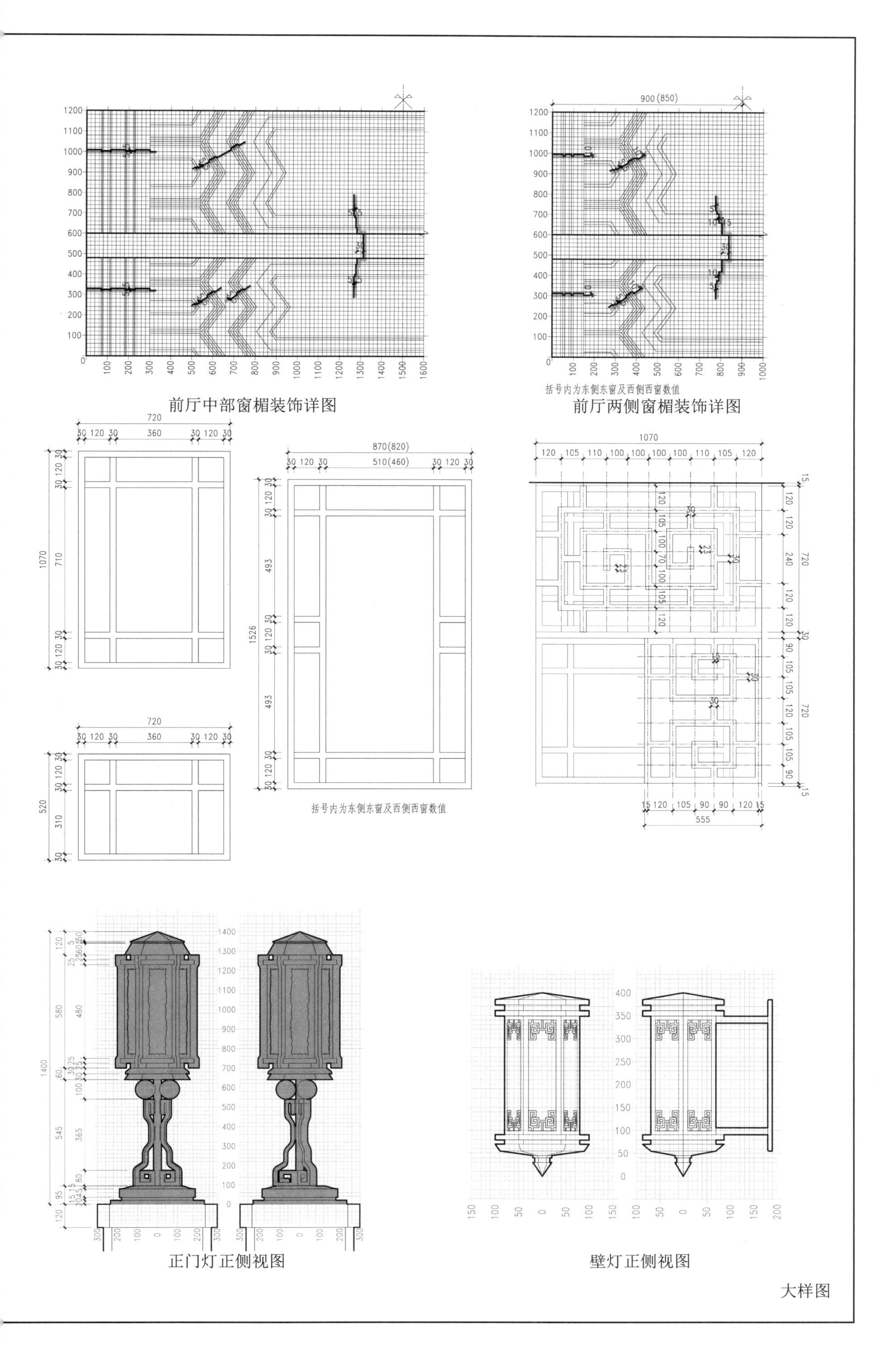

前厅中部窗楣装饰详图

前厅两侧窗楣装饰详图

正门灯正侧视图

壁灯正侧视图

大样图

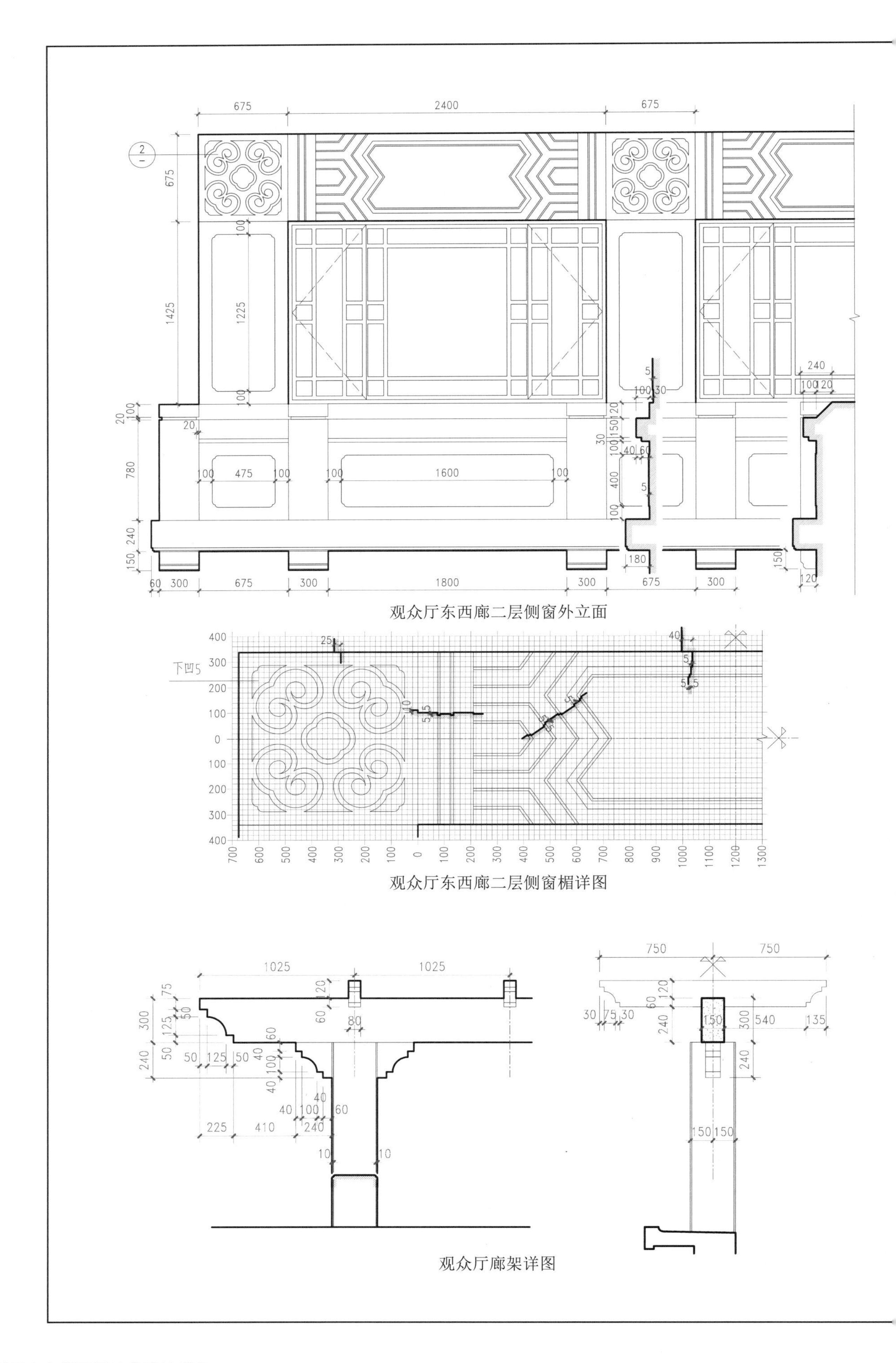

观众厅东西廊二层侧窗外立面

观众厅东西廊二层侧窗楣详图

观众厅廊架详图

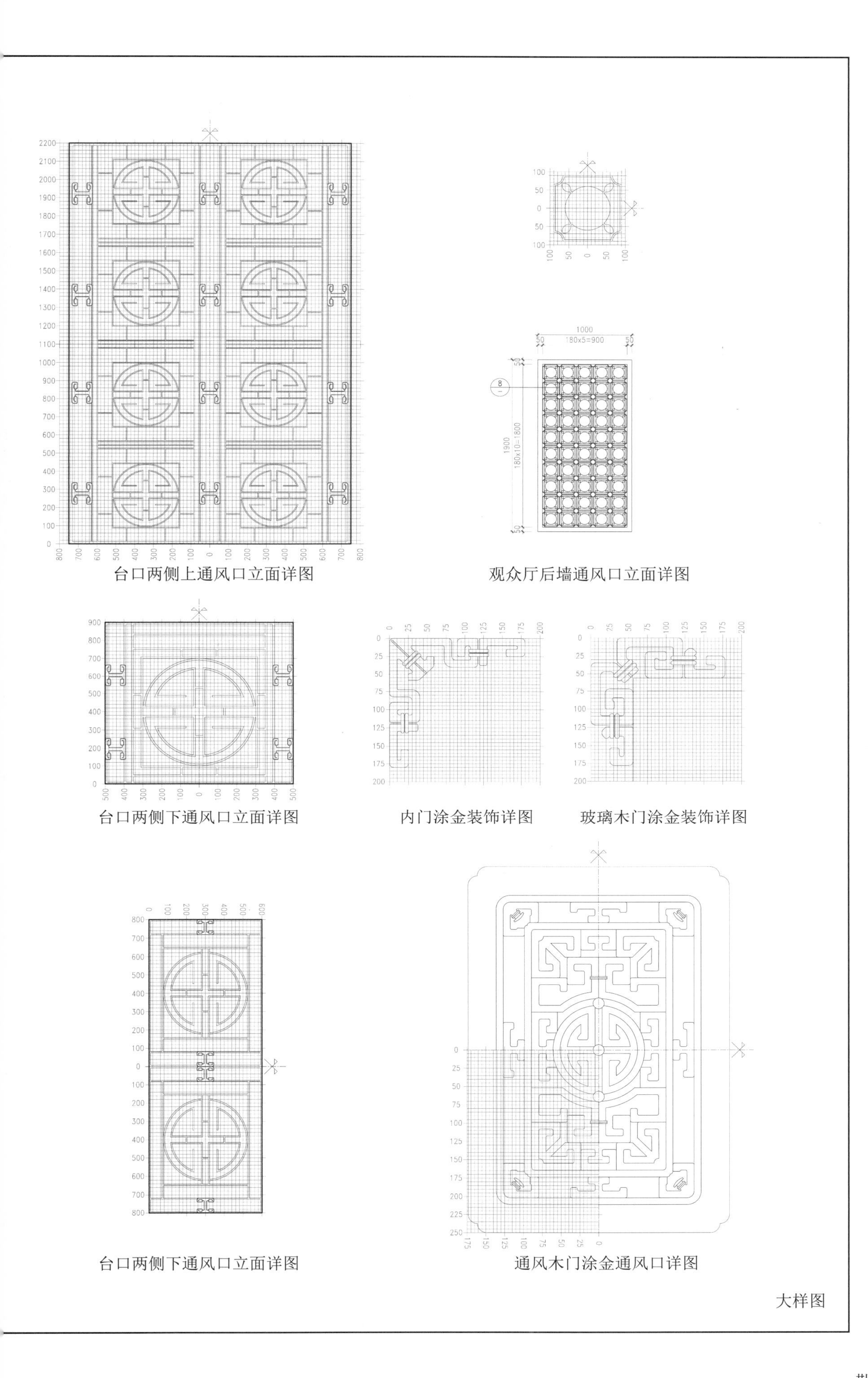
台口两侧上通风口立面详图
观众厅后墙通风口立面详图
1000
180x5=900
1900
180x10=1800
台口两侧下通风口立面详图
内门涂金装饰详图
玻璃木门涂金装饰详图
台口两侧下通风口立面详图
通风木门涂金通风口详图
大样图

双号
Even number
由此上二楼
No Smoking

修缮篇

一、工程依据

法律、行政法规

1．《中华人民共和国文物保护法》（2017 年修正本）

2．《中华人民共和国文物保护法实施条例》（2017 年修正本 2）

部门规章

3．《文物保护工程管理办法》（2003）

4．《文物保护工程设计文件编制深度要求（试行）》（2013-05）

规范性文件

5．《文物建筑防火设计导则（试行）》（2015）

国家标准

6．《建筑结构荷载规范》（GB 50009—2001）（2002）

行业标准

7．《近现代历史建筑结构安全性评估导则》（WW/T 0048—2014）

8．《近现代文物建筑保护工程设计文件编制规范》（WW/T 0078—2017）

相关文件

9．《中国文物古迹保护准则》（2015）

其他

10．相关历史档案记载、老照片及现状勘测资料

11．实物遗存

12．使用单位提出延续使用中符合保护要求的合理部分

二、修缮设计原则

坚持“保护为主、抢救第一、合理利用、加强管理”的工作方针，并突出重点修缮工程的工作重点，最大限度保护文物建筑安全，尽可能多地保存历史信息和价值载体。

本次修缮的文物建筑修缮后必须确保建筑物自身的结构安全及使用要求。

应遵循不改变文物原状、最低限度干预等文物保护原则，保护文物及其历史环境的真实性和完整性。

以真实完整地保护文物价值为原则，对建筑重要的价值要素进行甄别，加固处理侧重改善结构体系，确保建筑安全，加固措施以隐蔽和协调为主。

坚持重点修缮过程中保护措施的可逆性原则，保证修缮后的可再处理性，选择使用与原构件相近或兼容的材料，并做到有所区别，为后人的研究、识别、处理、修缮留有更准确的判定依据，提供最准确的变化信息。

研究和分析地方建造工艺、传统做法、使用材料和建筑构造特征，注意保留和延续建筑传统特点和做法，保证修缮后文物的真实性。

坚持最低限度干预原则，严格控制工程范围和工程量，最大限度地保留历史信息。应根据实际残损状况，确定合理的建筑构件更换标准及要求，严格控制更换量，避免过度维修。

三、修缮工程性质及范围

工程性质

根据《文物保护工程管理办法》，对照与文物相关的法律、法规和准则的有关规定，在深入研究、全面论证的基础上，以彻底消除建筑安全隐患为基本条件，确定此次维修工程的性质为修缮工程。

依据《中国文物古迹保护准则》（2015），国民大会堂旧址修缮工程中主要采用的保护措施为现状整修。根据现状勘察的情况，国民大会堂旧址由于日常维护工作良好，需要修补维护系统中的残损部分。结合目前以及未来的使用情况，结构安全性的重要性不容忽视，其主体的钢筋砼框架结构已超过混凝土的使用年限，且综合抗震能力不满足。因此，国民大会堂旧址的结构部分，在修缮工程中需要适度采用一些属于重点修复的保护措施。

工程范围

包括屋面、墙面、楼地面、门窗，框架结构、组合桁架、钢屋架等。

四、修缮措施

修缮工程不改变现有建筑内各个空间的使用功能。舞台部分地下室等处的废弃房间，仅做构件整修，维持现状。观众厅楼座限制荷载使用。

修缮措施按照建筑、结构、设备等专业分述如下：

（一）建筑专业

建筑专业修缮措施一览表

建筑部位	屋面	楼地面	外墙面	内墙面	顶棚	门窗	其他
前厅中部	揭除屋面表面保护层，检查防水层。 揭除女儿墙内侧或垂直墙体外侧根部的抹灰至墙体，揭除高度自防水层以上300 mm。 屋面以下房间的顶棚粉刷层起皮、脱落处，在屋面上部的对应位置适当扩大范围（0.5~1 m），局部揭开防水卷材，检查保温材料是否失效。 钢梯上口增加挡水，砖砌120 mm宽、240 mm高。 更换失效的保温材料及防水卷材。 更换女儿墙或其他垂直墙体附近防水层，平面宽度300 mm。防水层和附加层上翻高度300 mm，挡水处卷材翻至外口顶部。卷材收头用金属压条钉压固定。 水泥砂浆重做天沟，加大排水口附近的坡度。 防水卷材以上重做10 mm厚低标号砂浆隔离层、40 mm厚C20细石混凝土，表面压光并设分格缝，纵横间距不大于6 m，缝宽10~20 mm，密封材料嵌缝。 女儿墙内侧防水卷材表面刷界面剂，重做1：2.5水泥砂浆粉刷层。 中部内院周围的女儿墙压顶，增加铝板压顶，压顶宽度向内院方向增加100 mm，坡度向内，压顶内外侧下端均做滴水处理	修补三层走道北侧放映室、库房室内的复合木地板楼面	排查、核对、登记墙面残损情况。 泛碱清洗剂清洗檐口泛碱区域。 软毛刷蘸清水清洗内院周边墙面水渍污痕	排查、核对、登记墙面残损情况。 修补三层走道南侧西库房内的南墙、四层东西过厅室内东西墙的粉刷层裂缝，如有墙体的结构加固措施应一并完成	三层走道南侧的中间库房、四层陈列室，粉刷层起皮、剥落处，揭除至找平层。刷界面剂，重新刮腻子，刷同色涂料	正门维持现状。 外门窗除四层的木窗，其余重做窗框油漆。按照原样补配五金件。 四层东西过厅的4樘门内侧，增加砖砌120 mm宽、120 mm高挡水坎，20 mm厚水泥砂浆粉刷，沿内墙面齐。 四层木窗修补后重新刷油漆	四层钢梯清除表面漆层，重做银粉漆

续表

建筑部位	屋面	楼地面	外墙面	内墙面	顶棚	门窗	其他
前厅东西侧（东西内外楼梯）	揭除屋面表面保护层，检查防水层。 揭除女儿墙内侧或垂直墙面外侧的抹灰至墙体，揭除高度自防水层以上300 mm。如女儿墙不足300 mm，则揭除至顶面压顶宽度一半。 屋面以下房间的顶棚粉刷层起皮、脱落处，在屋面上部的对应位置适当扩大范围（0.5~1 m），局部揭开防水卷材，检查保温材料是否失效。 更换失效的保温材料及防水卷材。 更换女儿墙或其他垂直墙体附近防水层，平面宽度300 mm。防水层和附加层上翻高度300 mm，女儿墙高度不足300 mm之处卷材翻至顶面压顶宽度一半。 卷材收头用金属压条钉压固定。 水泥砂浆重做天沟，加大排水口附近的坡度。 防水卷材以上重做10 mm厚低标号砂浆隔离层、40 mm厚C20细石混凝土，表面压光并设分格缝，纵横间距不大于6 mm，缝宽10~20 mm，密封材料嵌缝	检查未进入房间。（一层职工之家内套间，东外楼梯三层的夹层储藏间，东西外楼梯三层楼梯厅靠观众厅出口外侧的房间） 水泥砂浆修补楼地面及一层窗台的裂缝，共8处。 其中东西内楼梯二层楼梯厅内楼面的裂缝，如根据观测结果补充结构加固措施，保护措施另定	排查、核对、登记墙面残损情况。 泛碱清洗剂清洗泛碱区域。 软毛刷蘸清水清洗墙面水渍污痕。 外楼梯厅三层外侧墙的水平裂缝用水泥砂浆填补	检查未进入房间。（一层职工之家内套间，东外楼梯三层的夹层储藏间，东西外楼梯三层楼梯厅靠观众厅出口外侧的房间） 修补外楼梯三层外侧墙面、三层走道东端库房东墙面、西外楼梯三层夹层储藏间南墙面粉刷层，共4处	检查未进入房间。（一层职工之家内套间，东外楼梯三层的夹层储藏间，东西外楼梯三层楼梯厅靠观众厅出口外侧的房间） 修补东西外楼梯二层半至三层梯段顶棚、西外楼梯三层夹层储藏间顶棚的粉刷，如结构加固措施应一并完成	外门窗重做窗框油漆。按照原样补配五金件。 梯段靠窗栏杆重做油漆。 内门窗检查保养	
观众厅及楼座	观众厅闷顶内沿墙核查屋面漏水点。 揭除铝板天沟，检查防水层。 揭除女儿墙内侧抹灰至墙体，揭除高度自防水层以上300 mm。如女儿墙不足300 mm，则揭除至顶面压顶宽度一半。 更换女儿墙或其他垂直墙体附近防水层，平面宽度300 mm。防水层和附加层上翻高度300 mm，女儿墙高度不足300 mm之处卷材翻至顶面压顶宽度一半。 卷材收头用金属压条钉压固定。 恢复铝板天沟，铝板沿墙上翻高度300 mm，不足300 mm处翻至压顶顶面一半。 恢复女儿墙内侧、压顶的水泥砂浆抹灰面，抹灰在铝板表面的加钢丝网	水泥砂浆修补裂缝，一层南侧三门地面裂缝	排查、核对、登记墙面残损情况。 按原样补配东侧墙面的护头装饰1个	修补放映口附近墙面的裂缝，1处	维持现状	观众厅疏散门根据消防部门意见更换为防火门，样式与原样相同。原门拆除后由使用单位妥善保管。 内门窗检查保养	

续表

建筑部位	屋面	楼地面	外墙面	内墙面	顶棚	门窗	其他
观众厅东西廊	二层东西廊维持现状。 一层西廊有玻璃顶范围内，以下措施不实施。一层东西廊揭除屋面至保温层，检查保温层是否失效。 揭除女儿墙内侧及压顶顶面的抹灰。揭除垂直墙体根部的抹灰，高度自防水层以上 300 mm。 更换失效的保温材料。在保温层以上重做 20 mm 厚 1:3 水泥砂浆找平层，3 mm+3 mm 双层改性沥青防水卷材，10 mm 厚低标号砂浆隔离层，40 mm 厚 C20 细石混凝土。 垂直墙体部位，防水层和附加层上翻高度 300 mm；女儿墙处的卷材翻至顶面压顶外口。卷材收头用金属压条钉压固定。 水泥砂浆重做天沟，加大排水口附近的坡度。 恢复女儿墙内侧、压顶顶面、垂直墙体根部的水泥砂浆抹灰	东西廊一层地面裂缝须注意观测。 如裂缝有扩大趋势，可参照 1986 年前厅地面重做配筋砼垫层后恢复水磨石地面。 二层楼面裂缝，用水泥砂浆填补，共 11 条	排查、核对、登记墙面残损情况。 泛碱清洗剂清洗泛碱区域。 软毛刷蘸清水清洗墙面水渍污痕。 墙面裂缝用水泥砂浆填补，如结构加固措施应一并完成	一层东、西廊墙面空鼓处，揭除至墙体，恢复抹灰，共约 10 m^2。 粉刷层裂缝水泥砂浆填补，同色涂料喷涂，2 处。 以上措施，如结构加固措施应一并完成	修补粉刷层起皮、脱落处，一层东廊南段、一层西廊北端的舞台楼梯厅、二层西廊南端，3 处共约 2 m^2	外门窗重做窗框油漆。按照原样补配五金件。 内门窗检查保养	重做东西墙排水明沟，挖开后先行探查基础情况
舞台部分地下室		泡沫混凝土填平西侧废弃房间内集水坑，重做水泥地面。 拆除西侧废弃房间内瓷砖地面，重做水泥地面。 乐池东西侧水泵房调整地面坡度。 检查修补水泥地面	东外墙的墙角处，沿墙角揭除室外地坪面层 600 mm 宽，墙脚装饰挤压归位，灌水泥砂浆填缝。另做墙脚散水及明沟	东西墙内侧、北门厅附近的粉刷层揭除至墙体，重做水泥砂浆抹灰，内掺防水剂，面层白色涂料。其余墙面检修保养	东侧库房、西侧废弃房间重做顶棚粉刷。其余顶棚检修保养	东西高侧窗重做窗框油漆。按照原样补配五金件。 室内门维持现状，可结合地下室房间功能调整更换	需增加机械除湿装置

续表

建筑部位	屋面	楼地面	外墙面	内墙面	顶棚	门窗	其他
舞台部分东西侧台（不含地下室）	东侧台屋面维持现状。 西侧台屋面揭除至保温层，检查保温层是否失效。 揭除女儿墙内侧及压顶顶面的抹灰。揭除垂直墙体根部的抹灰，高度自防水层以上300 mm。 更换失效的保温材料。在保温层以上重做20 mm厚1∶3水泥砂浆找平层，3 mm+3 mm双层改性沥青防水卷材，10 mm厚低标号砂浆隔离层，40 mm厚C20细石混凝土。 垂直墙体部位，防水层和附加层上翻高度300 mm；女儿墙处的卷材翻至顶面压顶外口。卷材收头用金属压条钉压固定。 水泥砂浆重做天沟，加大排水口附近的坡度。 恢复女儿墙内侧、压顶顶面、垂直墙体根部的水泥砂浆抹灰	维持现状	软毛刷蘸清水清洗墙面水渍污痕	维持现状	维持现状	外窗重做窗框油漆。按照原样补配五金件。 内门窗检查保养	钢梯清除表面漆层，涂环氧涂料加防火涂料，颜色与原色相同
舞台部分（不含地下室）	揭除南侧女儿墙内侧抹灰至墙体，揭除高度自防水层以上300 mm。 更换女儿墙附近防水层，平面宽度300 mm。防水层和附加层上翻高度300 mm。卷材收头用金属压条钉压固定。 水泥砂浆重做天沟，加大排水口附近的坡度。 女儿墙内侧防水卷材表面刷界面剂，重做1∶2.5水泥砂浆粉刷层。 北侧檐口挑板底面清除起皮、剥落的抹灰，重做1∶2.5水泥砂浆抹灰	维持现状	泛碱清洗剂清洗南墙顶部泛碱区域。 软毛刷蘸清水清洗墙面水渍污痕	揭除六层葡萄架支点处墙面粉刷层剥落处的抹灰，并修补	维持现状	外窗重做窗框油漆。按照原样补配五金件。 内门窗检查保养。 通向屋面的3樘门，重新油漆，外蒙铝皮	修补栏杆漆面

（二）结构专业

消能减震抗震加固

（1）更新改造策略及变形控制目标

下表给出了不同抗震加固策略的优点及不足。结构抗震验算表明，多数梁柱不满足抗震要求，且抗震构造、构件承载力、综合抗震能力指数、结构变形等均不满足规范要求。如对整体结构构件采取外包钢或增大截面进行加固，加固量大且对历史建筑破坏较大；采用黏滞阻尼器消散地震能量，结构地震作用可适当减小，但结构侧向刚度仍较低，整体抗震性能未见明显改善；采用屈曲约束支撑（BRB），可提高结构侧向刚度，但小震时 BRB 不宜参与抗震耗能，仍需对主体结构进行大规模加固[①②]。采用普通支撑（BRB）加黏滞阻尼器的方案，可提供附加刚度和附加阻尼，但要达到预定的抗震性能目标需占用更多的空间位置，对建筑影响较大，需要加固关联的构件更多。

不同抗震加固策略对比

<table>
<tr><th>抗震加固策略</th><th>优点</th><th>不足</th></tr>
<tr><td>外包钢</td><td rowspan="2">技术成熟</td><td rowspan="2">加固量大、破坏较大</td></tr>
<tr><td>增大截面</td></tr>
<tr><td>黏滞阻尼器</td><td>减小地震力</td><td>未提高结构侧向刚度</td></tr>
<tr><td>BRB</td><td>提供刚度，
中大震参与耗能</td><td>小震仅提供侧向刚度，不参与耗能</td></tr>
<tr><td>普通支撑 + 黏滞阻尼器</td><td colspan="2" rowspan="2">理论上可行，但要达到预定的抗震性能目标需要占用更多的空间，对建筑影响较大，需要加固关联的构件更多</td></tr>
<tr><td>BRB+ 黏滞阻尼器</td></tr>
</table>

经过多方案比较，本着“最小干预、可逆性、经济性”的文物建筑加固原则[③④]，提出采用壁式黏弹性阻尼器对原结构进行抗震加固。原结构仅承担结构竖向荷载，新增壁式黏弹性阻尼器与加固后的周边框架形成的消能子结构承担水平地震作用，通过控制不同地震水准下的结构侧移，从而使结构能够满足规范要求的抗震性能。

（2）壁式黏弹性阻尼器

壁式黏弹性阻尼器 (简称 TRC 阻尼器)，由两侧钢板和中间黏弹性材料组成，黏弹性材料为特殊的高分子材料。

黏弹性阻尼器主要特点为：布置灵活，安装方便，安装后不需要烦琐的维护和修复，自我恢复能力强。此外，壁式黏弹性阻尼器可通过增加黏弹性材料的面积来提供需求的阻尼比以提高耗能能力。通过现代材料的改进，其受环境温度的不利影响也得到了较大的改善。下表给出了 TRC 阻尼器在环境温度为 20℃、结构自振频率为 1 Hz 时基本性能参数。

① 中华人民共和国住房和城乡建设部 . 建筑消能建筑技术规范：JGJ 297—2013[S]. 北京 : 中国建筑工业出版社 ,2013.

② 中国工程建设标准化协会 . 建筑消能减震加固技术规程：T/CECS 547—2018[S]. 北京 : 中国建筑工业出版社 ,2018.

③ 陈明中 . 历史建筑的结构性能化设计 [J]. 结构工程师 , 2011,27(6):124-128.

④ 沈吉云 , 王志浩 . 历史建筑加固与修缮中对历史文化价值的保护 [J]. 建筑结构 ,2007,37(9) :8-12.

20℃、1Hz 时阻尼器基本性能参数

阻尼器类型	阻尼器黏弹性体尺寸		最大位移 δ_{max} / mm	等效刚度 K_{eq} / ($kN \cdot m^{-1}$)	等效阻尼系数 C_{ep} / ($kN \cdot s \cdot m^{-1}$)	最大载荷 / kN
	高 /mm	宽 /mm				
TRC475C	620	650	30	13100	1520	487
TRC700C	845	720	30	19770	2300	735
TRC950C	960	840	30	26210	3050	974
TRC1300C	1100	1010	30	36110	4200	1342
TRC1900C	1320	1230	30	52770	6140	1961
TRC2600C	1390	1600	30	72280	8410	2686

注：黏弹性体厚度均为 10 mm。

（3）变形控制目标优化

支承大跨度楼座、舞台和观众厅屋顶的混凝土柱等关键竖向构件、钢筋混凝土混合桁架、大跨钢屋盖等重要水平构件，文物价值及安全性、重要性高，修复难度大，为确保这些关键和重要构件在设防烈度地震下基本完好，免于修复，设计采用了基于位移控制[①②]的性能化设计，使设防烈度地震作用下层间位移角不大于 1.5 倍钢筋混凝土框架结构弹性位移角限值[③]，即 1/350。通过抗震能力的提高，罕遇地震作用下主体结构不至于发生严重破坏，通过一般加固即可恢复使用，大震下控制层间位移角不大于 4 倍钢筋混凝土框架结构弹性位移角限值[③]，即 1/120。

层间位移角控制目标

地震水准	宏观损坏程度	性能水准	位移角限值
多遇地震	完好	正常使用	1/550
设防地震	轻微损坏	基本完好	1/350
罕遇地震	中等破坏	一般加固即可恢复使用	1/120

（4）阻尼器布置及消能子结构

对于剧场建筑，各区域功能划分较为明确，可设置阻尼器位置较为固定。结合建筑平面功能，增设 TRC 阻尼器对舞台、观众厅、前厅形成闭合、完整、均匀的抗侧力体系，确保水平地震力能够顺利传递给阻尼器。TRC 阻尼器布置宜使结构在两个主轴方向的动力特性相近且宜设置在变形较大的位置，同时又均匀分散，并有利于提高整体结构的消能抗震能力，同时避免楼面内较大的水平力传递（图 1）。

TRC 阻尼器与周边框架形成结构消能子结构，为保证 TRC 阻尼器能够发挥作用，消能子结构中梁柱构件应具有更高的抗震性能。为提高与阻尼器连接构件承载力，对其进行外包钢加固。构件设计时不考虑混凝土作用，外包钢按格构式钢构件进行设计，其内力按罕遇地震作用标准值且不考虑与抗震等级有关的调整系数（图 2）。

---

① 朱玉华，黄海荣，胥玉祥 . 基于性能的抗震设计研究综述 [J]. 结构工程师，2009,25(5):149-153.

② 王亚勇，薛彦涛，欧进萍，等 . 北京饭店等重要建筑的消能减振抗震加固设计方法 [J]. 建筑结构学报，2001,22(2):35-39.

③ 中国工程建设标准化协会 . 建筑消能减震加固技术规程：T/CECS 547—2018[S]. 北京：中国建筑工业出版社，2018.

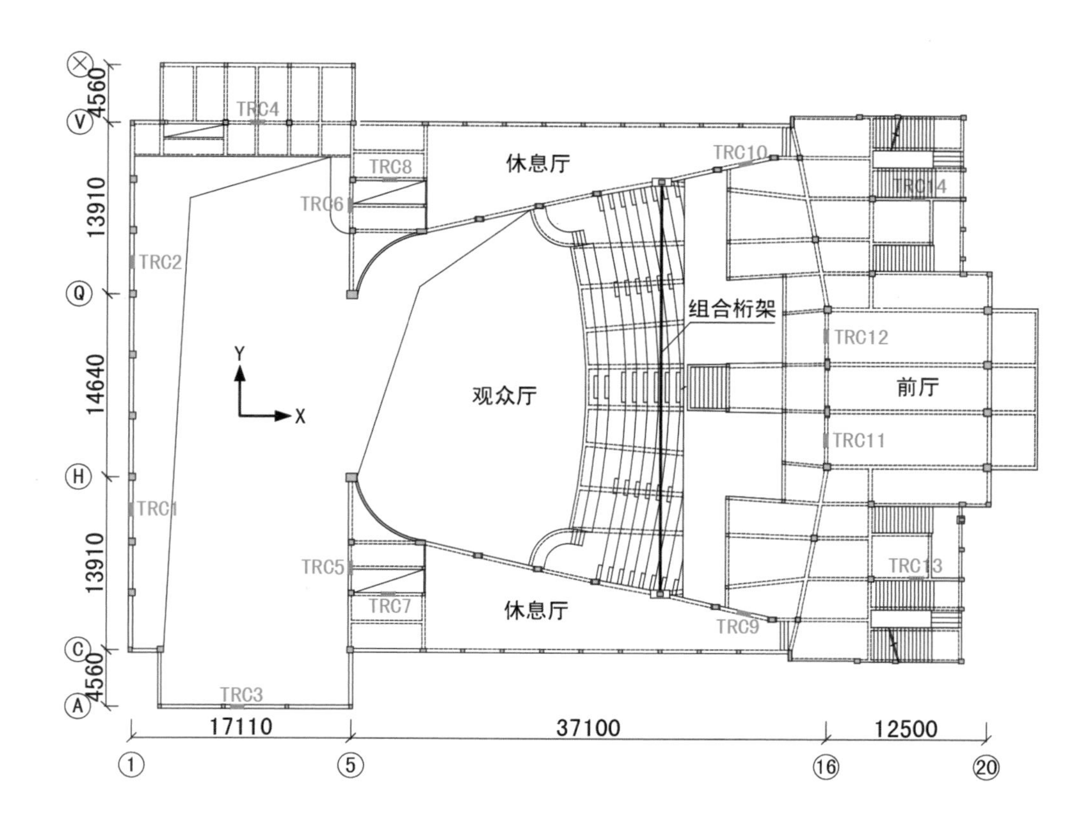

图 1　TRC 阻尼器布置简图

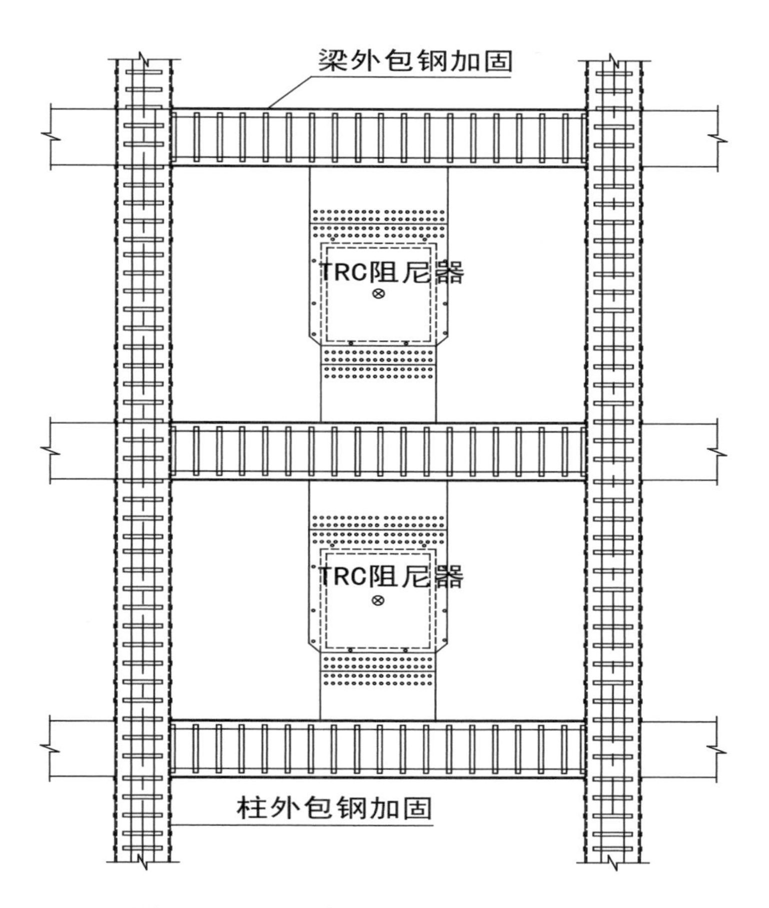

图 2　TRC 阻尼器与梁柱组成消能子结构

本工程控制罕遇地震作用下，TRC 阻尼器仍处于正常工作状态，TRC 阻尼器与楼层梁相连的预埋件、节点板应处于弹性工作状态，且不应出现滑移或拔出等破坏。阻尼器与主体结构连接在相应位置设计为全螺栓连接，方便施工，黏弹性材料劣化或性能降低后及时更换修复（图 3）。

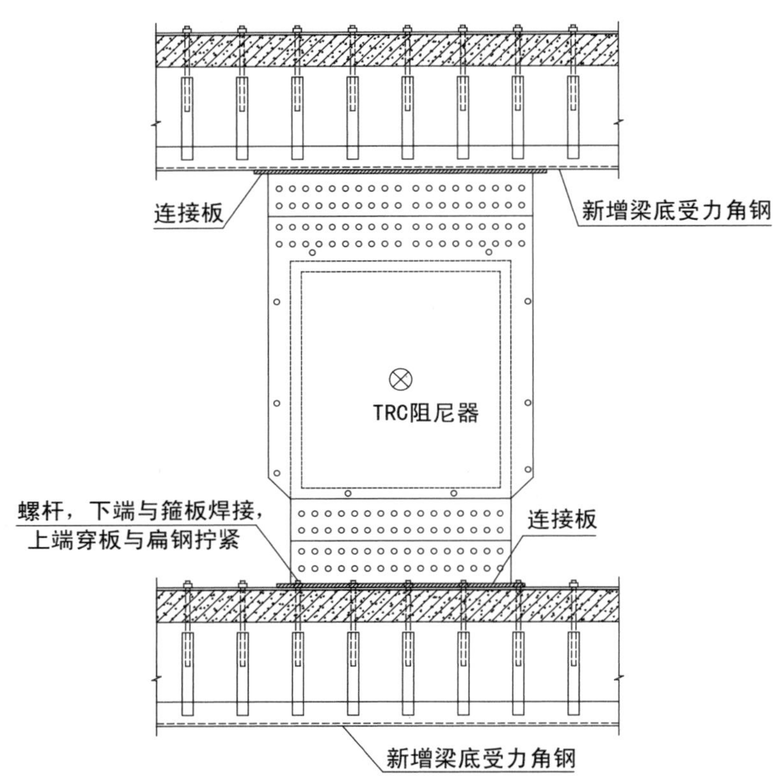

图 3　TRC 阻尼器与主体结构楼层梁连接

（5）减震参数优化

为满足上节要求的目标性能水准，需对黏弹性阻尼器的相关参数进行优化分析。对多层混凝土结构，底部剪力法可简化地震作用分析，因此本书采用底部剪力法对增设黏弹性阻尼器参数进行简化的优化分析。

根据《建筑抗震设计规范（2016 年版）》（GB 50011—2010）第 5.1.5 条[①]，水平地震影响系数 α 可按下式确定：

$$\alpha = \left(\frac{T_g}{T}\right)^{\gamma} \eta_2 \alpha_{\max} \quad (T_g < T < 5T_g) \tag{1}$$

$$\gamma = 0.9 + \frac{0.05 - \zeta}{0.6 + 6\zeta} \tag{2}$$

$$\eta_2 = 1 + \frac{0.05 - \zeta}{0.08 + 1.6\zeta} \tag{3}$$

式中：γ 为地震影响系数曲线下降段的衰减指数；η_2 为阻尼调整系数。T_g 为场地特征周期；

① 中华人民共和国住房和城乡建设部，中华人民共和国国家质量监督检验检疫总局. 建筑抗震设计规范（2016 年版）：GB 50011—2010[S]. 北京：中国建筑工业出版社，2016.

α_{max} 为水平地震影响系数最大值；T 为结构自振周期；ζ 为阻尼比 。

黏弹性阻尼减震结构的刚度可按下式确定[10]：

$$K_{sys} = K_0 + K_d \tag{4}$$

$$\eta_d = \omega \frac{C_d}{K_d} = 2\pi f \frac{C_d}{K_d} \tag{5}$$

式中：K_{sys} 为黏弹性阻尼器减震结构刚度；K_0 为原结构刚度；K_d 为黏弹性阻尼器提供等效刚度；η_d 为黏弹性阻尼器的耗能因子；C_d 为黏弹性阻尼器的等效阻尼系数。

黏弹性阻尼减震结构的阻尼比及黏弹性阻尼器提供等效附加阻尼比可按下式确定：

$$\zeta_{sys} = \zeta_0 + 0.92\zeta_{eq} \tag{6}$$

$$\zeta_{eq} = \frac{0.5\eta_d K'}{K' + K_0} = \frac{0.5\eta_d}{1+1/(K_d/K_0)} \tag{7}$$

式中：K' 为黏弹性阻尼器的存储刚度；ζ_{sys} 为黏弹性阻尼减震结构的阻尼比；ζ_0 为原结构阻尼比；ζ_{eq} 为黏弹性阻尼器提供等效附加阻尼比，依据相关文献①对其进行折减。

根据公式（6）、公式（7）可以绘制黏弹性减震结构阻尼比与 K_d/K_0 的关系曲线。由图4 可知，在耗能因子 η_d 一定情况下，黏弹性减震结构阻尼比随着 K_d/K_0 的增大而增大，但增大效率有所放缓。

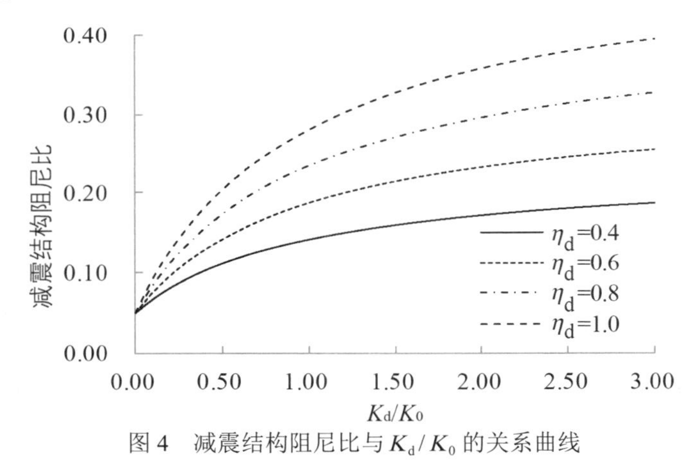

图 4　减震结构阻尼比与 K_d/K_0 的关系曲线

黏弹性阻尼减震结构自振周期：

$$T = \sqrt{\frac{K_0}{K_0 + K_d}} T_0 = \sqrt{\frac{1}{1 + K_d/K_0}} T_0 \tag{8}$$

式中：T_0 为原结构自振周期。

原结构水平地震作用标准值：

$$F_{Ek} = a_1(T_0, z_0) G_q \tag{9}$$

黏弹性阻尼减震结构的水平地震作用标准值：

① 日本隔震结构协会 . 被动减震结构设计施工手册 [M] . 蒋通 , 译 . 北京 : 中国建筑工业出版社 ,2008.

$$F_{\mathrm{k}}^{'} = a_1(T_{\mathrm{sys}}, z_{\mathrm{sys}})G_{\mathrm{q}} \tag{10}$$

水平地震力减震性能指数推导见公式 (11)，根据加速度反应谱和位移反应谱关系，得出水平位移减震性能指数见公式 (14)。

$$R_{\mathrm{F}} = \frac{F_{\mathrm{Ek}}^{'}}{F_{\mathrm{Ek}}} \approx \left(\frac{K_{\mathrm{sys}}}{K_0}\right)^{0.45}(1+\frac{0.05-\zeta_{\mathrm{sys}}}{0.08+1.6\zeta_{\mathrm{sys}}}) = \left(1+\frac{K_{\mathrm{d}}}{K_0}\right)^{0.45}\left\{1-\frac{0.92}{\frac{0.32}{\eta_{\mathrm{d}}}[1+1/(K_{\mathrm{d}}/K_0)]+1.472}\right\} \tag{11}$$

$$R_{\mathrm{D}} = \left(\frac{T_{\mathrm{sys}}}{T_0}\right)^{2}R_{\mathrm{F}} = \frac{K_0}{K_{\mathrm{sys}}}R_{\mathrm{F}} \approx \left(1+\frac{K_{\mathrm{d}}}{K_0}\right)^{-0.55}\left\{1-\frac{0.92}{\frac{0.32}{\eta_{\mathrm{d}}}[1+1/(K_{\mathrm{d}}/K_0)]+1.472}\right\} \tag{12}$$

根据式 (11) 和式 (12) 可以绘制出不同耗能因子 η_{d} 情况下水平地震力减震性能指数及水平位移减震性能指数与 K_{d}/K_0 的关系。由图 5 和图 6 可知，在结构中增设一定量的黏弹性阻尼器可以有效减小结构的位移和剪力，但使用过多的阻尼器，位移降低效率减小，且剪力会出现上升趋势，并且耗能因子 η_{d} 越小，剪力的上升趋势越明显。

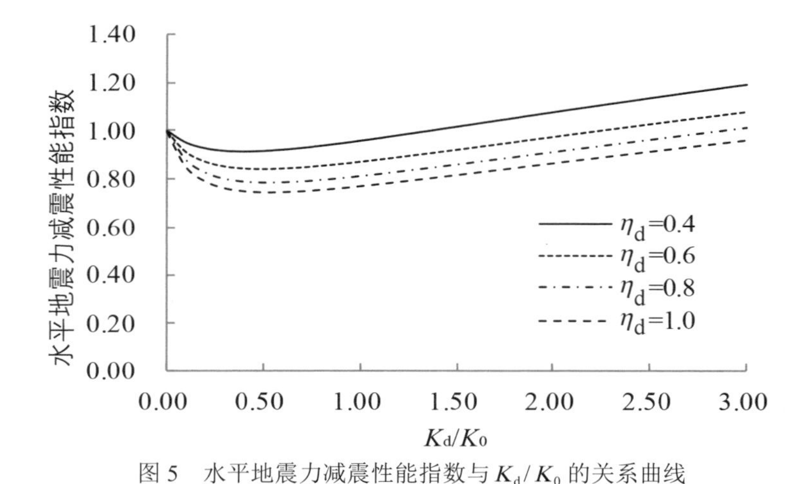

图 5　水平地震力减震性能指数与 K_{d}/K_0 的关系曲线

图 6　水平位移减震性能指数与 $\mathrm{K_d}/\mathrm{K_0}$ 的关系曲线

对于 TRC 阻尼器，其等效刚度及等效阻尼与黏弹性体的面积、剪应变及自振频率有关。

黏弹性体面积及自振频率一定时，可以建立减震后的剪应变与水平位移减震性能指数及层间位移角的关系。

$$\gamma_i = \frac{\Delta u_i}{d} = \frac{R_D \Delta u_{0imax}}{d} = R_D \frac{\theta_{0imax} H_i}{d} \tag{13}$$

$$R_D \theta_{0max} \leq [\theta_{max}] \tag{14}$$

式中：γ_i、d 为 TRC 阻尼器黏弹性体的剪应变及厚度；Δu_{0imax} 为原结构最大变形；H_i 为层高；θ_{0imax} 为原结构最大位移角；$[\theta_{max}]$ 为不同地震水准下最大位移角控制目标。

通过对增设 TRC 阻尼器减震结构剪应变不断迭代，得到不同地震水准下结构最大位移角与 TRC 黏弹性体面积的关系（图 7、图 8）。

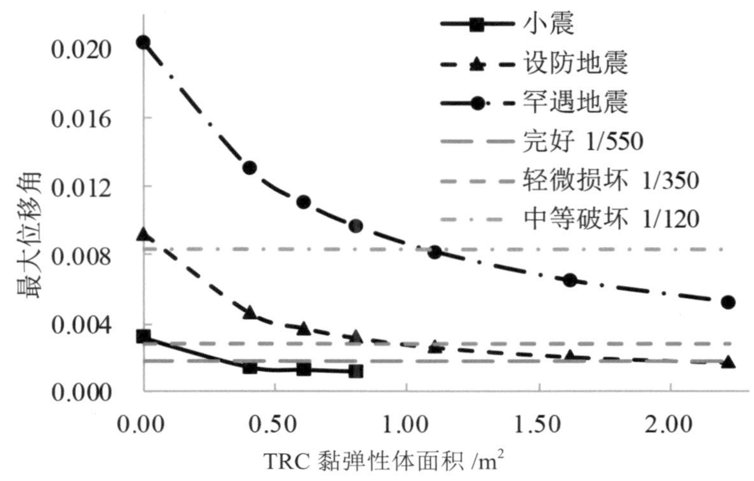

图 7　*X* 向最大位移角与黏弹性体面积的关系曲线

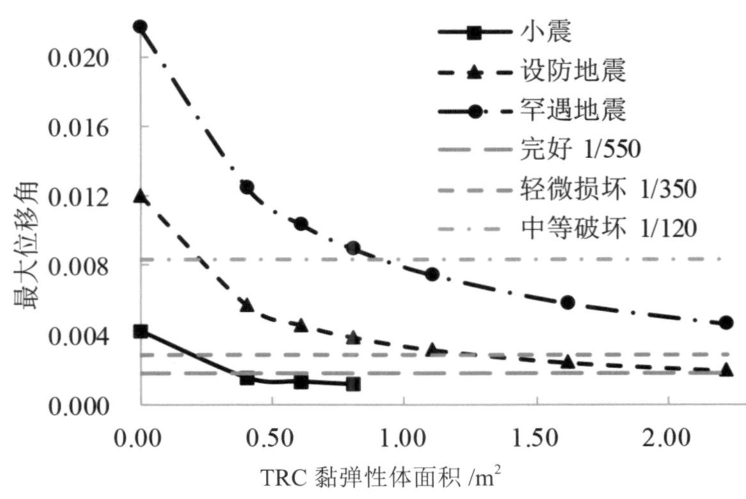

图 8　*Y* 向最大位移角与黏弹性体面积的关系曲线

增设 TRC 阻尼器后，主体结构在小震、设防地震、罕遇地震作用下达到位移角控制目标，需要最小黏弹性体面积下表。因此选用 TRC1900C 可满足预期目标。罕遇地震作用时，单个 TRC1900C 阻尼器提供的附加刚度在 *X* 向 / *Y* 向分别为 79 197 kN/m、86 194 kN/m，提供的等效阻尼系数在 *X* 向 / *Y* 向分别为 9 470 kN·s/m、1 0249 kN·s/m，阻尼器提供附加阻尼比在 *X*

向 /*Y* 向分别 0.24、0.27。

变形控制目标对应最小黏弹性面积

地震水准	*X* 向最小黏弹性体面积 / m^2	*Y* 向最小黏弹性体面积 / m^2	位移角限值
小震	0.3	0.3	1/550
设防地震	1.0	1.2	1/350
罕遇地震	1.1	1.0	1/120

（6）抗震性能目标验证

为验证底部剪力法简化计算减震性能方法的可靠性，本书采用分析软件 Midas-Gen 对增设 TRC1900C 阻尼器减震结构进行抗震性能验算，分析模型见图 9，其中框架梁与柱连接处定义为铰接。增设 TRC 阻尼器后，结构刚度明显提高，自振周期减小。

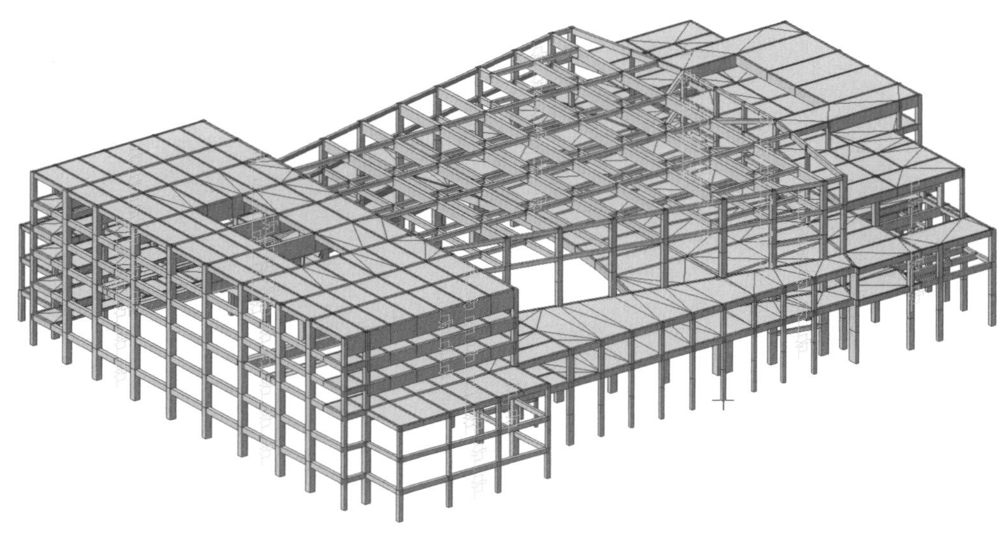

图 9　分析模型

模态分析

模型	周期 /s			周期比
	第 1 阶 (*Y* 向)	第 2 阶 (*X* 向)	第 3 阶 (扭转)	
原结构	1.6028	1.5028	1.3169	0.82
增设 TRC1900C 后	1.2388	1.0498	0.9292	0.75

注：周期比为第 1 阶扭转周期与第 1 阶平动周期比值。

不同地震作用下结构的层间位移角，均为时程分析的均值结果。分别以 *X* 向、*Y* 向作为主激励方向时，结构在各地震用下的时程分析最大层间位移角见下表。

最大层间位移角结果

地震水准	*X* 向	*Y* 向
小震	1/1245	1/1261
设防地震	1/489	1/420
罕遇地震	1/154	1/173

主体结构在多遇地震作用下保持完全弹性，水平位移减震性能指数在 *X*，*Y* 向分别为 0.25，

0.19，层间位移角远小于规范限值 1/550；在设防烈度地震作用下，水平位移减震性能指数在 X，Y 向分别为 0.22，0.20，层间位移角小于位移控制目标 1/350，说明主体结构基本完好，免于修复；在罕遇地震作用下，水平位移减震性能指数在 X，Y 向分别为 0.32，0.27，层间位移角小于位移控制目标 1/120，说明主体结构不发生严重破坏，不至于发生严重的倒塌。主体结构在不同地震水准下的水平位移减震性能指数与公式 (12) 趋于一致（图 10）。

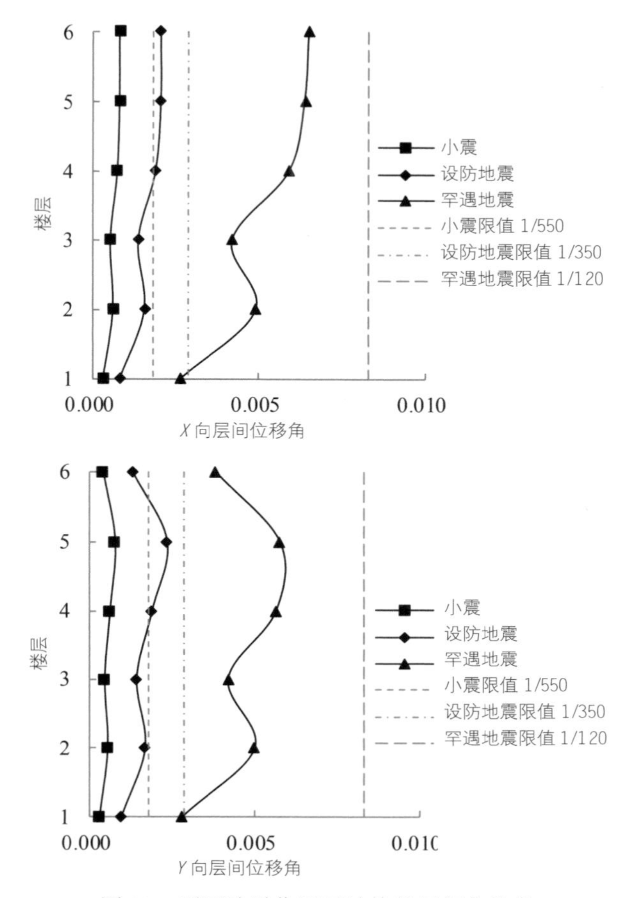

图 10　不同地震作用下结构的层间位移角

在预期性能目标下，需要对 TRC 阻尼器的最大剪力进行复核，以确保阻尼器不发生破坏。罕遇地震作用下，TRC 阻尼器最大剪力为 1 820 kN，小于最大载荷 1 900 kN，阻尼器滞回曲线较为饱满，可见阻尼器耗能能力较强（图 11）。

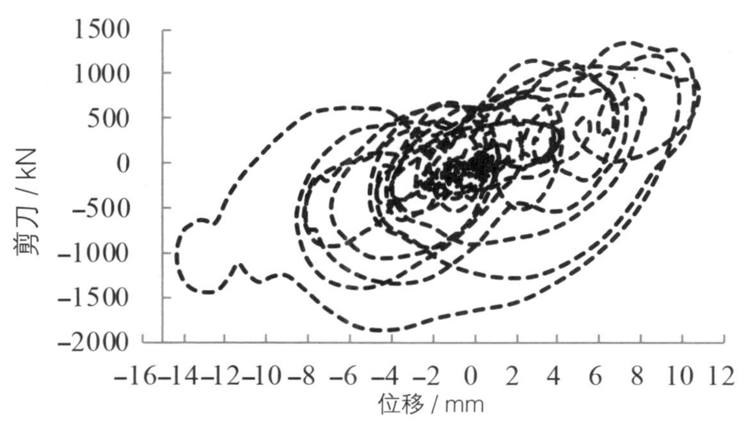

图 11　TRC 阻尼器剪力与位移曲线

罕遇地震作用下，图 12 给出了 TRC 阻尼器黏弹性体剪应变时程曲线，黏弹性体剪应变最大值为 1.7，小于限值 3，说明 TRC 阻尼器处于较好工作状态，不会出现因反复加载而导致性能明显下降。

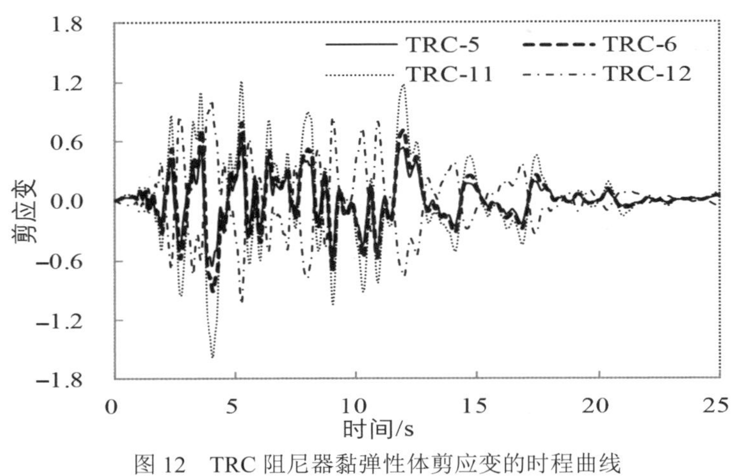

图 12　TRC 阻尼器黏弹性体剪应变的时程曲线

罕遇地震作用下，根据结构能量耗散分布。其中结构模态阻尼耗能占比为 30.13%，构件塑性耗能占比为 0.50%，TRC 阻尼器耗能占比为 66.87%，说明 TRC 阻尼器参与主要耗能，构件塑性耗能较小，避免主体结构发生严重破坏（图 13）。

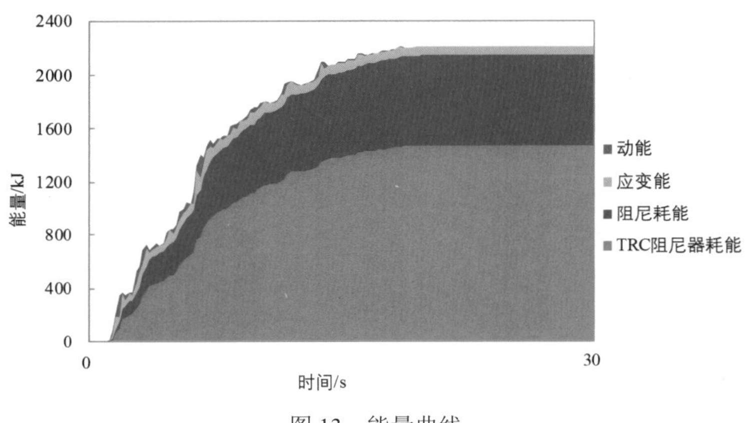

图 13　能量曲线

罕遇地震作用下主要构件损伤及性能水平，混凝土梁、柱未发生严重破坏，未出现局部倒塌或危及整体安全的损伤，主体结构进入塑性程度低，TRC 阻尼器基本保持弹性（图 14）。

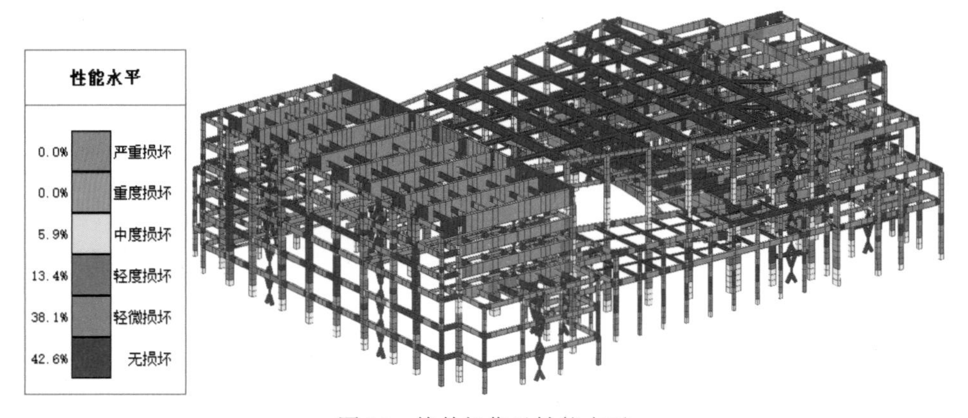

图 14　构件损伤及性能水平

结构安全性加固

（1）混凝土梁、柱加固

对于除消能子结构以外的其他混凝土梁、柱构件，当构件承载力不满足要求时，采用外包钢进行加固（图 15~ 图 20）。外包钢主要优点是原构件截面尺寸增加较小，而构件承载力可大幅度提高，加固后原构件混凝受到外包钢约束，延性得到改善。

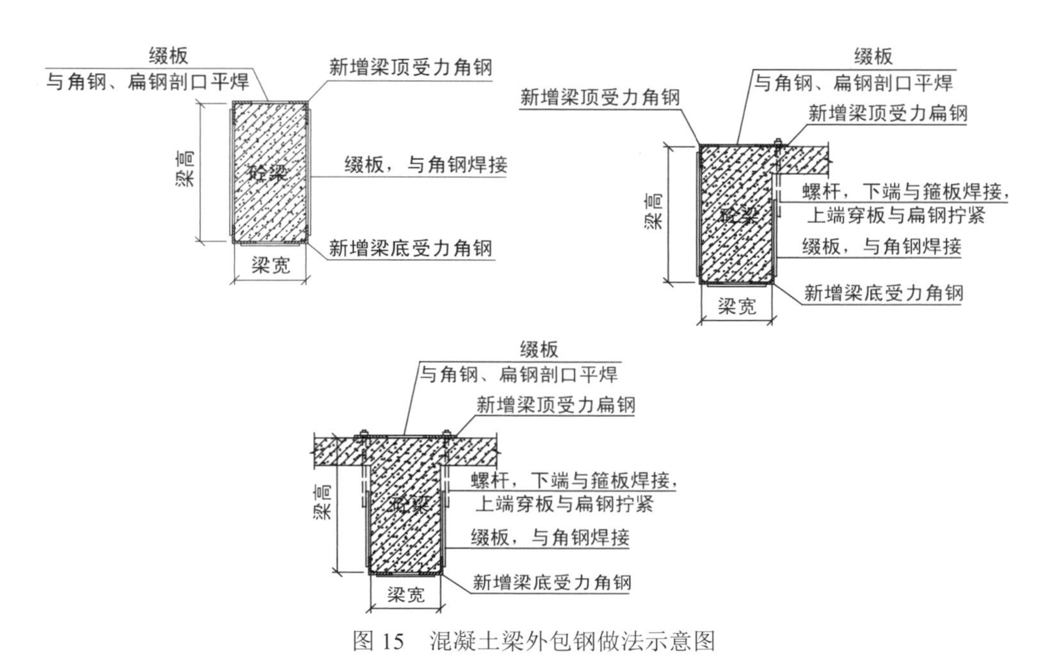

图 15　混凝土梁外包钢做法示意图

图 16　混凝土中柱外包钢做法示意图

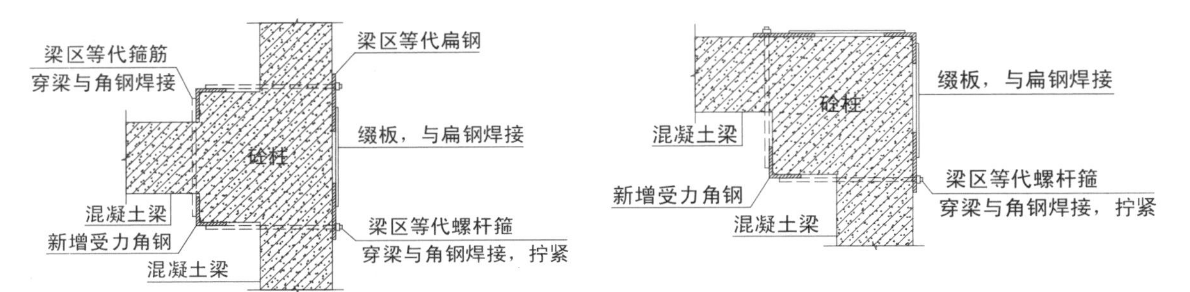

图 17　混凝土边柱、角柱外包钢做法示意图

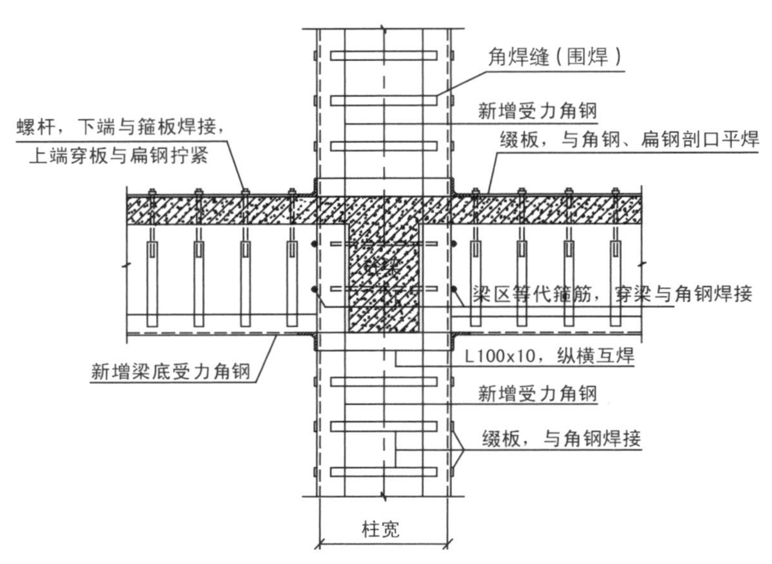

图 18　梁柱外包钢节点做法示意图

图 19　框架梁柱外包钢现场照片

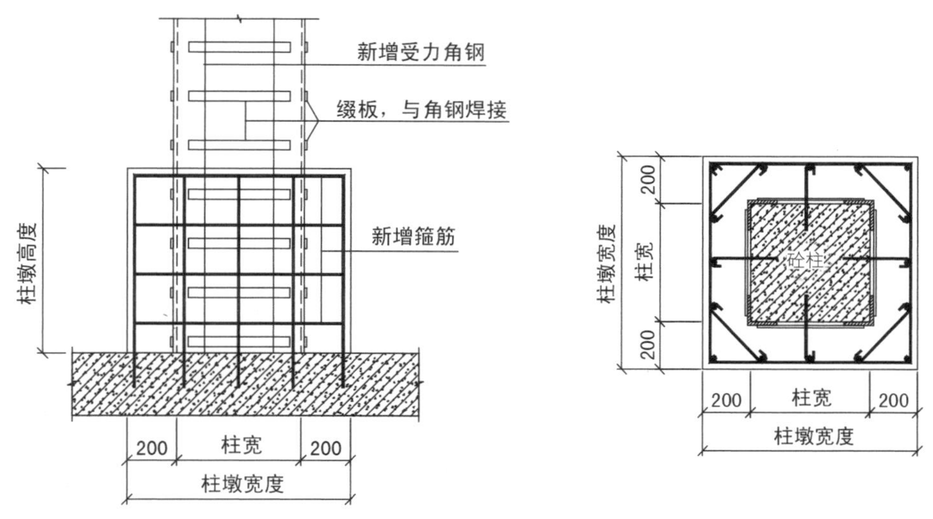

图 20　砼柱外包钢预埋件做法示意图

（2）混凝土板加固

对于部分楼板承载力不满足要求时，采用在楼板跨中新增钢梁的方法减小板跨度，以大幅度提高板承载能力。对于两端简支的单向板，板的跨中最大弯矩与跨度的平方成正比。如果跨度减小一半，板底部最大弯矩则仅为原来最大弯矩值的 1/4；若在楼板板底钢筋一定的情况下，楼板的承载能力则提高 4 倍。因此，对于混凝土板，可采用板跨中新增钢梁的方案来大幅度提高板的承载力，且造价低，对原结构干预小（图 21）。

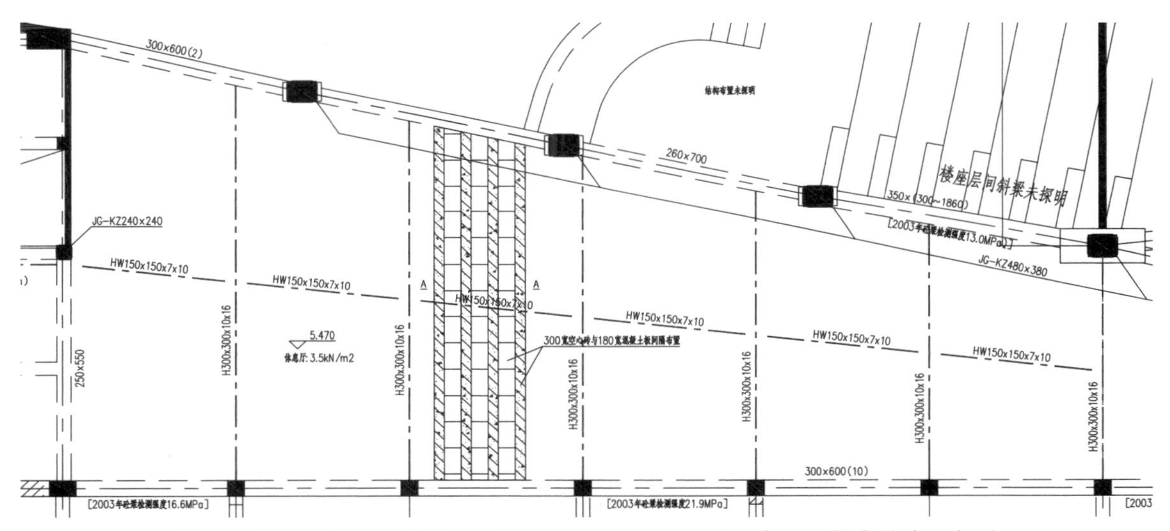

图 21　东西侧走廊空心板——板跨中新增钢梁大幅度提高板承载力做法示意图

（3）楼座组合钢桁架

原楼座内组合桁架结构构造复杂，楼座内悬挑大梁钢筋无法探明，楼座混凝土悬挑梁与组合桁架连接也无法探明，组合桁架与两侧混凝土柱连接亦无法探明。目前受检测技术水平限制，要探明情况则会对原结构破坏较大，有较大安全隐患。本次修缮未对楼座做结构性加固，建议后期限制使用，限制上人荷载，避免对文物结构进行过度干预，待有合适的无损检测手段再对楼座结构做全面检测（图 22）。

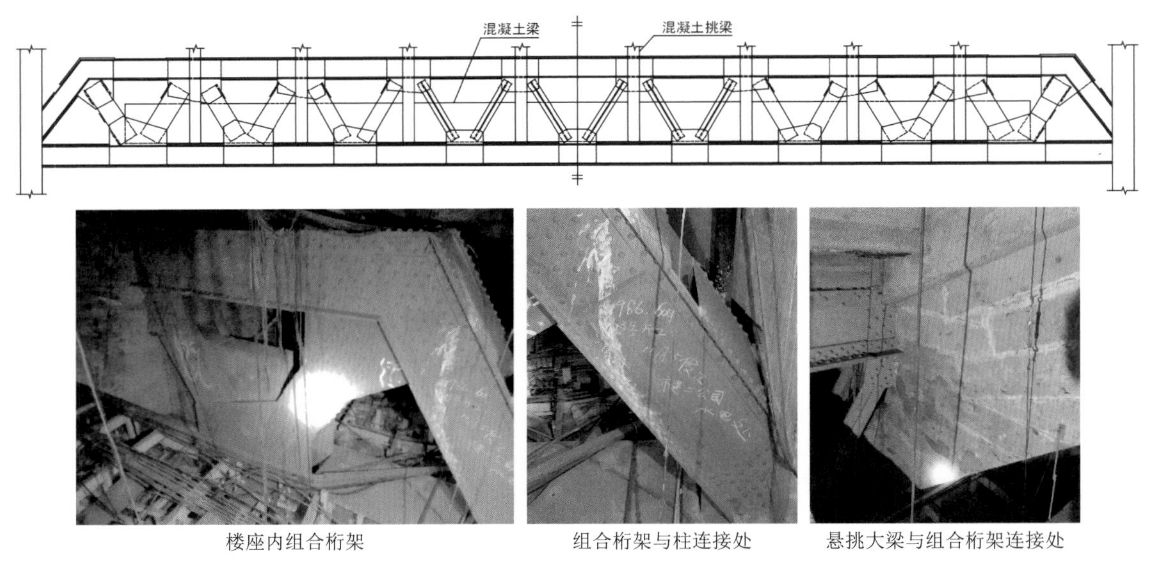

楼座内组合桁架　　组合桁架与柱连接处　　悬挑大梁与组合桁架连接处

图 22　楼座组合钢桁架示意图

（4）钢屋架

原钢屋架考虑下弦预应力拉杆的承载力满足要求，因此不再对钢屋架进行加固。而周边支撑钢屋架的混凝土柱之间未设置梁进行拉结，未提高整体钢屋架的整体性，对支撑钢屋架的混凝土柱之间增设钢梁（图 23、图 24）。

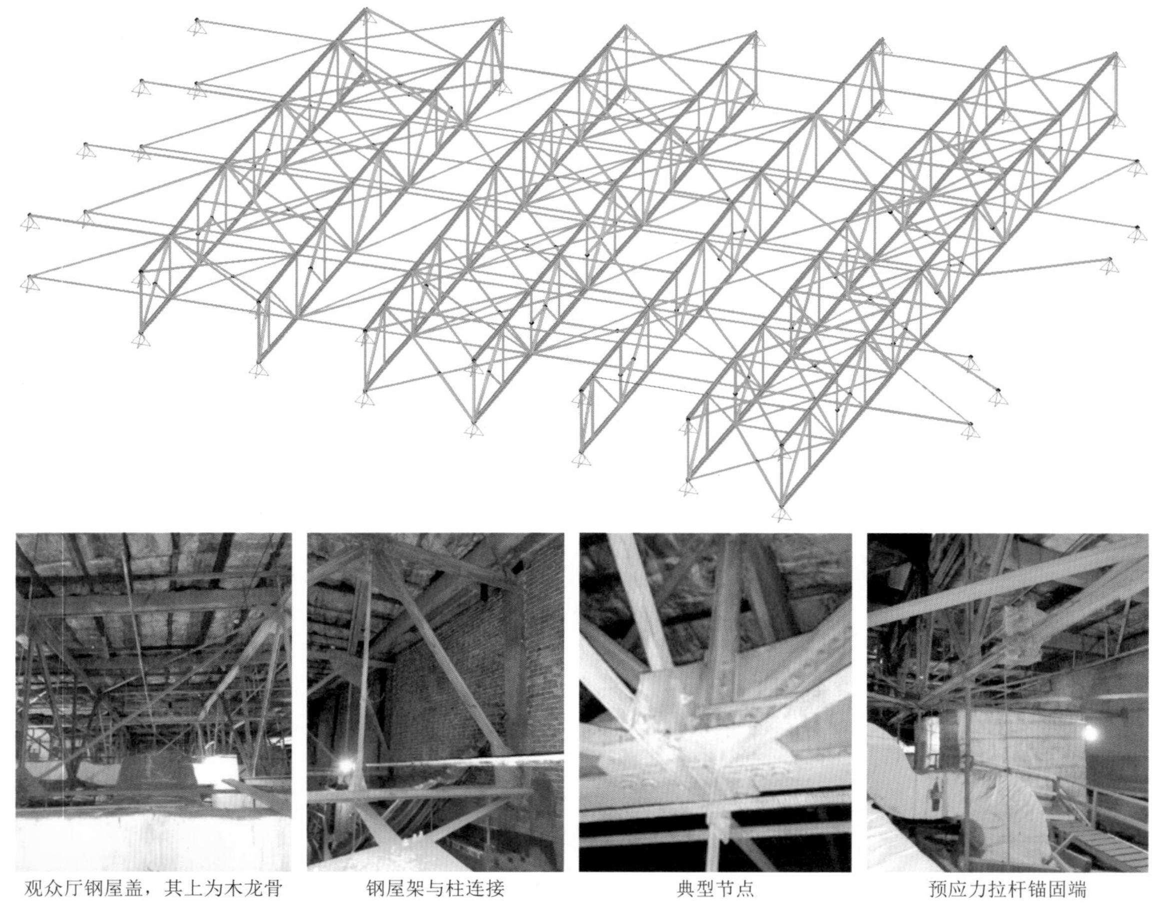

观众厅钢屋盖，其上为木龙骨　　钢屋架与柱连接　　典型节点　　预应力拉杆锚固端

图 23　钢屋架示意图

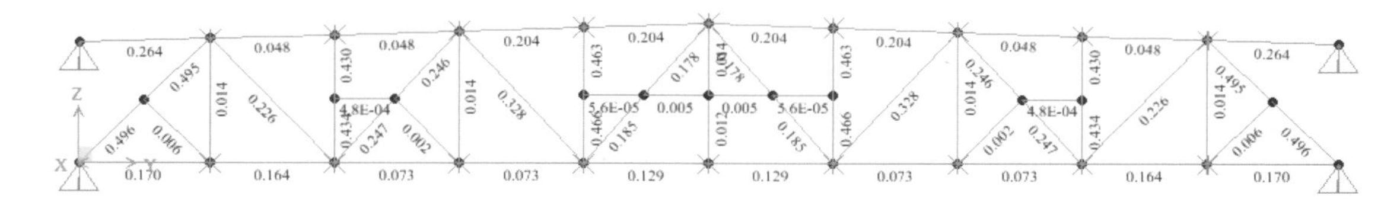

图 24　钢屋架杆件应力比

周边支撑钢屋架的混凝土柱之间未设置梁进行拉结，为提高钢屋架的整体性，对支撑钢屋架的混凝土柱之间增设钢梁（图 25）。

图 25　支撑钢屋架的混凝土柱之间增设钢梁现场照片

（5）钢屋架两侧砖砌耳房加固

国民大会堂主体结构两侧耳房加建于 1947 年，砖砌，砂浆及砖强度等级低，采用 60 mm 厚 C30 钢筋混凝土面层对墙体进行加固，以提高墙体的承载能力及耐久性（图 26、图 27）。

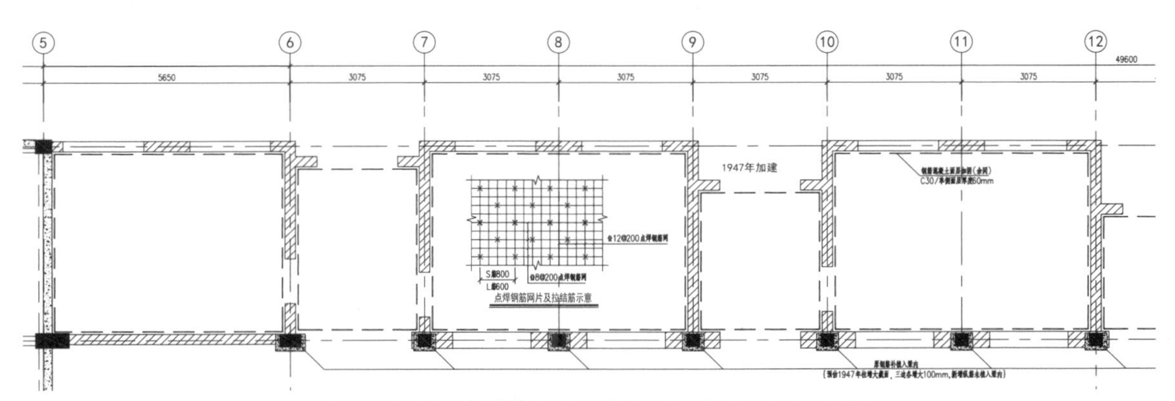

图 26　东侧耳房墙体钢筋混凝土面层加固平面示意图

图 27　耳房墙体钢筋混凝土面层加固现场照片

（6）混凝土及钢筋缺陷修复

对原结构混凝土出现疏松、破损、严重碳化等缺陷应进行修复处理。首先清理缺陷部位至坚实基层，并清洁干净，经洒水充分浸润后采用修补砂浆进行修复。对于大体积缺陷，采用灌浆料浇筑进行修复。出现露筋、钢筋锈蚀等现象，应首先清除钢筋周边破损混凝土，对钢筋进行除锈和清洁处理，再采用聚合物砂浆进行修复。混凝土保护层不足时应对保护层进行修复（图 28）

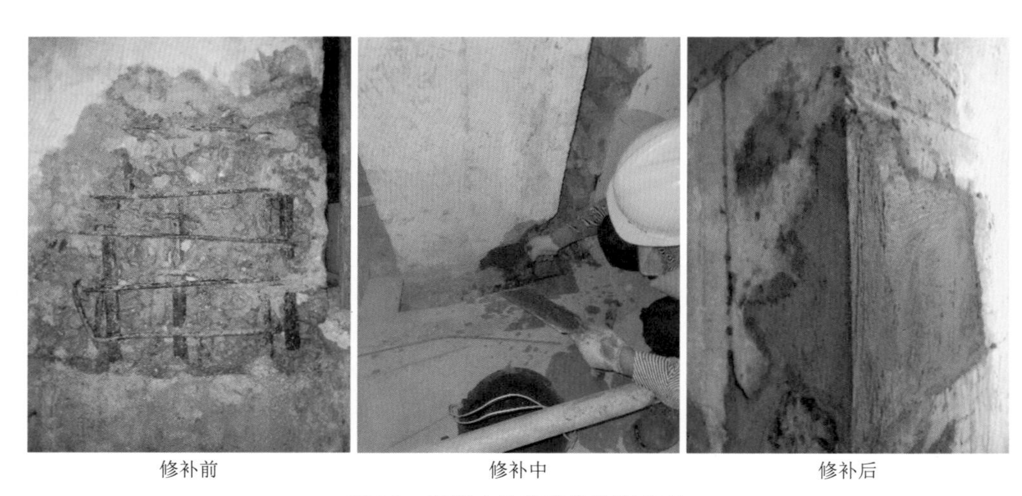

修补前　　修补中　　修补后

图 28　混凝土缺陷修补现场照片

基础加固

原主体结构采用外包钢加固，整体结构自重增加不超过 10%，新增 TRC 阻尼器后，除消能子结构外，地震力作用下框架柱柱底内力均有所减小，基础反力未明显增加。而消能子结构承担主要地震力作用，柱底内力显著增大，为提高其基础承载力，对基础底部增设锚杆静压桩。锚杆静压桩采用钢管桩，钢管采用 Q345B 热轧无缝钢管∅ 273X8，自拌 C20 混凝土填芯，不设置桩尖，桩长不小于 40 m，单节桩按 2.0~3.0 m 控制。

锚固静压桩压桩示意图见图 29。压桩采用双控，压桩力应达到规定值且必须进入持力层，压桩施工应对称进行。在同一个基础上，不应数台压桩机同时加压施工。压桩力总和不得超过既有建筑物的自重，以防止基础上抬造成结构损坏。压桩施工时，施工单位应根据工程布桩和周围环境具体条件，合理安排沉桩顺序，必要时控制沉桩速率，每分钟不得超过 1 m，减小沉桩对原地基基础的影响。压桩力应根据设计要求的单桩容许承载力确定，对触变性土（黏性土），压桩力可取 1.3~1.5 倍单桩容许承载力，根据压桩力选定相应的压桩设备和锚杆规格。桩尖应达到设计深度，且压桩力不小于设计单桩承载力 1.5 倍时的持续时间不少于 5 min 时，可终止压桩。封桩前应凿毛和刷洗干净桩顶桩侧表面，并涂混凝土界面剂，压桩孔内封桩应采用 C35 微膨胀混凝土，封桩可采用不施加预应力的方法或施加预应力的方法。封桩是整个压桩施工中的关键工序之一，封桩施工流程框图见《混凝土结构加固构造》（08SG311-2）。封桩混凝土，包括桩帽混凝土应采用微膨胀早强混凝土，其配合比参见《混凝土结构加固构造》（08SG311-2），坍落度为 20~40 mm。

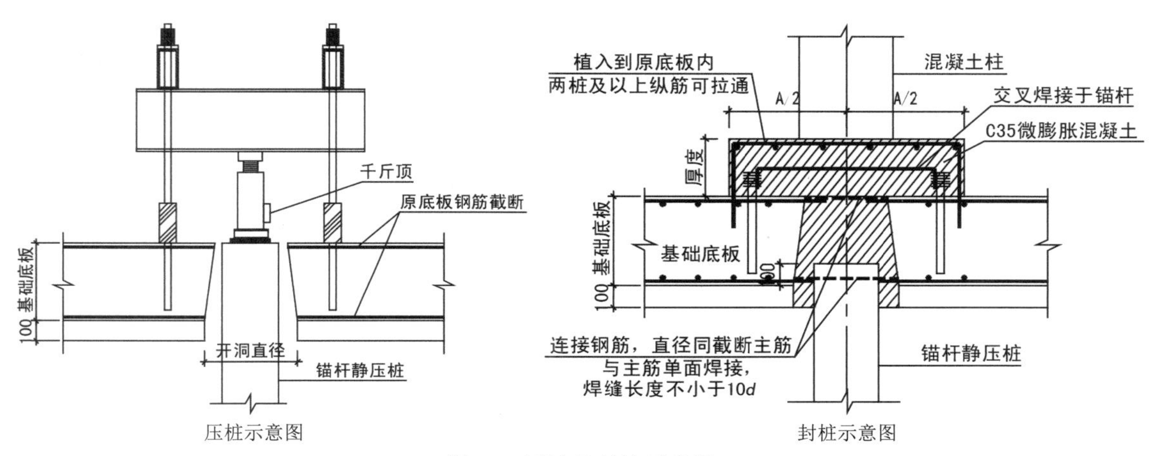

图 29　压桩及封桩示意图

对建筑物进行竣工验收时，地基沉降检测值可按本条执行：最后一次检测的平均沉降速度不大于 0.10 mm/d，倾斜度不超过 0.004。建议竣工验收前三天一测，竣工验收后一周一测。建筑物是否进入沉降稳定阶段，对于软地层二级多层以 0.02~0.04 mm/d 为稳定阶段标准。当符合竣工验收沉降量和沉降速度的标准后，但尚未达到建筑稳定标准时，应继续进行沉降检测。

结论

通过对南京大会堂采用壁式黏弹性阻尼器加固技术的抗震性能进行分析，得到以下几点结论。

（1）近代建筑由于建造时技术能力的限制，综合抗震能力均较低，不满足现行相关技术规范的要求，一般均需对原结构进行整体抗震加固。

（2）壁式黏弹性阻尼器加固既有多层建筑，可采用底部剪力法对阻尼器参数进行简化的优化分析。根据不同变形控制目标，可较为便捷地确定阻尼器技术参数，并通过时程分析方法确认其合理性。

（3）壁式黏弹性阻尼器对主体结构提供等效刚度和等效阻尼，提高结构的整体抗震性能，减小加固工作量，对优秀历史建筑干预小、可逆，布置灵活，可作为近代优秀建筑抗震加固的有效方式之一。

（三）设备专业

在勘察设计阶段，该建筑的各设备场正常使用，运行良好。演出设备、安防、防雷系统无调整。消防系统根据2017年江苏省建筑设计研究院有限公司已经完成的消防改造工程设计，须在观众厅内增加4台自动扫描射水高空水炮灭火装置，并在台口增加防火幕布和水幕。该设计已由消防部门审批通过，因涉及文物保护单位暂未实施。拟增加的消防设施为继续使用提供了安全保障，并未影响文物建筑的核心价值。

（补充说明：修缮方案审批通过后，使用单位在文物保护和修缮方案的控制要求下，对舞台设备、消防系统、部分房间室内装修、观众厅座席等专项补充或深化设计。以上增项在修缮工程同时实施。在施工阶段，施工单位根据工程前期排查情况，结合屋顶、女儿墙部分措施要求，增加了原有防雷设施的检查和做部分更换。）

五、修缮做法表及施工技术要求

（一）修缮做法表

不上人保温屋面

序号	构件名称	维修项目	材料及做法	备注
1	屋面	揭除保护层，检查防水层	原保护层为20mm厚1∶3水泥砂浆，揭除时尽可能不破坏下层防水卷材。原防水卷材为再生胶油毡防水层，揭除后卷材做试水试验（雨后观察、淋水或蓄水试验）。 任意1m^{2}范围内漏点多于2处，即应标记为该范围内防水层局部失效。单一屋面的总漏水点数量/屋面面积大于0.5个/m^2，即应标记该屋面的防水层整体失效。 前厅东西侧低屋面、前厅中部内院、西侧台屋面不做上述标记工作，如有漏点即计作防水层失效。 揭除局部或整体失效的防水层	
		揭除找平层，检查保温层，更换失效保温层	屋面下方的顶棚粉刷层有起皮、剥落现象的区域，对应位置的屋面须揭除至保温层。 防水层以下原为20mm厚1∶2.5水泥砂浆找平层，原保温层为80mm厚树脂珍珠岩块材保温层。揭除范围由失效保温块材大小决定。保温层表面手触有潮湿感即为失效。前厅东西侧低屋面、前厅中部内院、西侧台屋面如存在保温层失效，则须全部揭除。更换保温层仍使用80mm厚树脂珍珠岩块材，更换部位重做20mm厚1∶2.5水泥砂浆找平层	找坡层和找平层施工 板状材料保温层施工
		修复防水卷材	局部修补防水层仍用再生胶油毡，单一屋面整体重铺防水卷材用3mm+3mm改性沥青防水卷材。 局部修补前应查明原有防水卷材铺法、搭接缝，根据施工规范要求逐一制定修补施工方案	卷材防水层施工
		重做保护层	原保护层为20mm厚1∶3水泥砂浆，改作40mm厚C20细石砼	细石混凝土保护层施工

续表

序号	构件名称	维修项目	材料及做法	备注
2	女儿墙及压顶	揭除抹灰，重做基层找平	揭除女儿墙内侧抹灰至墙体。揭除高度自防水层300 mm，不足300 mm的揭除至压顶顶面。顶面揭除的平面宽度视不同部位而定，东西廊一层屋面揭除压顶全部顶面，其余揭除至1/2处。 女儿墙内侧及压顶顶面做20 mm厚1：2.5水泥砂浆找平层。在防水卷材层的基层与突出屋面结构的交接处，找平层应做成圆弧形，且应整齐平顺，圆弧半径50 mm	
		重铺女儿墙泛水处的防水卷材	泛水处的防水层增设附加层，附加层在平面的宽度300 mm（如遇天沟，天沟的附加防水层平面内宽度与此处分别计算，不得合并附加层）。防水卷材与屋面选用卷材相同。 防水层和附加层沿墙上翻300 mm，不足300 mm的铺贴至压顶顶面的外口或1/2处。卷材收头用金属压条钉压固定，并用密封材料封严	
		恢复揭除位置的保护层	清理防水卷材表面，清除表面残留物，涂刷界面剂。12 mm厚1：3水泥砂浆打底扫毛或划出纹道。6 mm厚1：2.5水泥砂浆面层。 泛水处的保护层同屋面保护层，用细石混凝土。 恢复的压顶向内排水，坡度5%，压顶内侧下端做滴水处理	
		增加金属压顶	内院东、南、西三面墙顶的压顶增加成品浅灰色铝板压顶。 压顶向内排水坡度5%，宽度向内院方向伸出100 mm。铝板压顶的内外侧做滴水处理。铝板内支架用不锈钢10 mm方钢，膨胀螺栓固定于原压顶表面	
3	天沟及水落口	揭除天沟至找坡层，调整沟内纵坡及水落口附近坡度	揭除同时取出原有水落口。 清理基层后应核算排水坡度。1：2.5水泥砂浆找坡，水落口周围直径500 mm范围内坡度不小于5%。 天沟处防水层增设附加层，附加层伸入屋面的宽度为500 mm。防水层和附加层上翻高度为300 mm，不足300 mm的铺贴至压顶顶面的外口或1/2处。卷材收头用金属压条钉压固定，并用密封材料封严。 水落口处的防水层以下涂刷高聚物改性沥青防水涂料。防水层和附加层伸入杯内50 mm，并黏结牢固。 水落口的金属配件应做防锈处理	

铝板屋面

序号	构件名称	维修项目	材料及做法	备注
1	天沟及其旁侧的女儿墙及压顶（观众厅东西墙、舞台南墙）	拆解铝板天沟	拆除天沟及水落口。编号拆除天沟边距离最近的整片铝板，铝板如能弯折并整形复位可不卸下	
		揭除抹灰，重做基层找平	揭除女儿墙内侧抹灰至墙体。揭除高度自防水层300 mm，不足300 mm的揭除至压顶顶面。顶面揭除至1/2处。 女儿墙内侧及压顶顶面做20 mm厚1：2.5水泥砂浆找平层。在防水卷材层的基层与突出屋面结构的交接处，找平层应做成圆弧形，且应整齐平顺，圆弧半径为50 mm	
		调整沟内纵坡及水落口附近坡度	清理基层后应核算排水坡度。1：2.5水泥砂浆找坡，落水口周围直径500 mm范围内坡度不小于5%。 水落口处的防水层以下涂刷高聚物改性沥青防水涂料	
		重铺天沟处防水卷材	天沟处防水层增设附加层，附加层伸入屋面的宽度为500 mm。防水层和附加层上翻高度为300 mm，不足300 mm的铺贴至压顶顶面的1/2处。卷材收头用铝板天沟上翻边钉压固定，并用密封材料封严。防水卷材与屋面选用卷材相同	

续表

序号	构件名称	维修项目	材料及做法	备注
1	天沟及其旁侧的女儿墙及压顶（观众厅东西墙、舞台南墙）	恢复铝板天沟、水落口	重做铝板天沟，靠墙一侧铝板沿墙上翻至压顶顶面的1/2处，一并钉压固定卷材收头并用密封材料封严。 另做水落口，与天沟相接边口焊接，水落口的金属配件应做防锈处理。焊缝及配件部位涂刷防水涂料	
		恢复压顶	12 mm 厚 1∶3 水泥砂浆打底扫毛或划出纹道。6 mm 厚 1∶2.5 水泥砂浆面层。 恢复的压顶向内排水，坡度 5%，压顶内侧下端做滴水处理	
2	无天沟的女儿墙	增补铝板泛水板	核查观众厅屋面的南北墙、观众厅阶梯形屋面的高低处、舞台屋面东西墙，不满足以下要求的重做泛水板。 浅灰色 0.5 mm 厚铝板泛水板，与铝板屋面搭盖宽度为 2 波，边口沿波面弯折宽度 80 mm，在波峰处用拉铆钉连接并涂刷防水涂料。泛水板上翻高度 250 mm 或至压顶内侧底部，上边口用水泥钉固定并密封材料封口。上边口用同型号铝板做 120 mm 宽的盖板，盖板用水泥钉固定并密封材料封口	
3	铝板屋面	排查修补	重点检查搭接部位、固定位置，易漏水部位涂刷防水涂料。 检修中须注意保护，防止踩踏变形	

墙面

序号	构件名称	维修项目	材料及做法	备注
1	外墙面	泛碱清洗	选用专用泛碱清洗剂，根据产品具体使用方法，结合以下内容确定做法。由于泛碱现象严重程度不一，某些严重发白的部位如之前采用过强酸型清洗剂，则不可能完全恢复至原状。对于这些部位，清洗效果不求焕然一新，只要求在保证表面完整无损的前提下尽可能除去污渍即可。 区分泛碱部位是否使用过其他清洗产品，选用不同型号的泛碱清洗剂。对于不能确定污渍种类的泛碱部位，应先做局部试验。 污渍较厚时，可以先用铲子铲去表面部分，但应严格注意保护原表面。 使用清洗剂之前，表面必须先用清水润湿，用硬毛刷蘸取清洗剂洗刷，泛碱严重需要多次刷洗。用泛碱清洗剂洗完后必须用清水冲净。 如果之前采用草酸或盐酸清洗的部位，即表面流挂现象较为严重，可反复多次清洗，清水冲净后可结合专用泛碱清洗剂的配套产品做防渗处理。 如果之前某些强酸 W 型产品清洗过的部位，即表面严重发白，由于不可能完全洗净，故应避免过度清洗损伤表面	厂家提供施工技术要求，并由设计人员确认
		水痕污渍清洗	软毛刷蘸清水洗刷	
		裂缝修补	缝宽大于 0.5 mm 的用水泥砂浆修补，修补前清除表面残留物，缝口清水淋湿，灌浆填平。缝宽小于 0.5 mm 的不做处理	

续表

序号	构件名称	维修项目	材料及做法	备注
2	内墙面	局部空鼓修补	旧灰铲净，边缘留斜茬。 原抹灰层总厚度大于等于 20 mm 的，先做 1∶2.5 水泥砂浆找平层，厚度为原抹灰层厚度扣除面层构造厚度（水泥拉毛墙面扣除 15 mm，涂料墙面扣除 10 mm）。如水泥砂浆找平层厚度大于 20 mm 须增加配钢筋网片。然后扩大边缘处的表层抹灰层宽度 150 mm，先钉 300 mm 宽金属网，后修补面层。原抹灰层总厚度小于 20 mm 的，钉 300 mm 宽金属网，修补面层。 原面层为水泥拉毛墙面，刷素水泥浆一道（内掺建筑胶），9 mm 厚 1∶0.5∶3 水泥石灰膏砂浆打底扫毛或划出纹道，5 mm 厚 1∶0.5∶2.5 水泥石灰膏砂浆找平，石膏拉毛，与周边墙面同色涂料饰面。 原面层为白色涂料墙面，刷素水泥浆一道（内掺建筑胶），8 mm 厚粉刷石膏砂浆分层打底分遍抹平，2 mm 厚面层耐水腻子分遍刮平，涂料饰面	
		粉刷层裂缝修补	粉刷层扩缝铲净，宽度为 100 mm。做法同上	
		粉刷层起皮修补	清除表层。 原面层为水泥拉毛墙面，刷素水泥浆一道（内掺建筑胶），9 mm 厚 1∶0.5∶3 水泥石灰膏砂浆打底扫毛或划出纹道，5 mm 厚 1∶0.5∶2.5 水泥石灰膏砂浆找平，石膏拉毛，与周边墙面同色涂料饰面。 原面层为白色涂料墙面，刷素水泥浆一道（内掺建筑胶），8 mm 厚粉刷石膏砂浆分层打底分遍抹平，2 mm 厚面层耐水腻子分遍刮平，涂料饰面	

楼地面（含楼梯间梯段、平台）

序号	构件名称	维修项目	材料及做法	备注
1	楼面	实木楼面保养	检修维护，上蜡保护	
		复合木地板楼面修补	修补、补配。如防潮垫破损，房间内地板重铺	
		水磨石楼面裂缝修补	缝宽大于等于 0.5 mm 的，水泥砂浆填缝抹平，填缝前清理。小于 0.5 mm 的不做处理。 如楼面另有结构加固措施，则另定做法	
		其他楼面检查	检查卫生间、储藏室等房间内楼面，如遇发现残损随时报设计人员，另补做法	
2	地面	水磨石地面裂缝修补	前厅范围内，包括观众厅南墙面 3 樘门门洞地面处的裂缝，修补做法同上。 东西廊一层地面裂缝尚需观测。如至施工开始仍无扩大情况，修补做法同上。如存在地面沉降问题，则拟采用 1986 年重做前厅地面及垫层的做法，即揭除至垫层，重做配筋砼垫层后恢复水磨石地面	
		其他地面检查	检查卫生间、储藏室等房间内楼面，如发现残损随时报设计人员，另补做法	

顶棚

序号	构件名称	维修项目	材料及做法	备注
1	涂料顶棚	起皮、剥落修补	旧灰铲净，素水泥浆一道甩毛（内掺建筑胶），6 mm 厚粉刷石膏打底找平木抹子抹毛面，2 mm 厚面层专用粉刷石膏罩面压实赶光，涂料饰面	
2	其他顶棚	检修保养	核查卫生间、西侧台贵宾室、前厅二层中会议室等特殊顶棚的房间，如遇残损随时报设计人员，另补做法	

门窗

序号	构件名称	维修项目	材料及做法	备注
1	外钢窗	补配玻璃、五金件	钢窗把手仅存原物 2 处，检查铰链等其他配套五金件，拆下原物妥善保管。 并按原物定制，按所需总数的 2 倍定制，除补配使用外，其他配件统一存放留作日常维护配用	
		钢结构重做油漆	窗扇拆下，卸下玻璃、把手、铰链等，仔细编号并妥善存放。 窗框钢构件刮去漆面，重新做合成树脂磁漆（醇酸磁漆），颜色与原栗色相同。此项施工前须经设计人员再次确认。油漆做法为：清理基层除锈等级不低于 Sa2 或 St2.5 级，刷防锈漆两遍，满刮腻子、磨平，涂磁漆两遍。 安回玻璃，装回窗扇、五金件	漆面基层处理施工
2	外木窗	整形并重新油漆	前厅四层左右木窗及其他部位的木百叶窗，窗扇卸下，有玻璃、窗钩、窗销、铰链的拆下编号保管。 木框架整形。 漆面起皮、剥落的须刮去原漆面，做合成树脂磁漆（醇酸磁漆），颜色与原色相同。此项施工前须经设计人员再次确认。油漆做法为：清理基层，局部刮腻子、磨平，满刮腻子、磨平，满刮第二遍腻子，刷底油一道，涂饰磁漆、磨平。 装回配件、窗扇，调平顺	
3	外金属门	检修保养	检查正门、西侧台出口处门，如发现残损随时报设计人员，另补做法	
4	外木门	检修保养	东廊前门厅出口处的门修补外侧门锁处的局部漆面，重新油漆做法同外木窗。 其余逐一检查，如发现残损随时报设计人员，另补做法	
		修补整形	舞台通向东、西、北三处屋面的检修门，拆下整形，更换腐烂构件。外侧有蒙面铝板的，整形前拆除。三处门换新铝板蒙外面	
5	内门窗	检修保养	逐一检查，如发现残损随时报设计人员，另补做法	
		更换乙级防火门	观众厅东、南、西三侧共 9 樘，更换为乙级木质防火门，均为非标尺寸需定制，耐火极限不低于 1.0 h，并满足国家相关规范要求。 原门框、门扇及配件安全拆卸，确保完好，并编号交业主妥善保管。 定制防火门的门框、门扇、五金件等均完全按照原样式，可以改用符合防火门要求的其他材料，但外观应与原门相同。 定制前必须现场逐一核对门洞、门框、门扇、合页、把手、装饰图案等尺寸，参考现状图纸中观众厅门的图纸细化后交设计人员确认。 安装过程中注意保护门洞周边原有墙体、墙面、地面等	

其他

序号	构件名称	维修项目	材料及做法	备注
1	室外踏步	检修保养	软毛刷蘸清水清洗污渍。 水泥砂浆修补裂缝	
2	壁灯、正门灯	检修保养	检查线路、灯泡，恢复使用	
3	排水明沟	重做东西侧排水明沟，增加400 mm宽散水	沿墙挖开，检查墙下基础，联合结构鉴定、设计人员勘查现场。开挖位置、范围由鉴定、设计人员再次确认。 根据排水方向、长度，核算沟深。沟深最浅处为130 mm。 排水明沟做法：素土夯实，150 mm 厚、500 mm 宽，5~32 mm 粒径的卵石灌 M2.5 混合砂浆，60 mm 厚 C15 混凝土断面 U 型明沟、沟内宽 240 mm，20 mm 厚 1：2 水泥砂浆面层。 散水做法：素土夯实向外坡 3%~5%，500 mm 宽，5~32 mm 粒经的卵石灌 M2.5 混合砂浆（与排水明沟连做），60 mm 厚 C20 混凝土面层撒 1：1 水泥砂子压光。沿墙缝隙填嵌缝膏	
4	室内窗内栏杆	检修保养	其余逐一检查，如发现残损随时报设计人员，另补做法。 漆面起皮、剥落的，修补做法同钢外窗的钢结构重做油漆	
5	前厅楼梯扶手	检修保养	逐一检查，如发现遇残损随时报设计人员，另补做法	
6	舞台地下室钢梯	重做油漆	清除原漆面。 涂环氧涂料加防火涂料。钢材表面除锈等级不低于 Sa2 或 St2.5 级，涂铁红环氧底漆一道（40~50 μm），涂环氧磁漆二至三道（120~150 μm），涂薄型防火涂料（3 mm 厚），耐火极限≥ 1.5 h，涂水性丙烯酸乳液涂料一道，颜色与原暗红色相同	
7	舞台各层走道栏杆及楼梯栏杆	检修保养	漆面起皮、剥落的，修补做法同钢外窗的钢结构重做油漆	
8	内装防盗窗	检修保养	其余逐一检查，如发现残损随时报设计人员，另补做法	

（二）施工技术要求

一般要求

该修缮工程施工必须遵循《中华人民共和国文物保护法》（2017 年修正本）、《古建筑修缮项目施工规程（试行）》、《全国重点文物保护单位文物保护工程竣工验收管理暂行办法》等其他有关保护、修缮文物建筑的规定、规程和条例。现场监理人员应及时对隐蔽工程进行验收和记录。如出现意外情况，应通知建设单位会同设计单位共同研究决定。

项目施工必须依照文物行政部门批准的设计文件，严格落实施工技术措施和要求。

项目施工应遵循“不改变文物原状”等文物保护原则，保护并延续文物建筑的真实性与完整性。

施工过程必须贯彻最低限度干预的原则。构件需要更换或做修补时，应选取与原材料质地相同或相近的材料，所有加固措施都应具备可逆性。

项目施工应研究、采用符合时代、地域特征的传统材料、技术及工艺，注意传承与保护地方传统营造技艺；采用传统材料、技术及工艺的修缮项目施工不得分包。设计文件中涉及的新材料、新技术、新工艺，必须进行现场试验，证明其安全、有效，并经设计单位确认后，方可使用。

项目施工参与各方均应树立科研意识，加强对形制、结构、材料、营造技术、工艺特点、装饰特征等的研究，将研究工作贯穿于项目施工全过程。

施工记录、资料整理应与项目施工同步进行，全面记录传统营造技艺及修缮过程，真实反映施工实际情况。

设计中已做出说明的修缮做法，按设计内容施工；未做出明确说明的修缮做法，按相关标准、规范或操作规程要求施工；其他未尽事宜，可现场协商解决。

在施工中如果发现隐蔽工程或与设计不符，应及时与设计人员联系，协商解决。在隐蔽部位揭露后，遇到特殊做法和特殊材料时，设计人员须负责调查、研究原设计方案，必要时可进行方案调整。

施工中应注意安全，设置防火、防雨设备。拆除、维修施工应做到文明施工，确保文物建筑的安全。杜绝不应有的损失，应有完善的安全设施，确保人员安全，做好季节性施工安排。

工程竣工后，施工单位另向设计单位提供竣工资料一套，作为设计单位跟踪服务及修缮保护研究之用。

施工现场在有条件的情况下可以向公众开放，开展文物保护宣教活动。

屋面

屋面设计与施工应按照《屋面工程技术规范》（GB 50345—2012）、《屋面工程质量验收规范》（GB 50207—2012）要求进行施工。

找坡层和找平层施工。应清理结构层、保温层上面的松散杂物，突出基层表面的硬物应剔平扫净。抹找坡层前，宜对基层洒水湿润。对不易与找平层结合的基层应做几面处理。找坡层最薄处厚度不宜小于 20 mm。找坡材料应分层铺设和适当压实，表面宜平整和粗糙，并应适时浇水养护。找平层应在水泥初凝前压实抹平，水泥终凝前完成收水后应二次压光，并应及时取出分格条，养护时间不得少于 7 d。卷材防水层的基层与突出屋面结构的交接处，以及基层的转角处，找平层均应做成圆弧形，且应整齐平顺，找平层圆弧半径为 50 mm。找坡层和找平层的施工环境温度不宜低于 5℃。

板状保温层施工。基层应平整、干燥、干净。相邻板块应错缝拼接，分层铺设的板块上下层接缝应相互错开，板件缝隙应采用同类材料嵌填密实。

卷材防水层施工。基层应坚实、干净、平整，应无空隙、起砂和裂缝。基层的干燥程度应根据所选防水卷材的特性确定。卷材防水层施工时，应先进行细部构造处理，然后由屋面最低标高向上铺贴。天沟卷材施工时，宜顺天沟方向铺贴，搭接缝应顺流水方向。上下层卷材不得相互垂直铺贴。基层处理剂应与卷材相容，应配比准确并应搅拌均匀。喷涂基层处理剂前，应先对屋面细部进行涂刷。基层处理剂可选用喷涂或涂刷施工工艺，喷涂或涂刷应均匀一致，干燥后应及时进行卷材施工。卷材搭接缝应顺流水方向，搭接宽度为 100 mm；同一层相邻两幅卷材短边搭接缝错开不应小于 500 mm；上下层卷材长边搭接缝应错开，且不应小于幅宽的 1/3；在天沟与屋面的交接处，应采用叉接法搭接，搭接缝应错开，搭接缝宜留在屋面与天沟侧面，不宜留在沟底。

细石混凝土保护层施工。施工完的防水层应进行雨后观察、淋水或蓄水试验，并应在实验合格后再进行保护层和隔离层的施工。保护层和隔离层施工前，防水层表面应平整、干净。

保护层施工时，应避免损坏防水层。保护层表面的坡度应符合设计要求，不得有积水现象。细石混凝土保护层铺设前，应在防水层上做隔离层。当施工间隙超过时间规定时，应对接搓进行处理。细石混凝土表面应抹平压光，不得有裂纹、脱皮、麻面、起砂等缺陷。

墙面

本工程采用预拌砂浆（干拌），墙面抹灰采用抗裂预拌砂浆，施工依据《预拌砂浆技术规程》（DGJ32/J13—2005）。

墙面基层为不同材料交接处时，须先钉 300 mm 宽金属网再做面层抹灰。

外墙面清洗分为水渍清洗和泛碱清洗，其中泛碱清洗针对不同成因，其清洗效果不一。如为之前采用强酸型产品清洗后严重发白的污渍，则不可能做到完全清洗，应严格注意保护墙体表面。特殊部位必须向设计人员确认。清洗目的在于清除表面污渍，减少因污渍引起墙面、墙体发生病害的因素。外墙清洗效果不是追求焕然一新，而是要求整体色泽基本一致，允许有色差。

本工程中针对内墙面抹灰的修缮措施应注意根据不同位置有所区分。前厅、观众厅、走道、休息厅等部位的内墙面抹灰修补均为局部修补，应注意最后一道涂料喷涂的颜色、质感，完成效果与周边原有墙面须保持整体一致。地下室墙面抹灰修复需要处理到墙体，施工前应向设计人员确认施工范围，并特别注意提高墙面防潮防水的性能。

楼地面

楼地面设计与施工应符合《建筑地面设计规范》（GB 50037—2013）和《建筑地面工程施工质量验收规范》（GB 50209—2010）的规定。

钢结构油漆

油漆工施工作业应有特殊工种作业操作证。

作业场地应有安全防护措施，有防火和通风措施，防止发生火灾和人员中毒事故。

雨天、雾天及相对湿度高于 80% 时，除另有特别配方或规定外，不得进行室外油漆作业。施工时的环境温度不低于 10℃，相对湿度不大于 60%。露天作业应选择适当的天气，严禁在雨天、雪天、五级风及以上天气施工。刷涂时构件不得有结露。施涂油漆后，4 h 内严禁雨淋。

漆面基层处理。金属表面上浮土、砂、灰浆、油污、锈斑、焊渣、毛刺等应清除干净，可采用手工处理。可先用钢丝刷往复刷打，然后用粗砂布打磨出光亮表面，再用旧布或面纱擦净。难以除净的可先用铲刀或刮刀清理。除锈作业完成后应在当天 4 h 内进行涂刷底漆作业，超过 4 h 应重新除锈。

涂防锈漆。构件表面必须干燥。复杂的构件可两人同时施工，一人用面纱蘸漆揩擦，另一人用油刷理顺、理通。

二道底漆施工间隔不得低于 4 h，且不得超过 8 h。

六、修缮工程估算（略）

七、设计方案图纸

1. 总平面
2. 地下层平面
3. 一层平面
4. 舞台二层及前厅半层平面
5. 二层及舞台三层平面
6. 前厅二层半及舞台四层平面
7. 三层及舞台五层平面
8. 前厅四层及舞台六层平面
9. 屋顶平面
10. 西立面　东立面
11. 南立面　G-G 剖面
12. A-A 剖面　B-B 剖面
13. C-C 剖面　D-D 剖面
14. E-E 剖面　F-F 剖面
15. 一层结构加固平面布置图
16. 二层结构加固平面布置图
17. 三层结构加固平面布置图
18. 四层结构加固平面布置图
19. 屋顶结构加固平面布置图

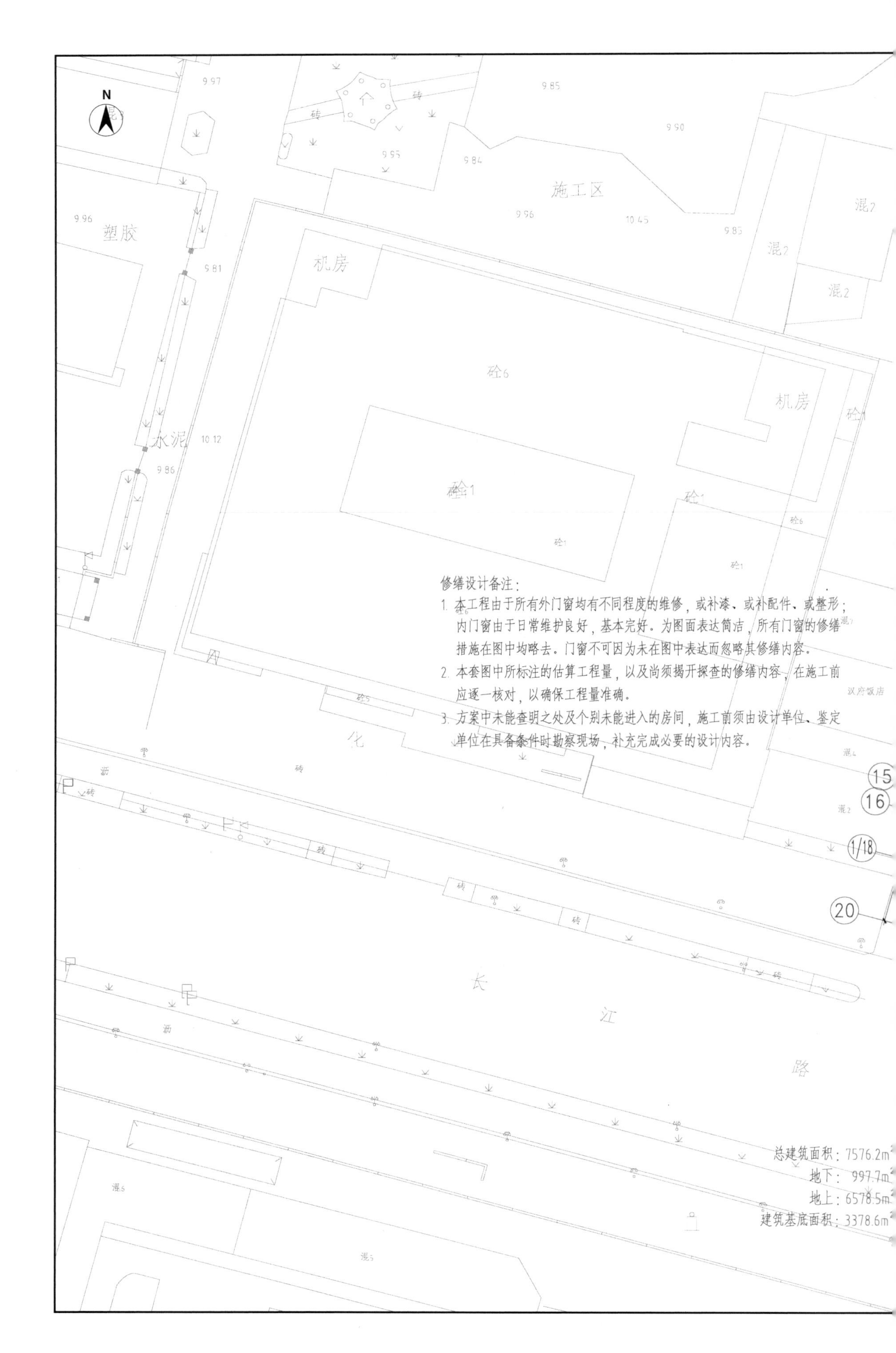
N
施工区
塑胶
机房
砼6
机房
水泥
砼1
修缮设计备注：
1. 本工程由于所有外门窗均有不同程度的维修，或补漆、或补配件、或整形；内门窗由于日常维护良好，基本完好。为图面表达简洁，所有门窗的修缮措施在图中均略去。门窗不可因为未在图中表达而忽略其修缮内容。
2. 本套图中所标注的估算工程量，以及尚须揭开探查的修缮内容，在施工前应逐一核对，以确保工程量准确。
3. 方案中未能查明之处及个别未能进入的房间，施工前须由设计单位、鉴定单位在具备条件时勘察现场，补充完成必要的设计内容。
长
江
路
总建筑面积：7576.2m²
地下：997.7m²
地上：6578.5m²
建筑基底面积：3378.6m²

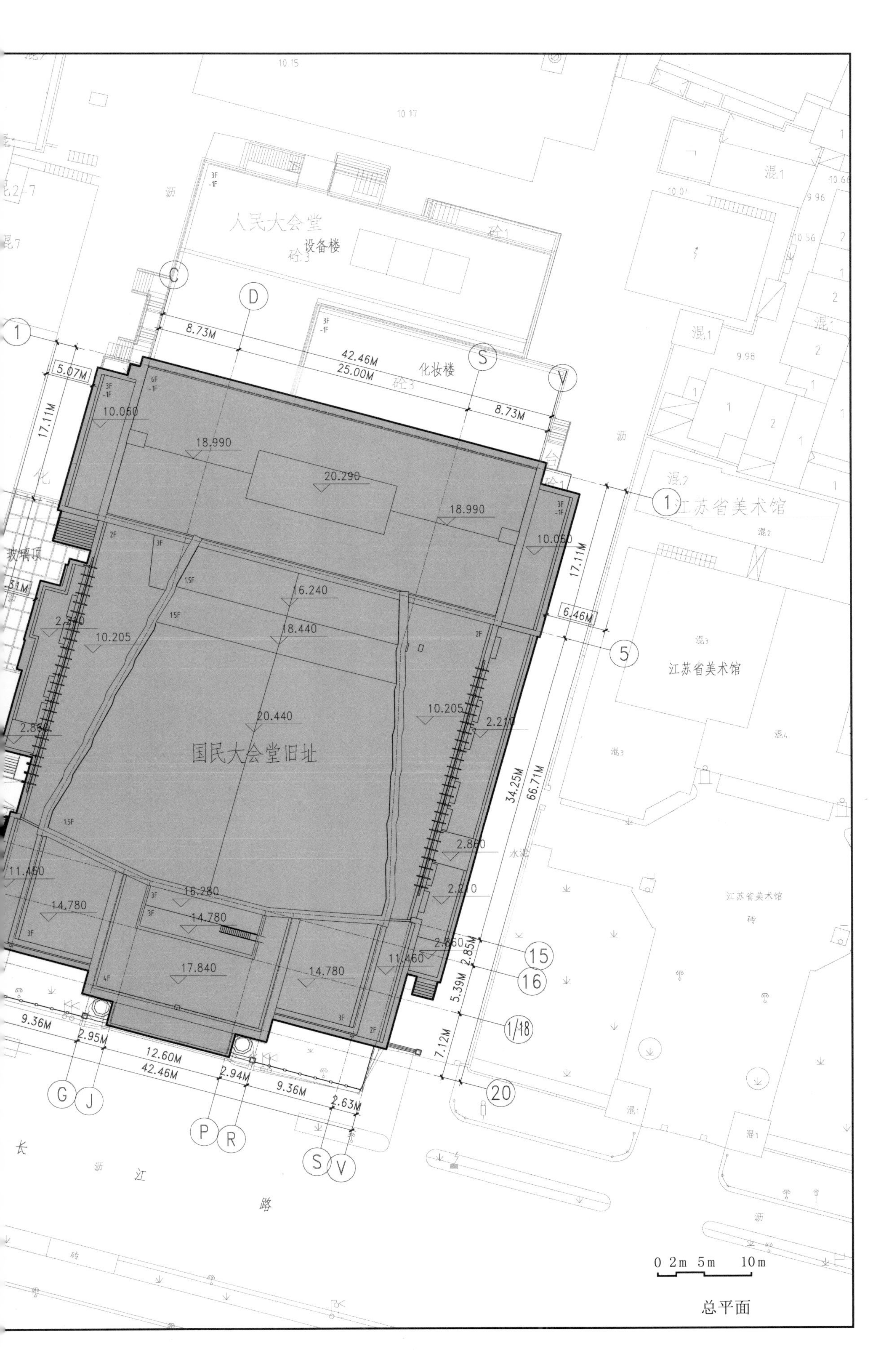

总平面

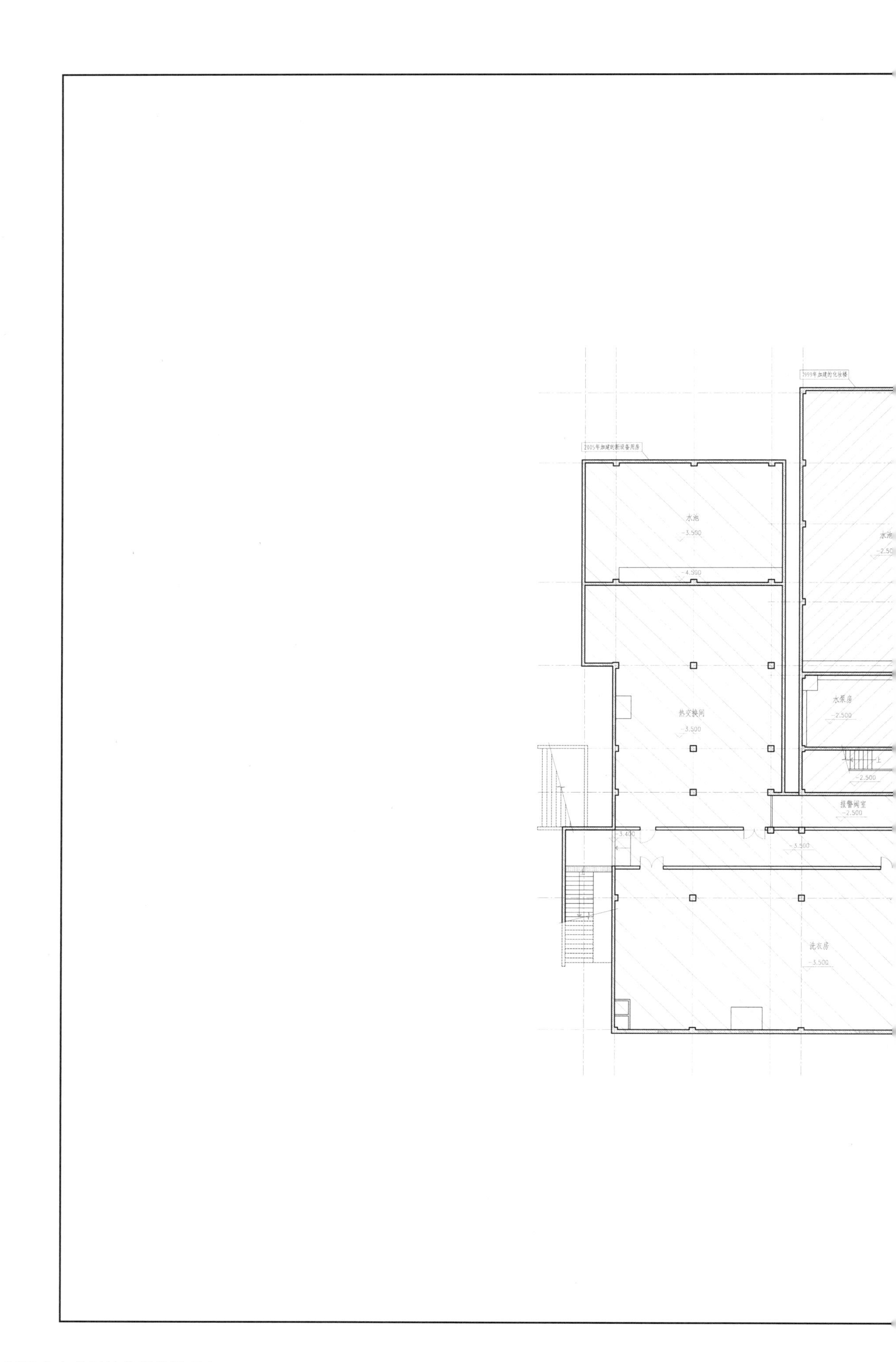
1999年加建的化妆楼
2005年加建的新设备用房
水池
-3.500
-4.500
水池
-2.50
热交换间
-3.500
水泵房
-2.500
上
-2.500
报警阀室
-2.500
-3.400
-3.500
洗衣房
-3.500

库房
水泥地面
库房
水泥地面
-3.010
库房
水泥地面
-3.010
楼梯厅
水泥地面
-2.900
水泵房
水泥地面
-3.010
集水坑
东厅
水泥地面
-2.930
配电间
水泥地面
-2.890
配电间西套间
水泥地面
乐池
水泥地面
-2.930
-2.470
中厅
水泥地面
-2.930
水泵房
水泥地面
-2.890
集水坑
北门厅
水泥地面
-3.180
-3.180
西厅
水泥地面
-3.080
水泵房
水泥地面
-3.180
集水坑
废弃房间
-2.930
集水坑(已废弃)
-2.180
22760
4970
4970
4970
5650
51580
4560
4650
4080
5180
1260
3620
4880
3620
1260
5180
4080
4650
4560
建筑面积：997.7m²
1. 本套图根据测绘图和结构鉴定资料整理，尺寸须与现场核对.
2. 本套图中北侧加建建筑根据2005年加建设备楼的竣工图.
0 2m 5m 10m
地下层平面

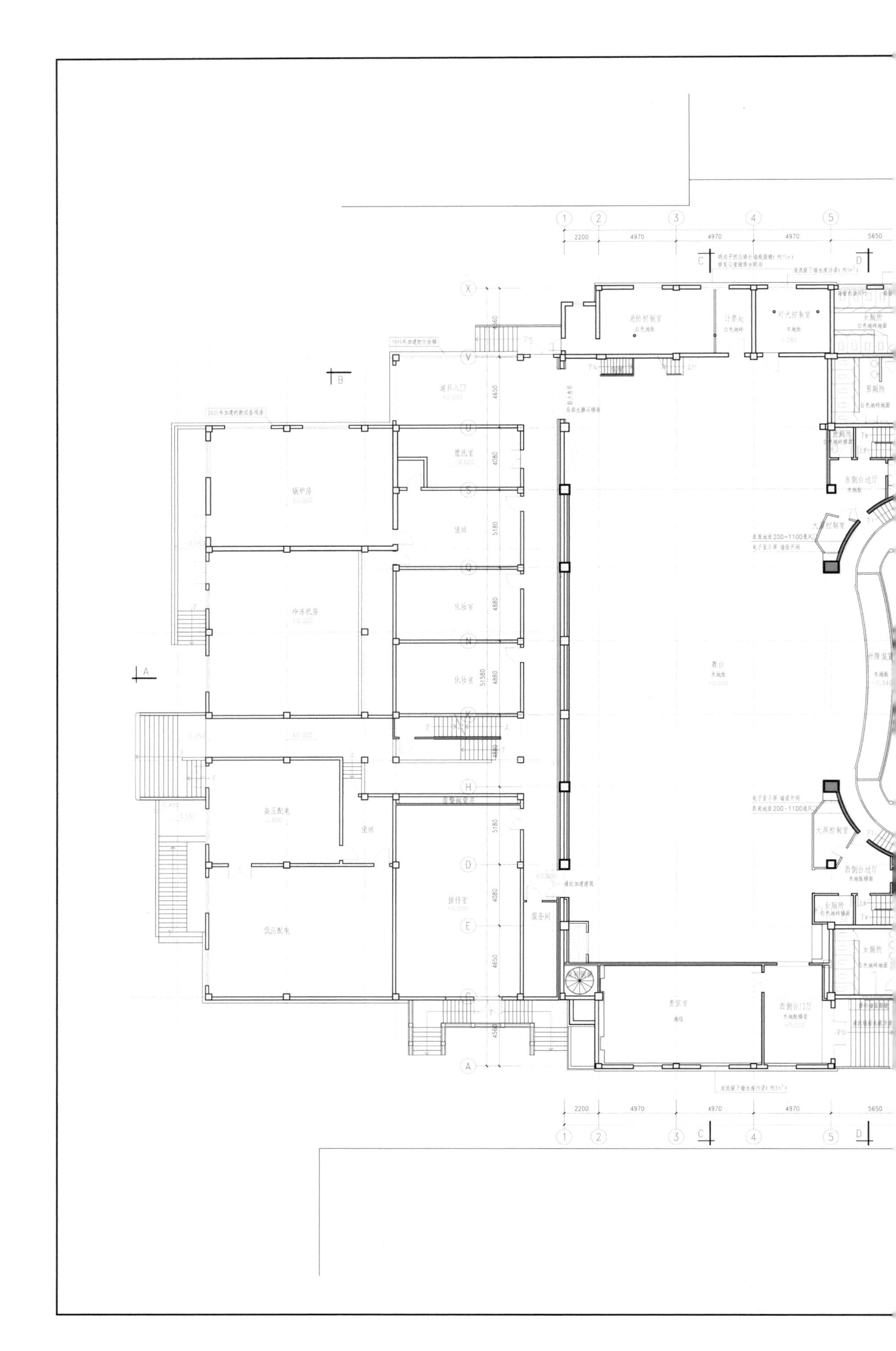

2200
4970
4970
4970
5650
明沟开挖后修补墙根裂缝（约15m）
修复后重做排水明沟
清洗窗下墙水痕污渍（约1m²）
1999年加建的化妆楼
2005年加建的新设备用房
消防控制室
白色地板
计票处
白色地砖
灯光控制室
木地板
女厕所
白色地砖地面
男厕所
白色地砖地面
道具入口
±0.000
局部水磨石楼面
盥洗室
-0.020
锅炉房
±0.000
值班
东侧台过厅
木地板
大屏控制室
距离地面200-1100通风口
电子显示屏 墙面开洞
冷冻机房
±0.000
化妆室
化妆室
51580
舞台
木地板
±0.000
升降装置
木地板
高压配电
值班
报警阀室井
接待室
±0.000
低压配电
服务间
西侧台过厅
木地板楼面
女厕所
贵宾室
地毯
西侧台门厅
木地板楼面
±0.000
清洗窗下墙水痕污渍（约1m²）

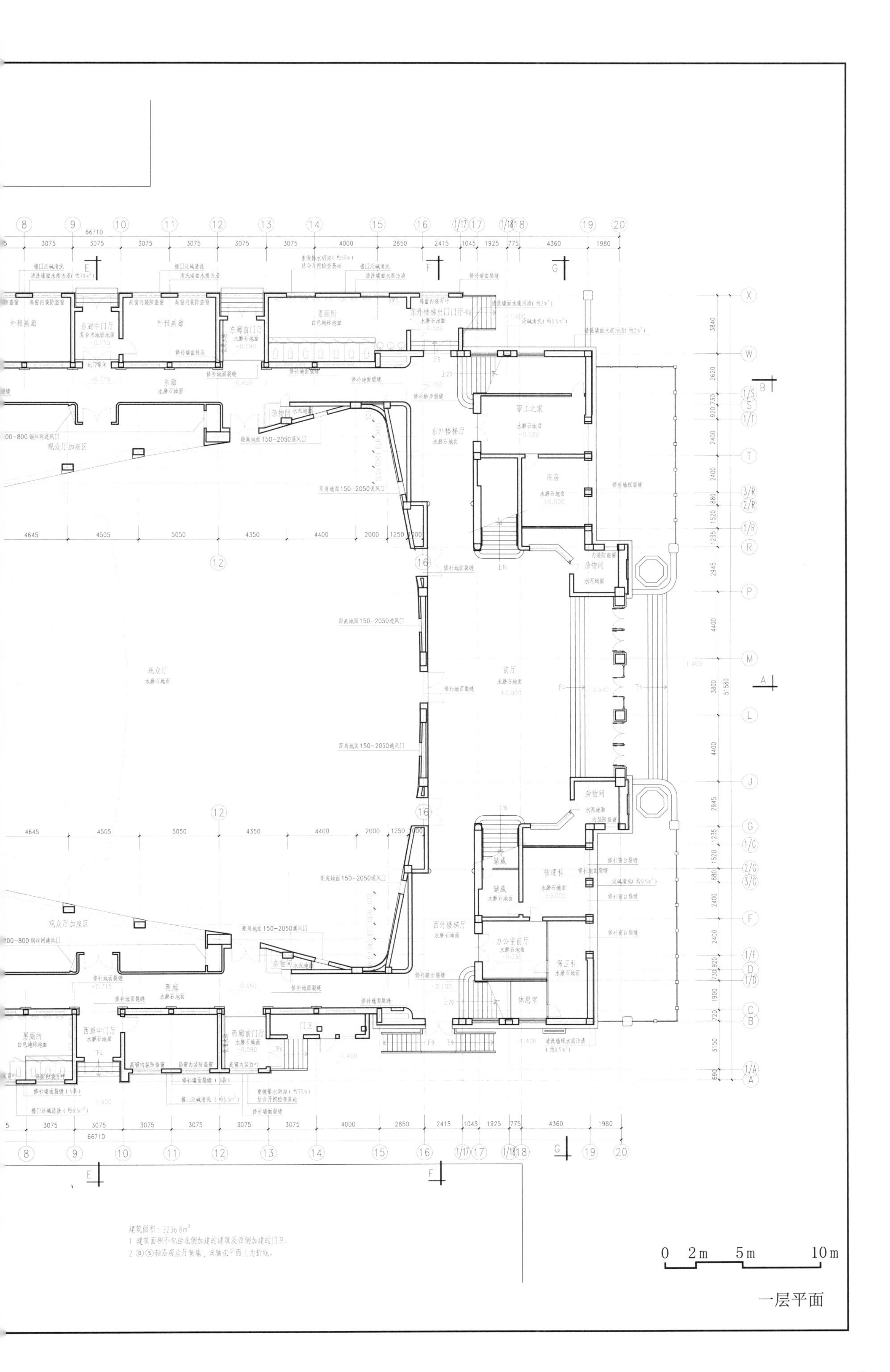

外portico廊

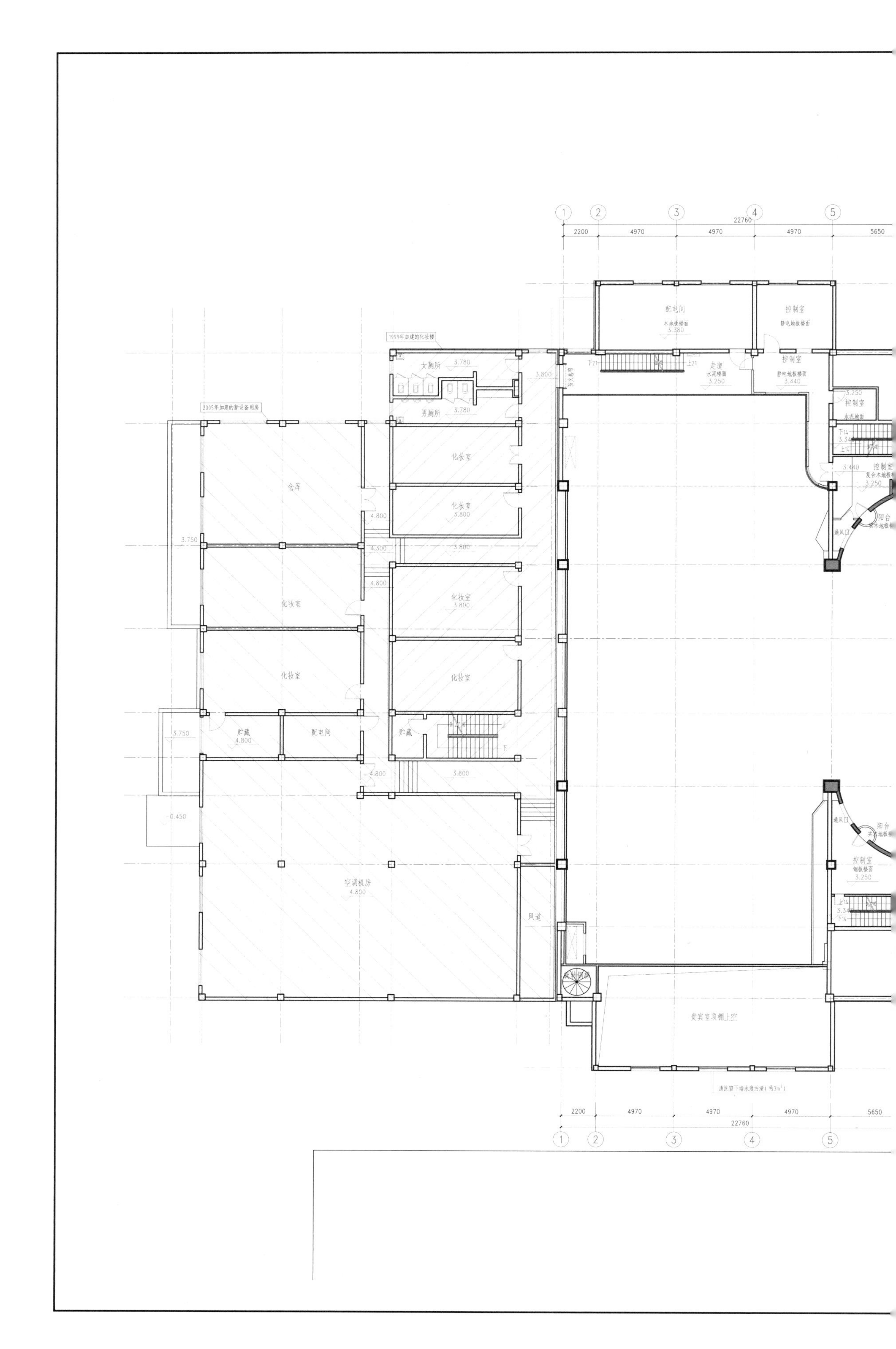

2005年加建的新设备用房
1999年加建的化妆楼
配电间
控制室
走道
女厕所
男厕所
化妆室
仓库
贮藏
配电间
空调机房
风道
贵宾室顶棚上空

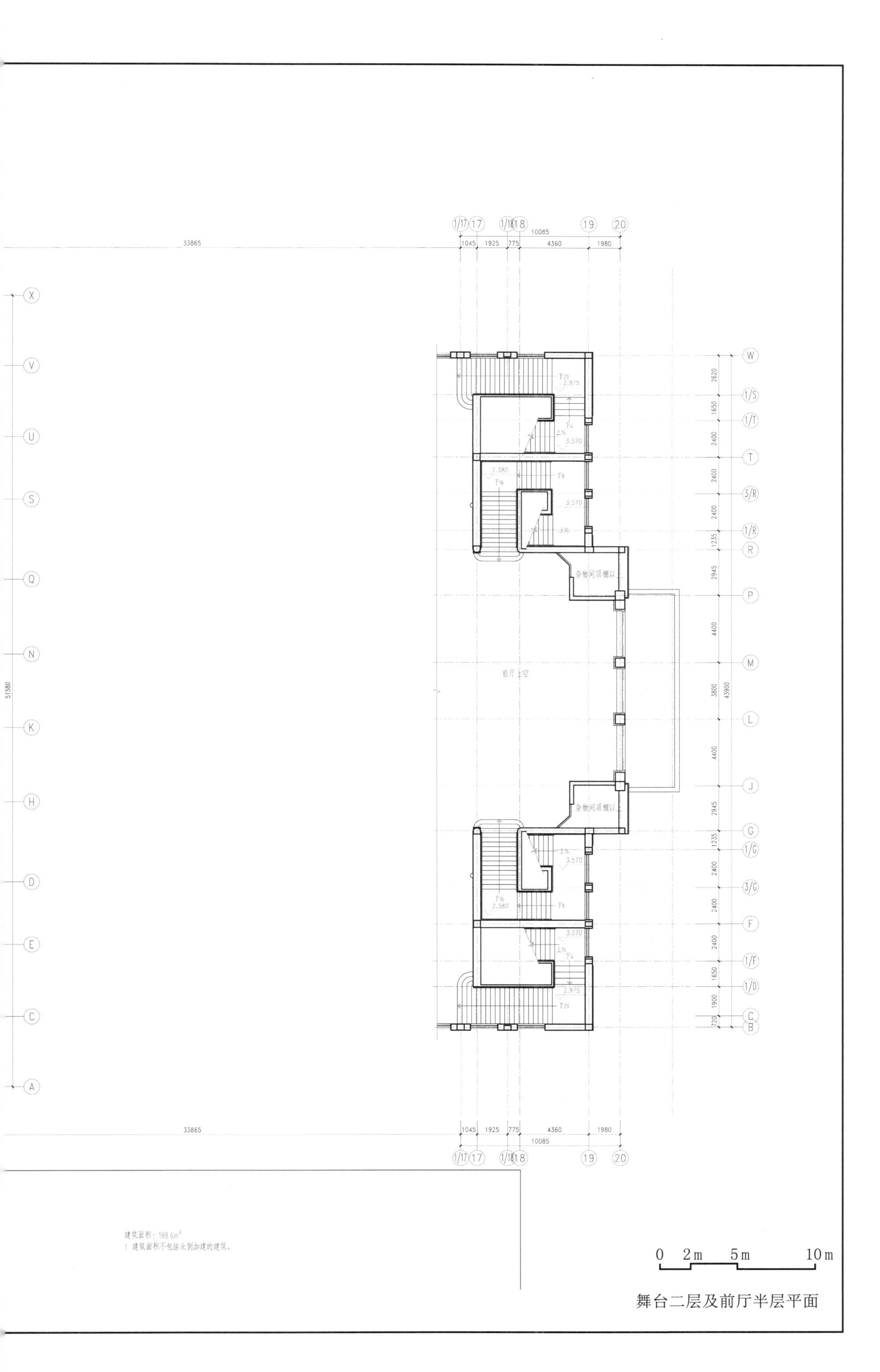

舞台二层及前厅半层平面

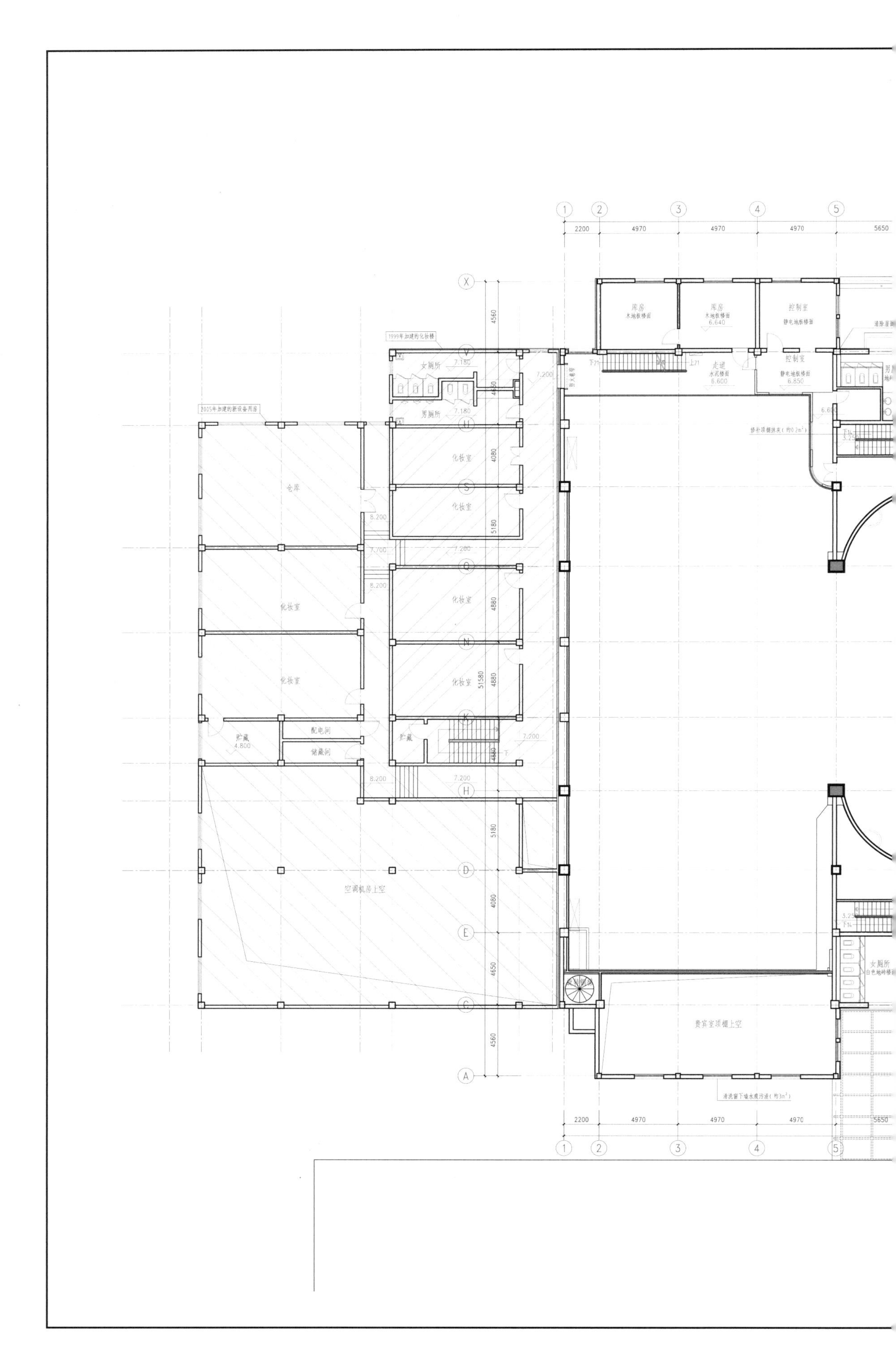

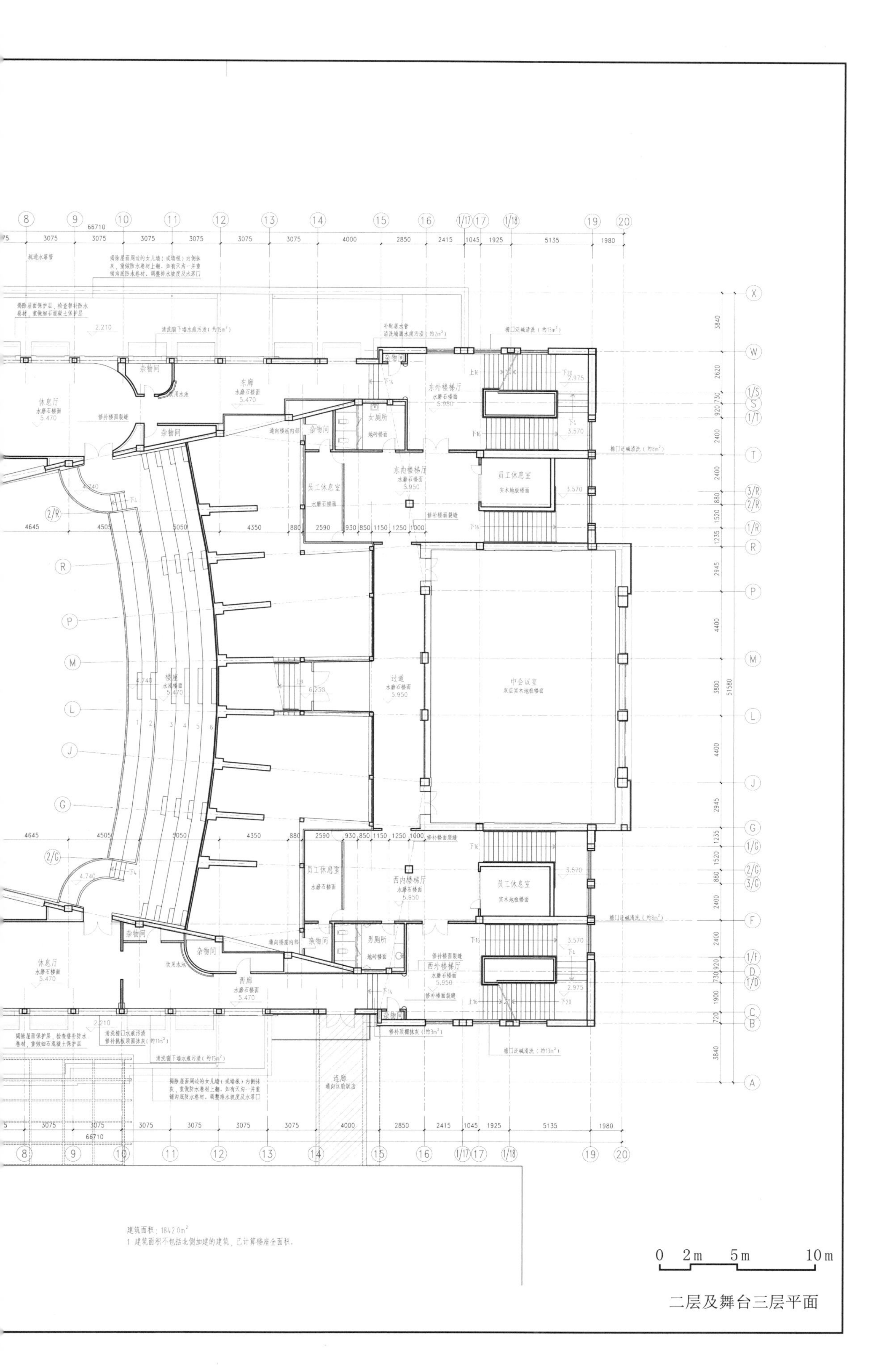

二层及舞台三层平面

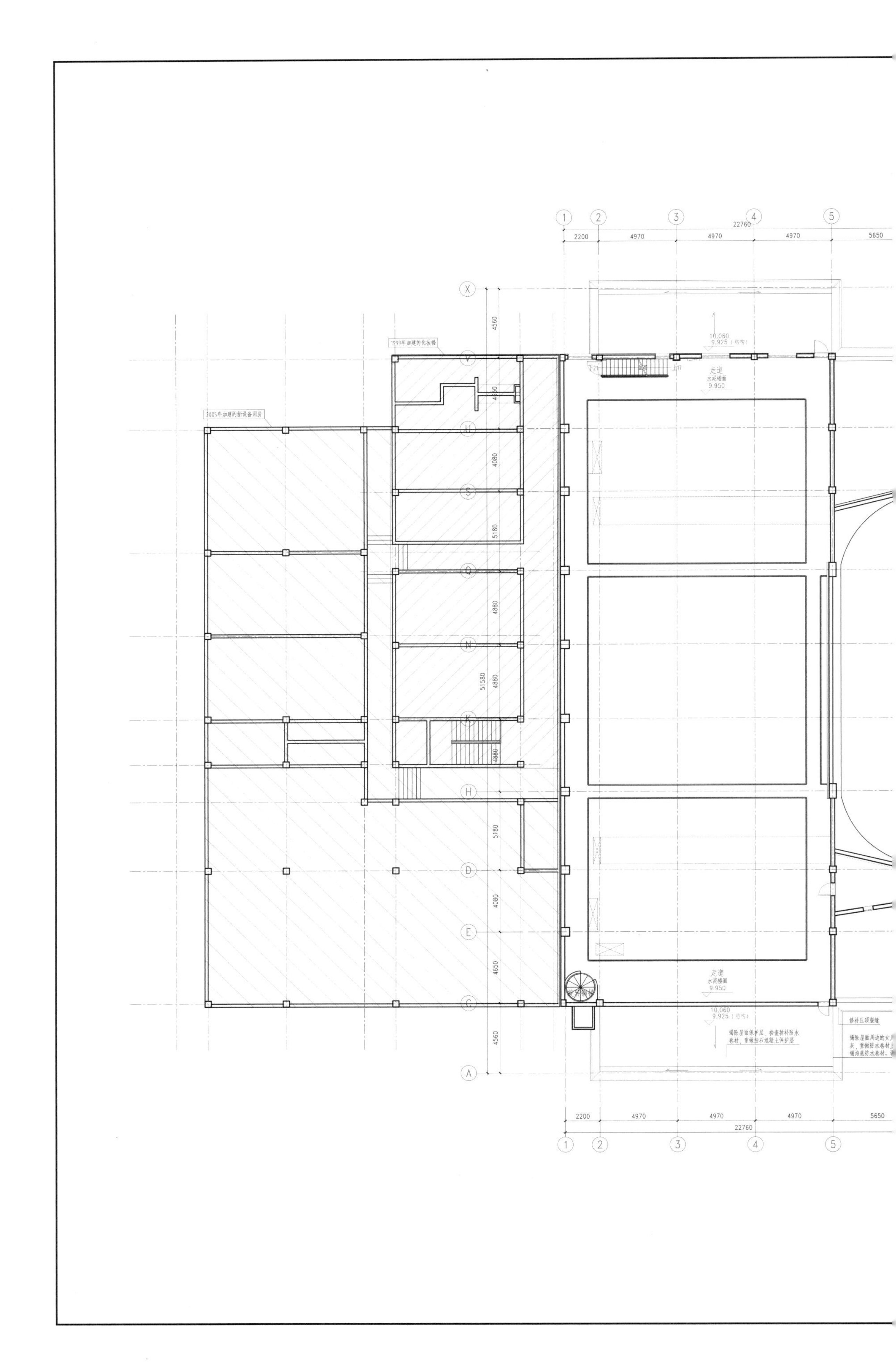

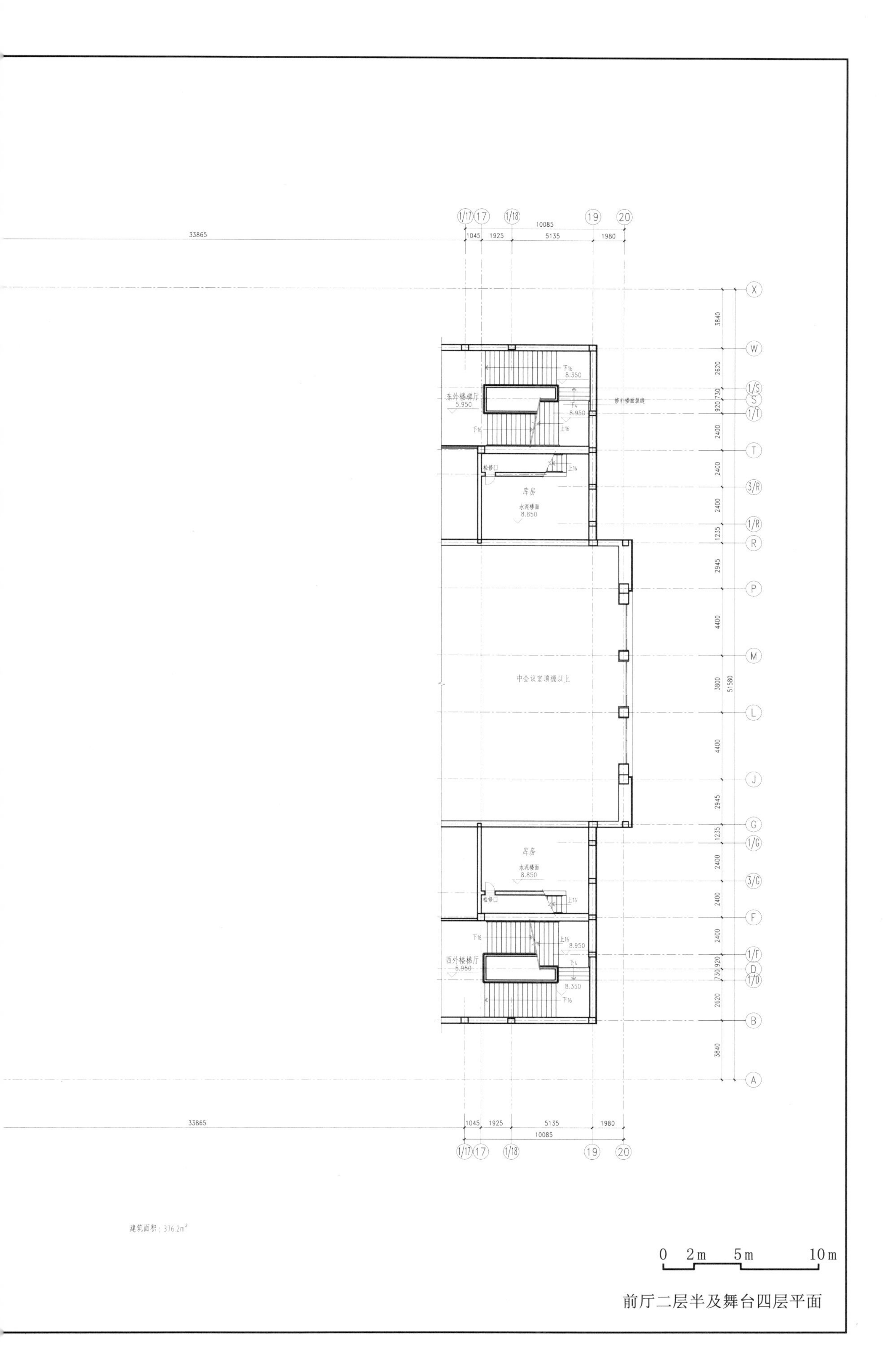

前厅二层半及舞台四层平面

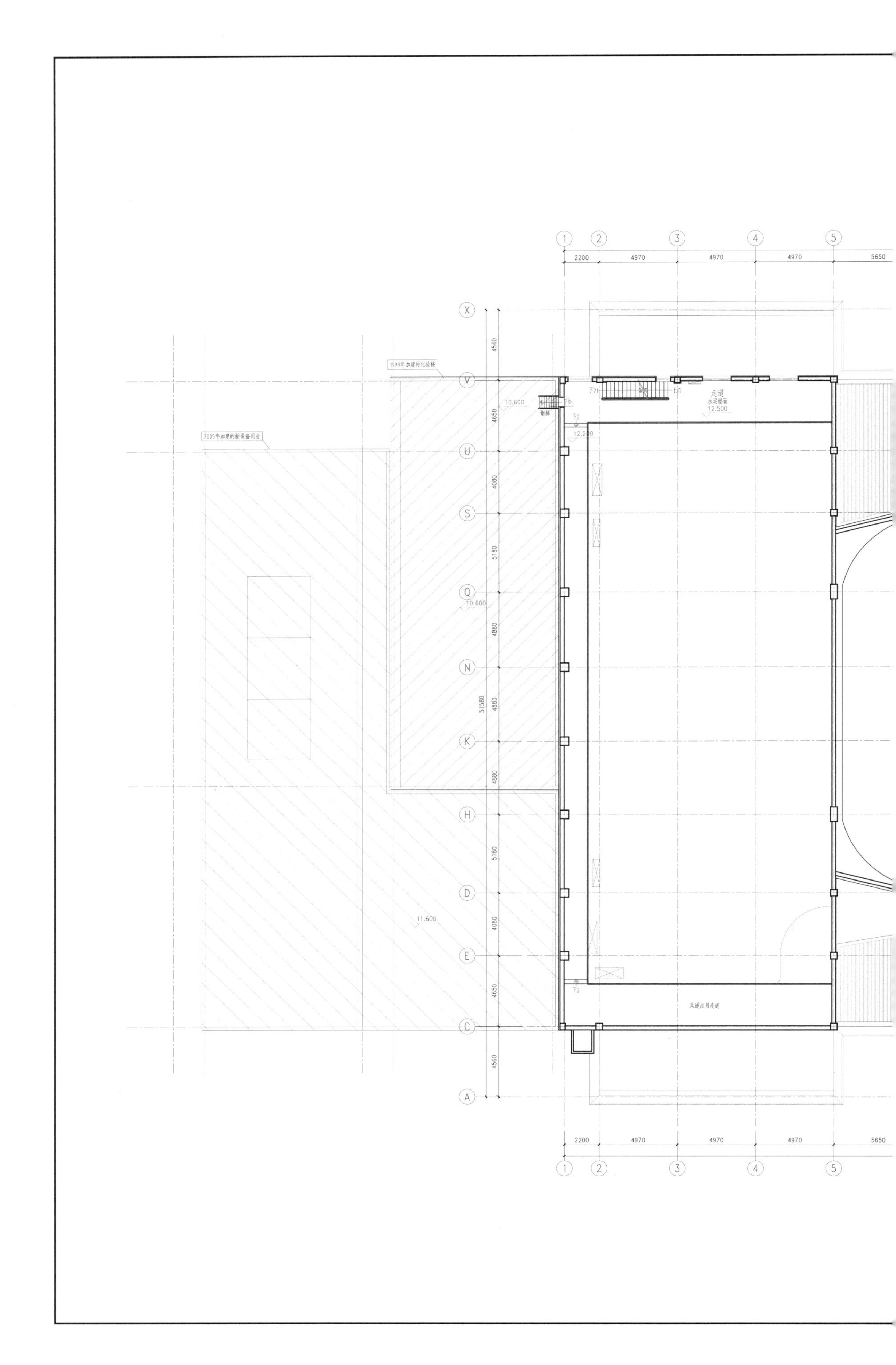

1
2
3
4
5
2200
4970
4970
4970
5650
X
V
U
S
Q
N
K
H
D
E
C
A
4560
4650
4080
5180
4880
51580
4880
4880
5180
4080
4650
4560
1999年加建的化妆楼
2005年加建的新设备用房
10.600
钢梯
下9
下21
上17
走道
水泥楼面
12.500
下2
12.200
10.600
11.600
风道占用走道

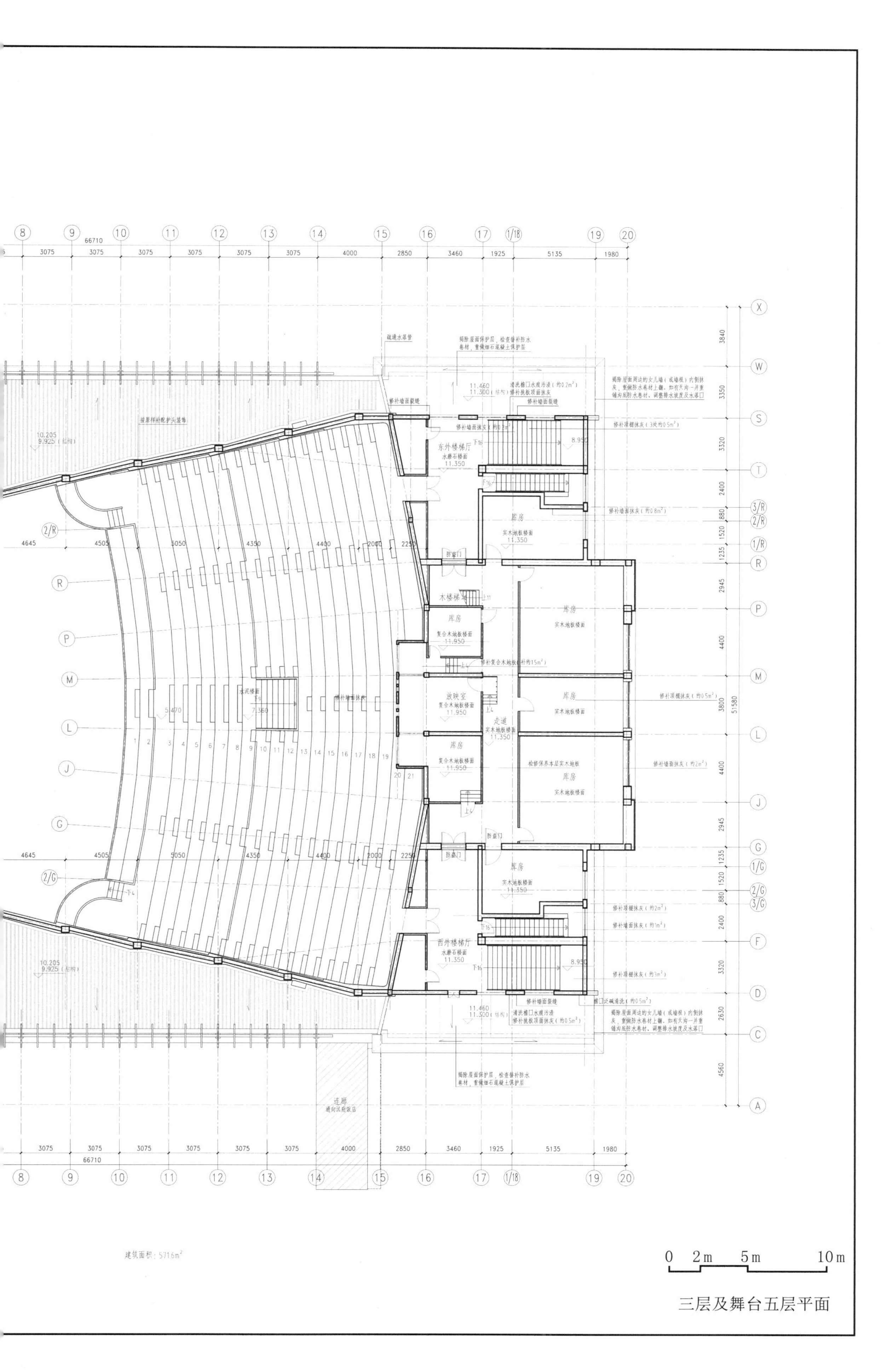

三层及舞台五层平面

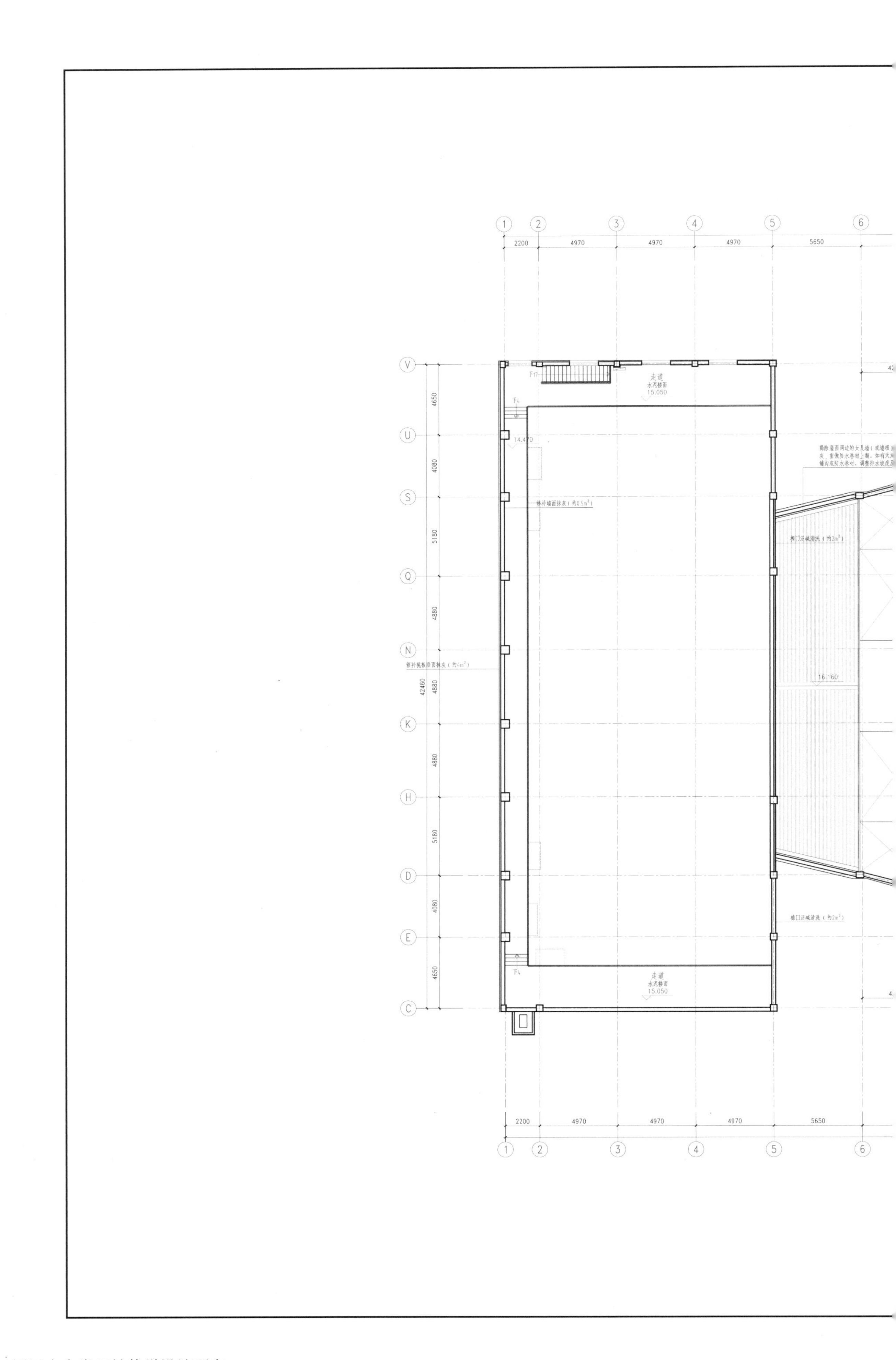

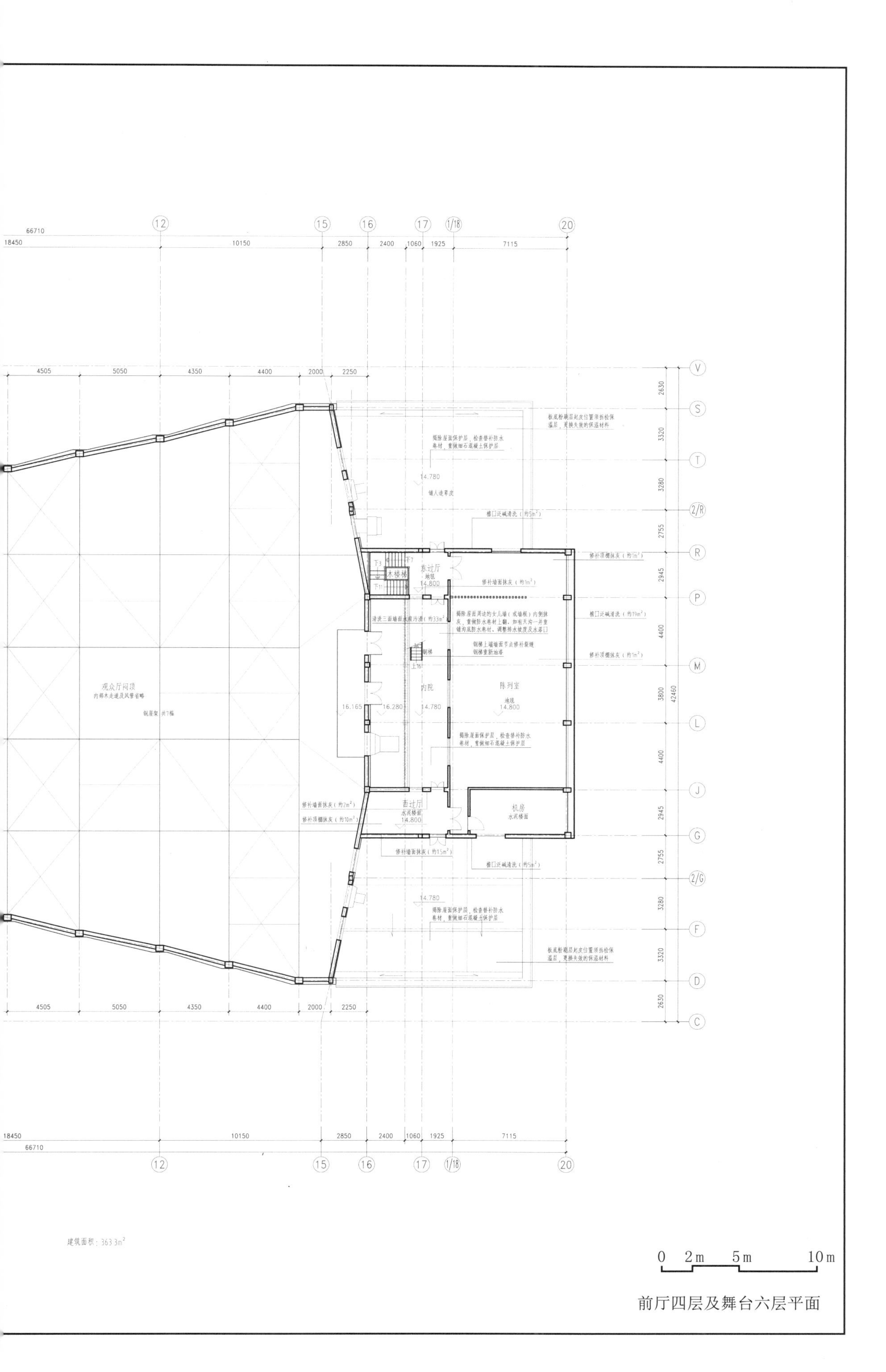

前厅四层及舞台六层平面

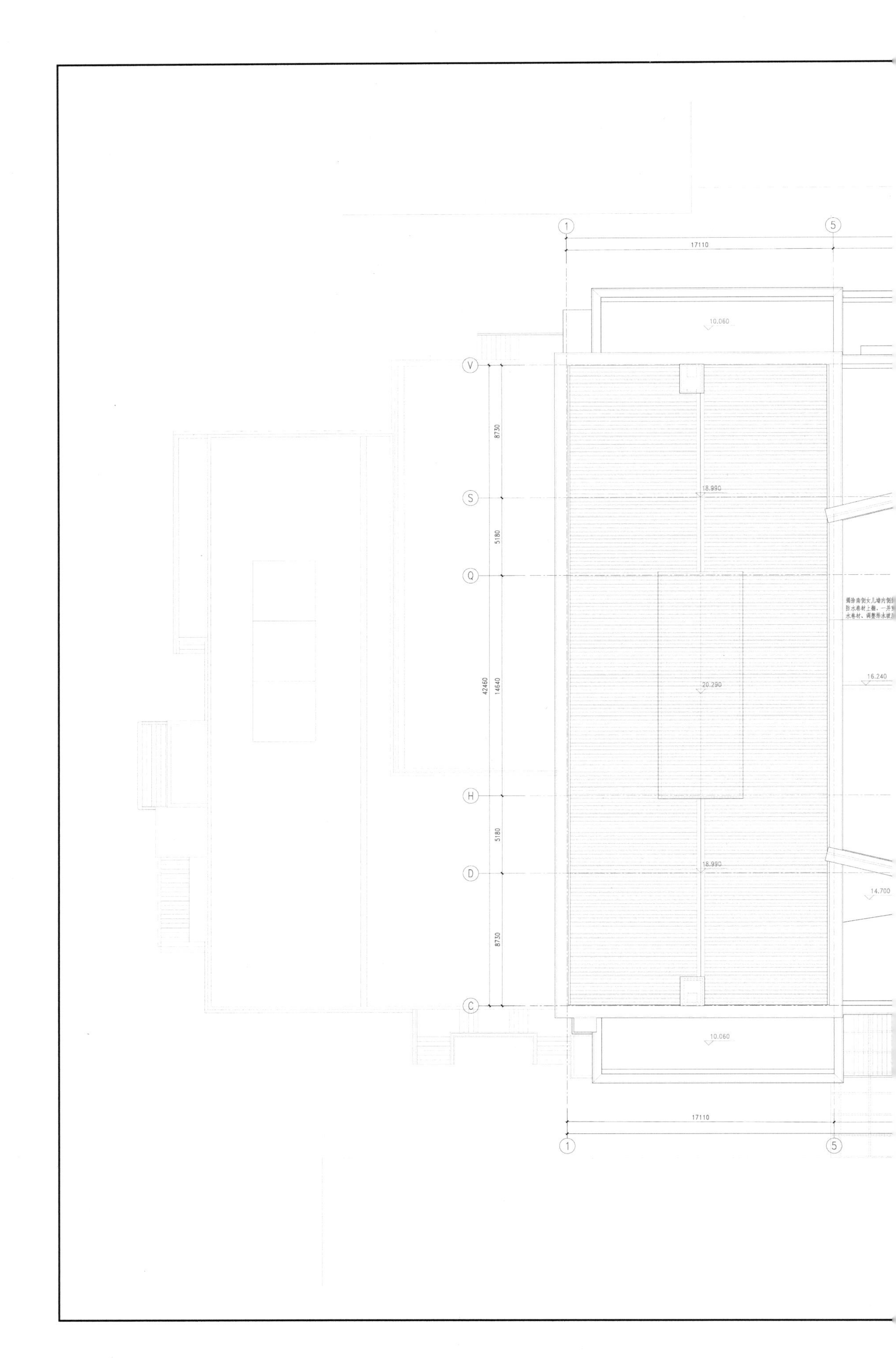

1
5
17110
10.060
V
S
Q
H
D
C
8730
5180
42460
14640
5180
8730
18.990
20.290
18.990
揭除南侧女儿墙内侧
防水卷材上翻，一并
水卷材、调整排水坡
16.240
14.700
10.060
17110
1
5

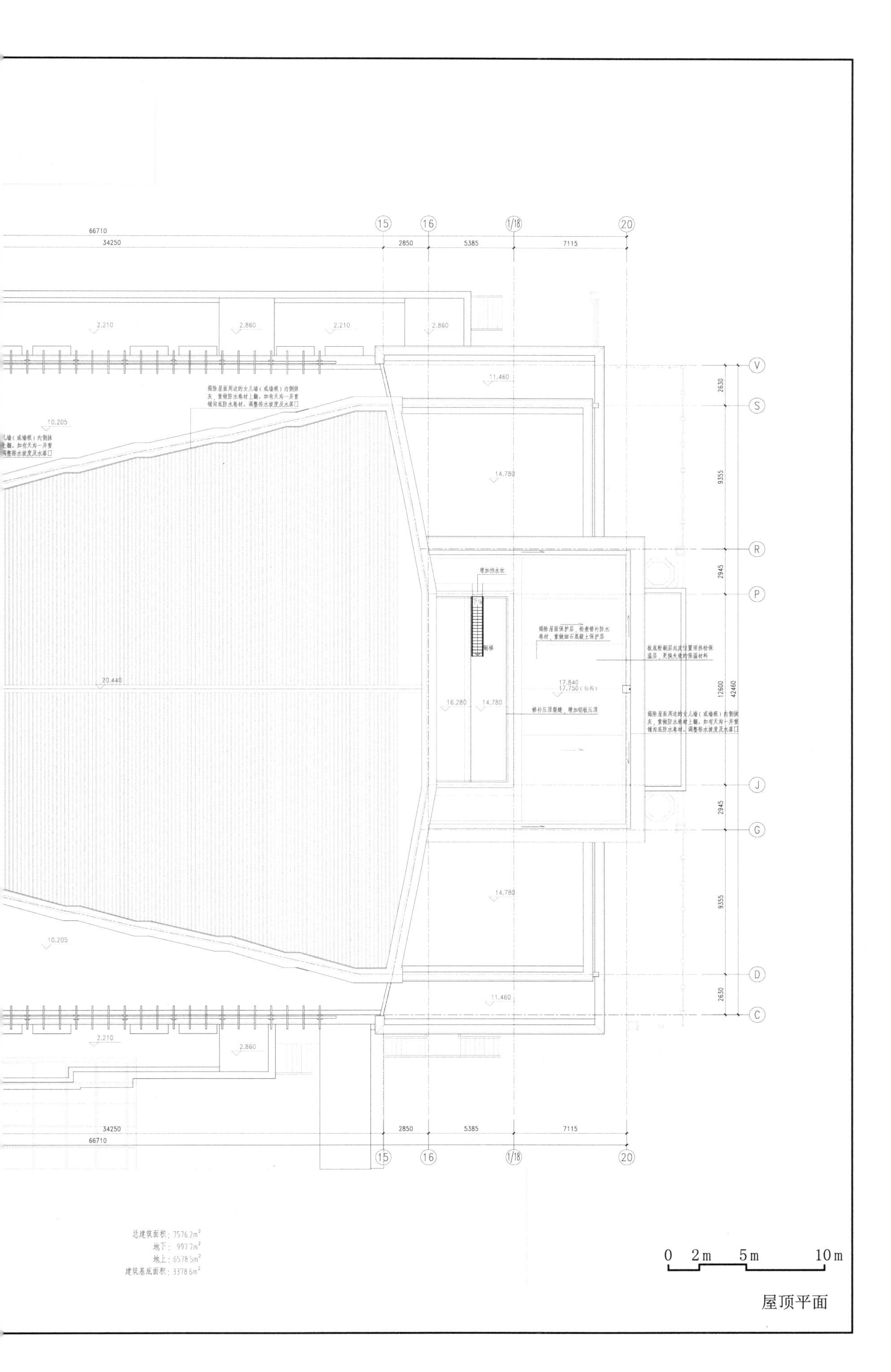
总建筑面积：7576.2m²
地下：997.7m²
地上：6578.5m²
建筑基底面积：3378.6m²
0 2m 5m 10m

屋顶平面

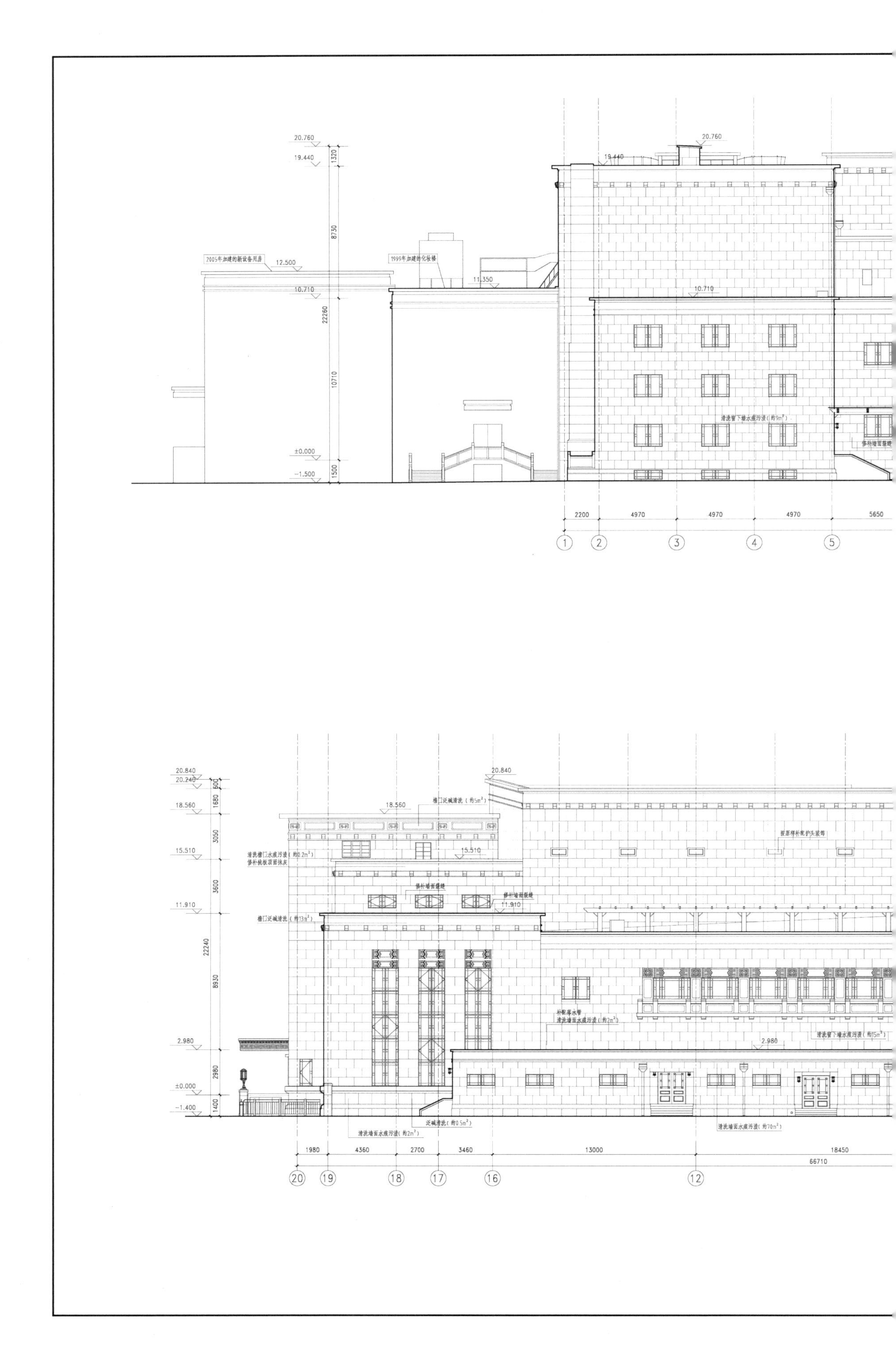
2005年加建的新设备用房
1999年加建的化妆楼
20.760
19.440
12.500
11.350
10.710
±0.000
-1.500
1320
8730
22260
10710
1500
2200
4970
4970
4970
5650
1
2
3
4
5
20.840
20.240
18.560
15.510
11.910
2.980
±0.000
-1.400
600
1680
3050
3600
22240
8930
2980
1400
1980
4360
2700
3460
13000
18450
66710
20
19
18
17
16
12

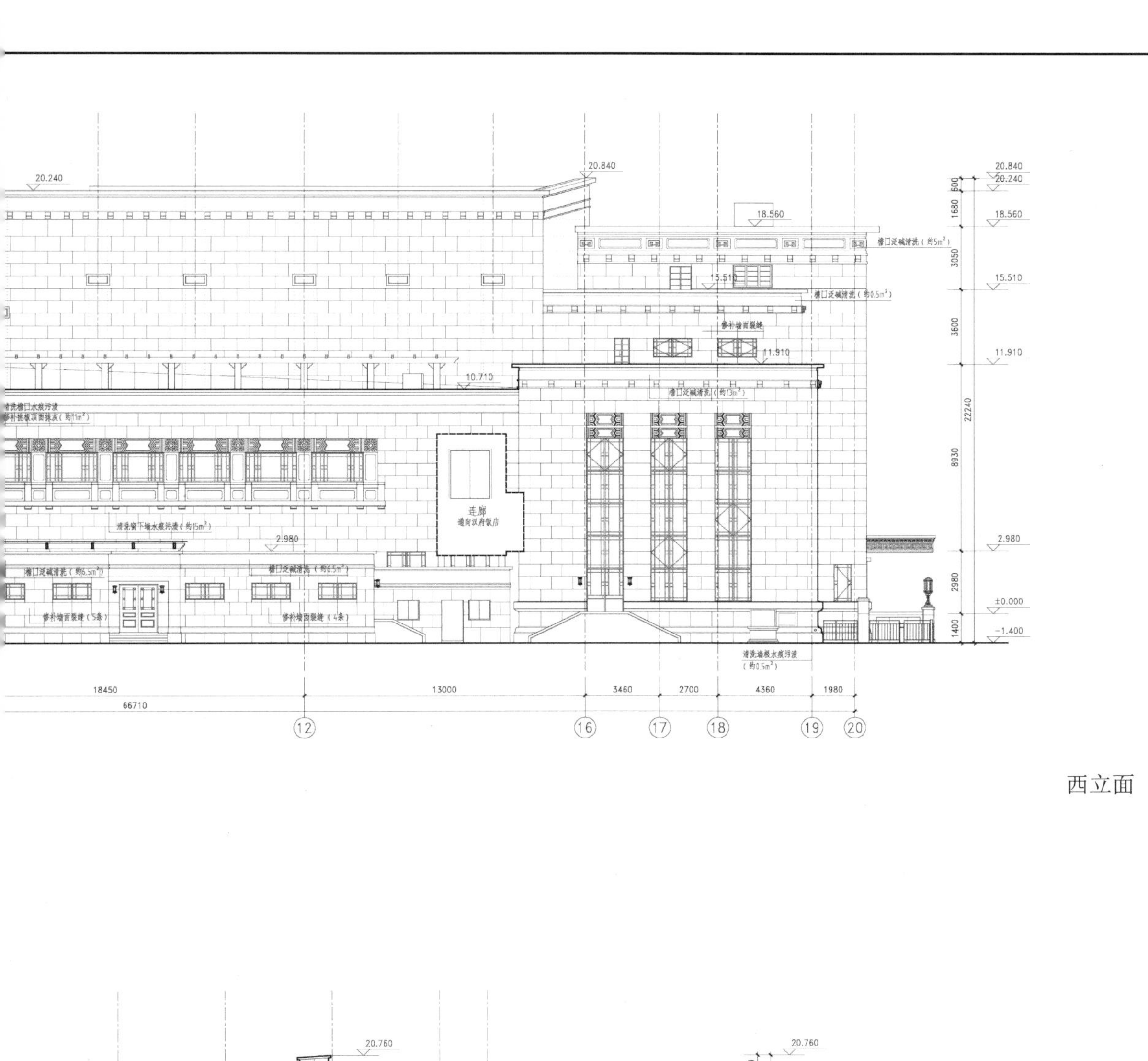

西立面

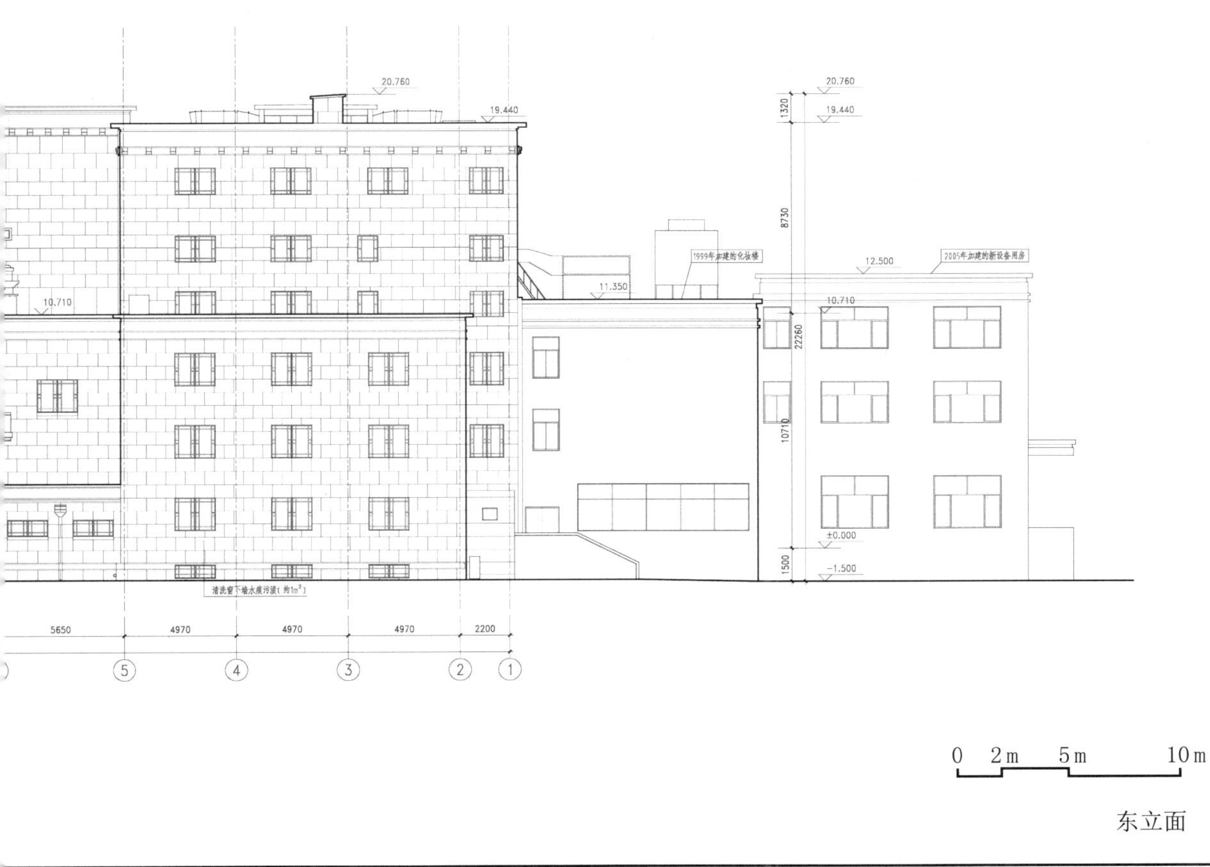

东立面

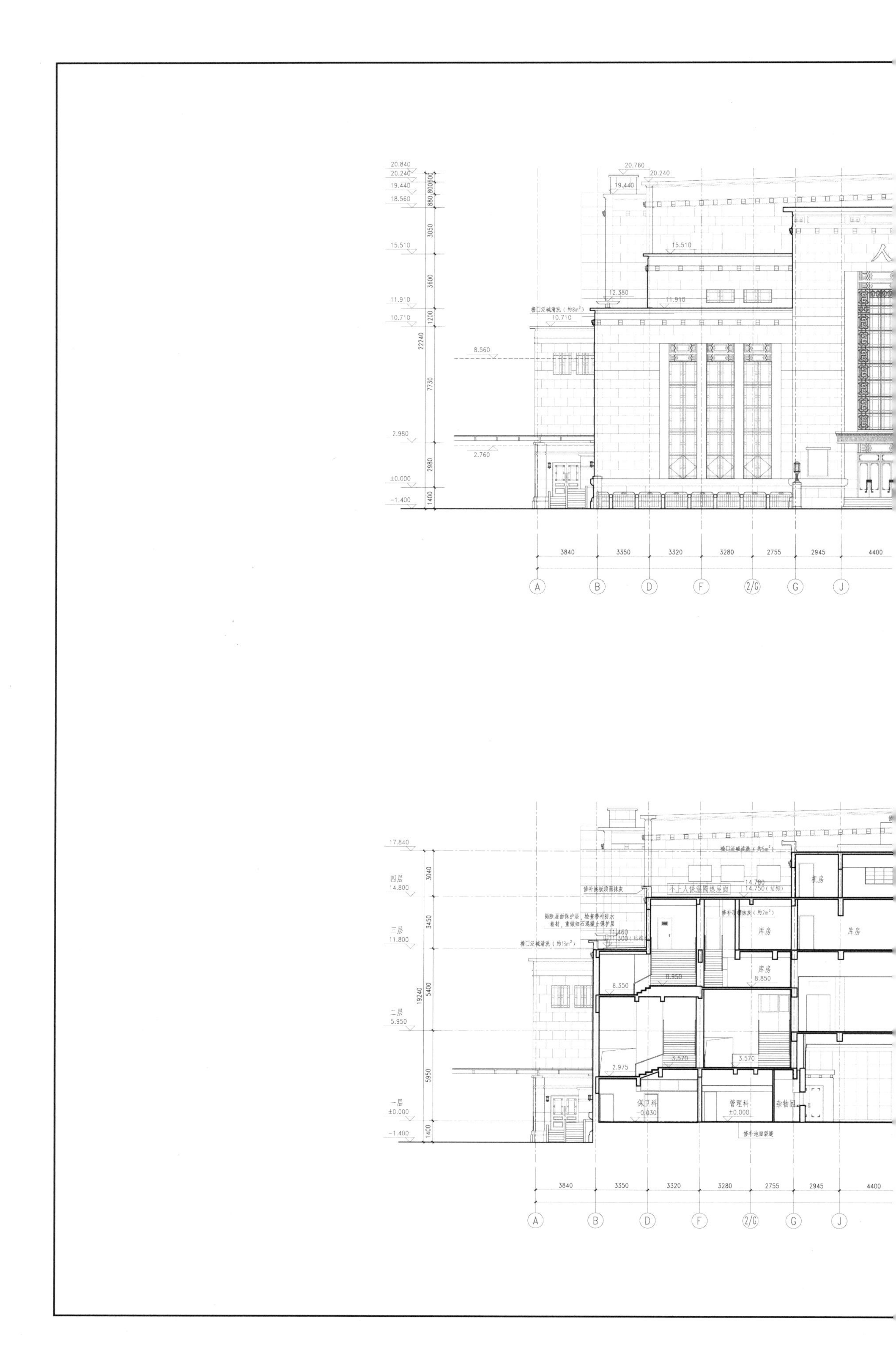

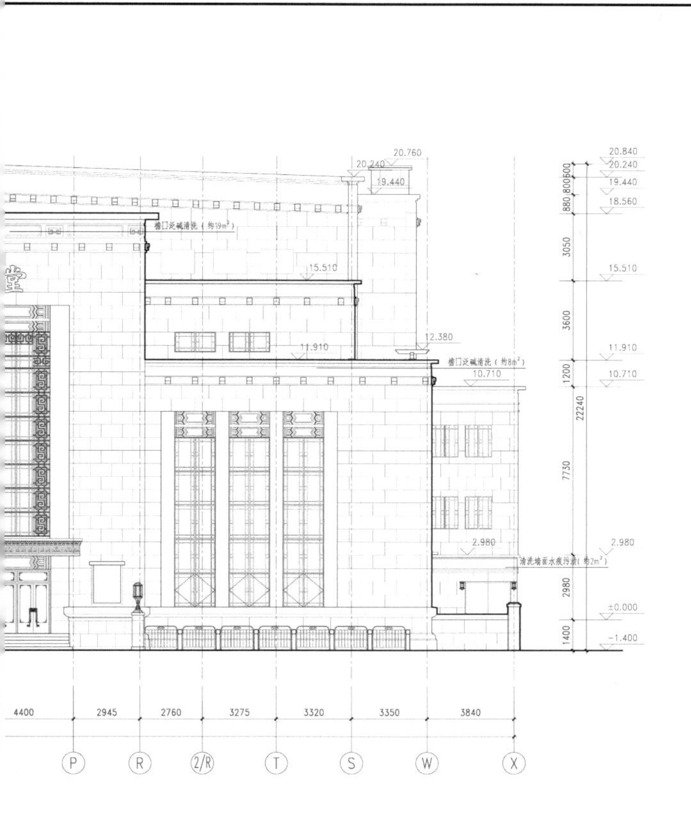

南立面

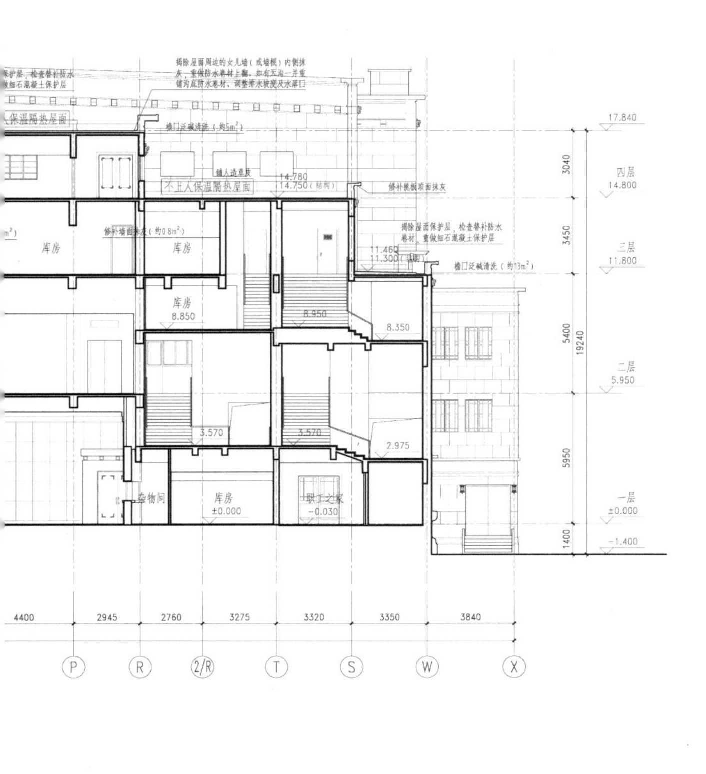

0 2m 5m 10m

G-G 剖面

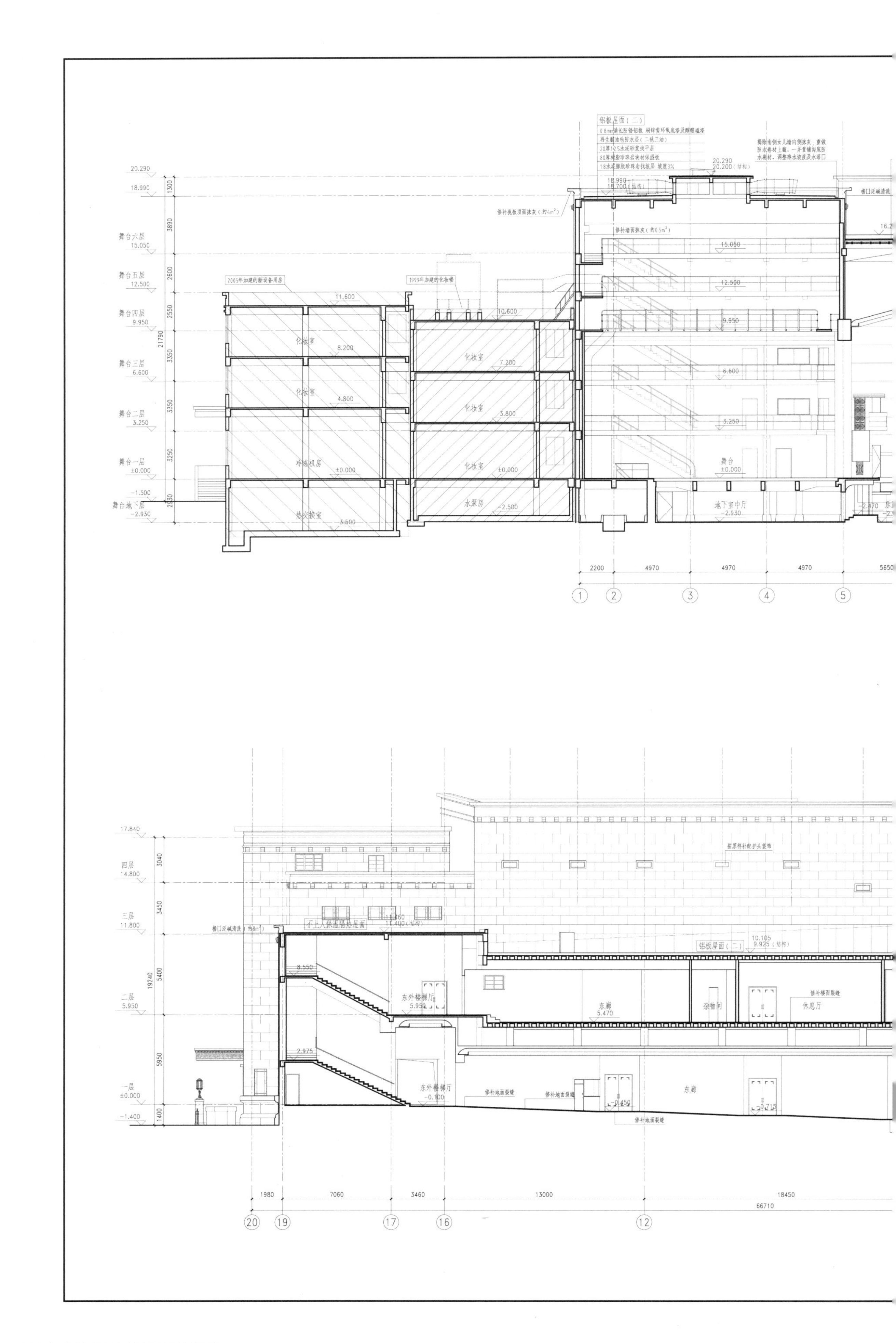
铝板屋面（二）
舞台六层
15.050
舞台五层
12.500
舞台四层
9.950
舞台三层
6.600
舞台二层
3.250
舞台一层
±0.000
舞台地下层
−2.930
2005年加建的新设备用房
1999年加建的化妆楼
化妆室
冷冻机房
水泵房
舞台
地下室中厅
2200
4970
5650
四层
14.800
三层
11.800
二层
5.950
一层
±0.000
−1.400
东外楼梯厅
东廊
杂物间
休息厅
修补地面裂缝
1980
7060
3460
13000
18450
66710

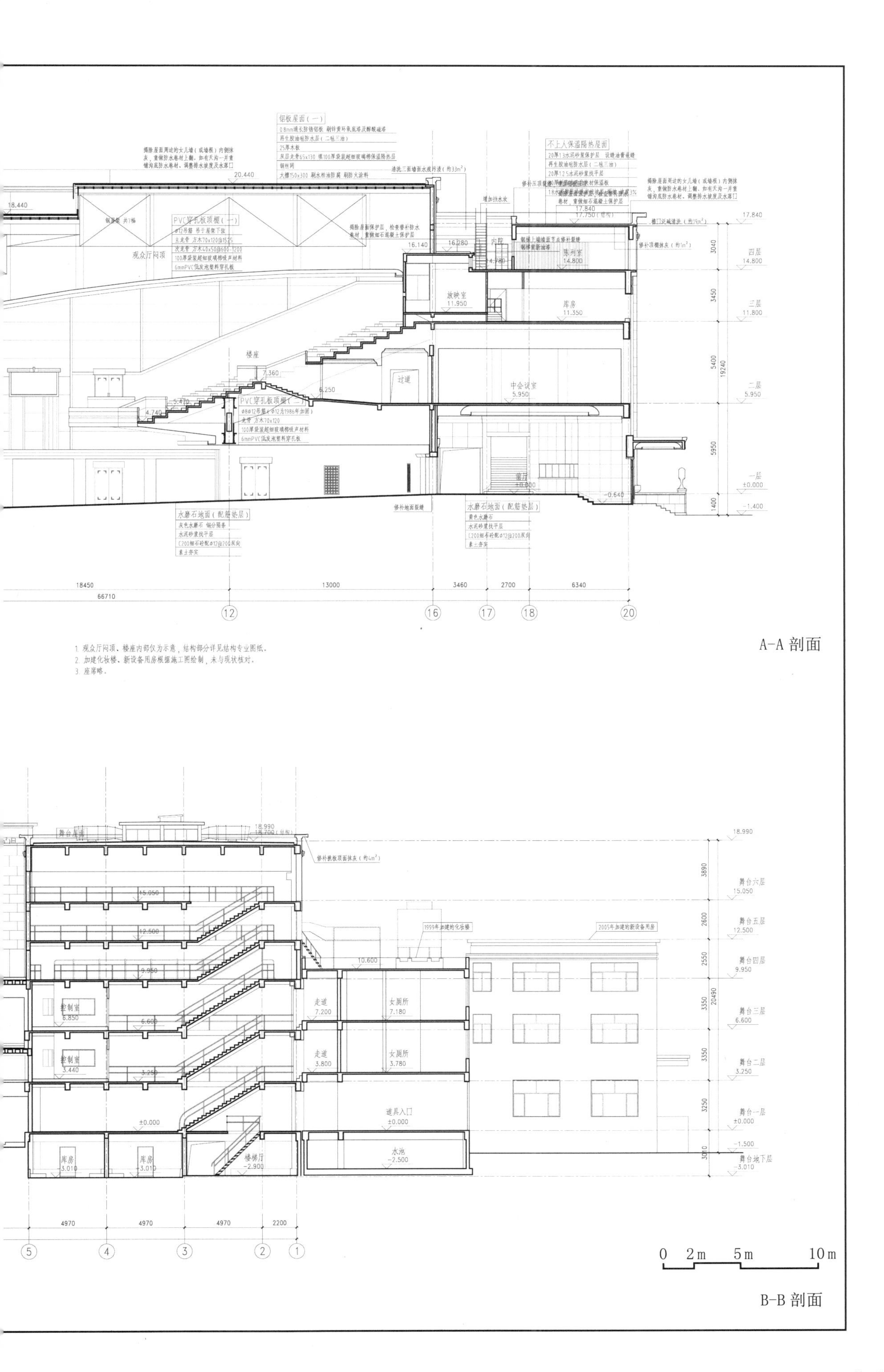
铝板屋面（一）
不上人保温隔热屋面
20.440
18.440
17.840
PVC穿孔板顶棚（一）
观众厅网顶
放映室
11.950
库房
11.350
陈列室
14.800
楼座
7.360
过道
中会议室
5.950
PVC穿孔板顶棚（二）
门厅
±0.000
-0.640
水磨石地面（配筋垫层）
四层
14.800
三层
11.800
二层
5.950
一层
±0.000
-1.400
18450
13000
3460
2700
6340
66710
12
16
17
18
20
1. 观众厅网顶、楼座内部仅为示意，结构部分详见结构专业图纸。
2. 加建化妆楼、新设备用房根据施工图绘制，未与现状核对。
3. 座席略。
A-A 剖面
1999年加建的化妆楼
2005年加建的新设备用房
18.990
15.050
12.500
9.950
10.600
控制室
6.850
控制室
3.440
走道
7.200
女厕所
7.180
走道
3.800
女厕所
3.780
道具入口
±0.000
库房
-3.010
楼梯厅
-2.900
水池
-2.500
舞台六层
15.050
舞台五层
12.500
舞台四层
9.950
舞台三层
6.600
舞台二层
3.250
舞台一层
±0.000
-1.500
舞台地下层
-3.010
4970
4970
4970
2200
5
4
3
2
1
0 2m 5m 10m
B-B 剖面

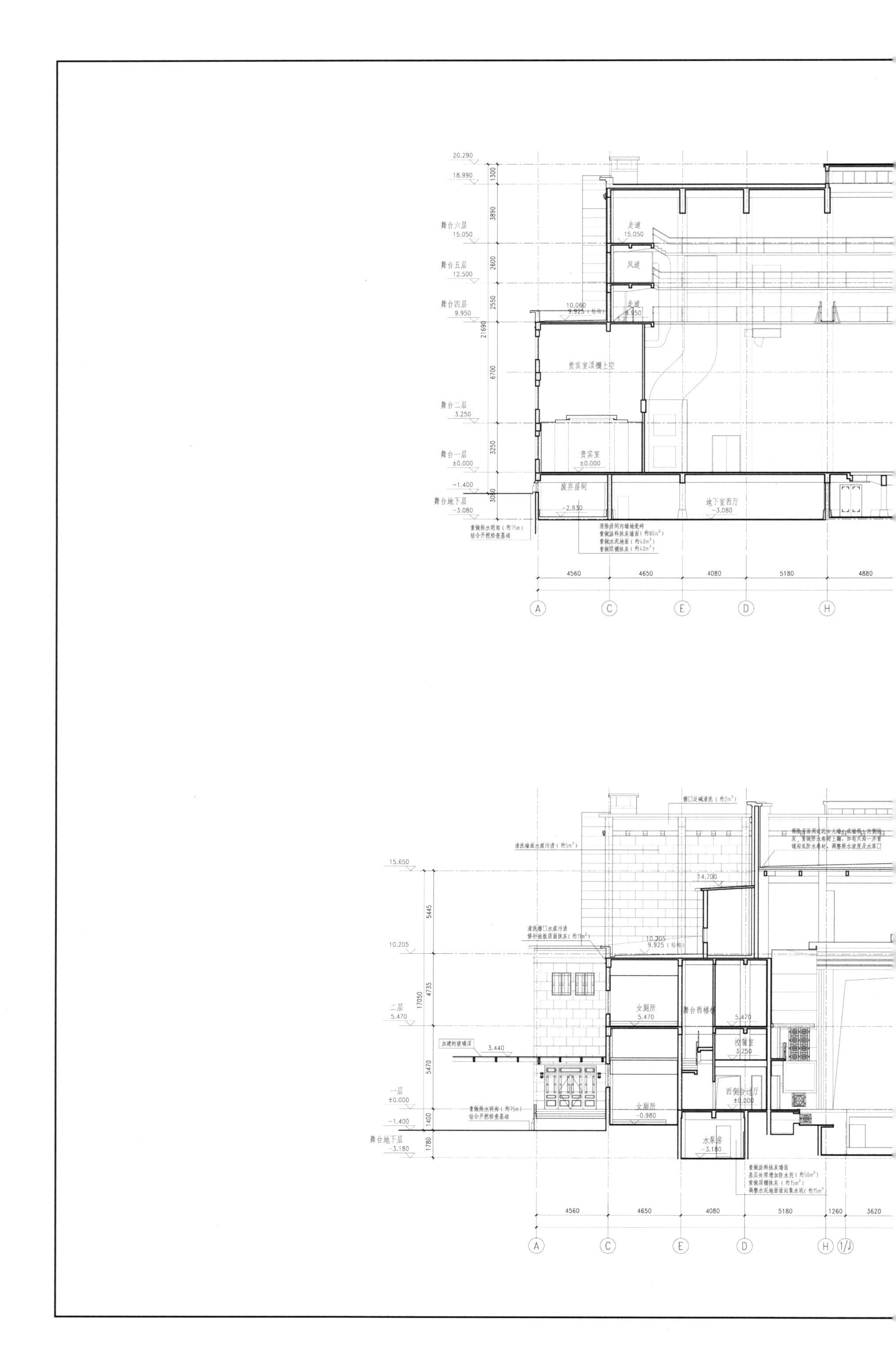

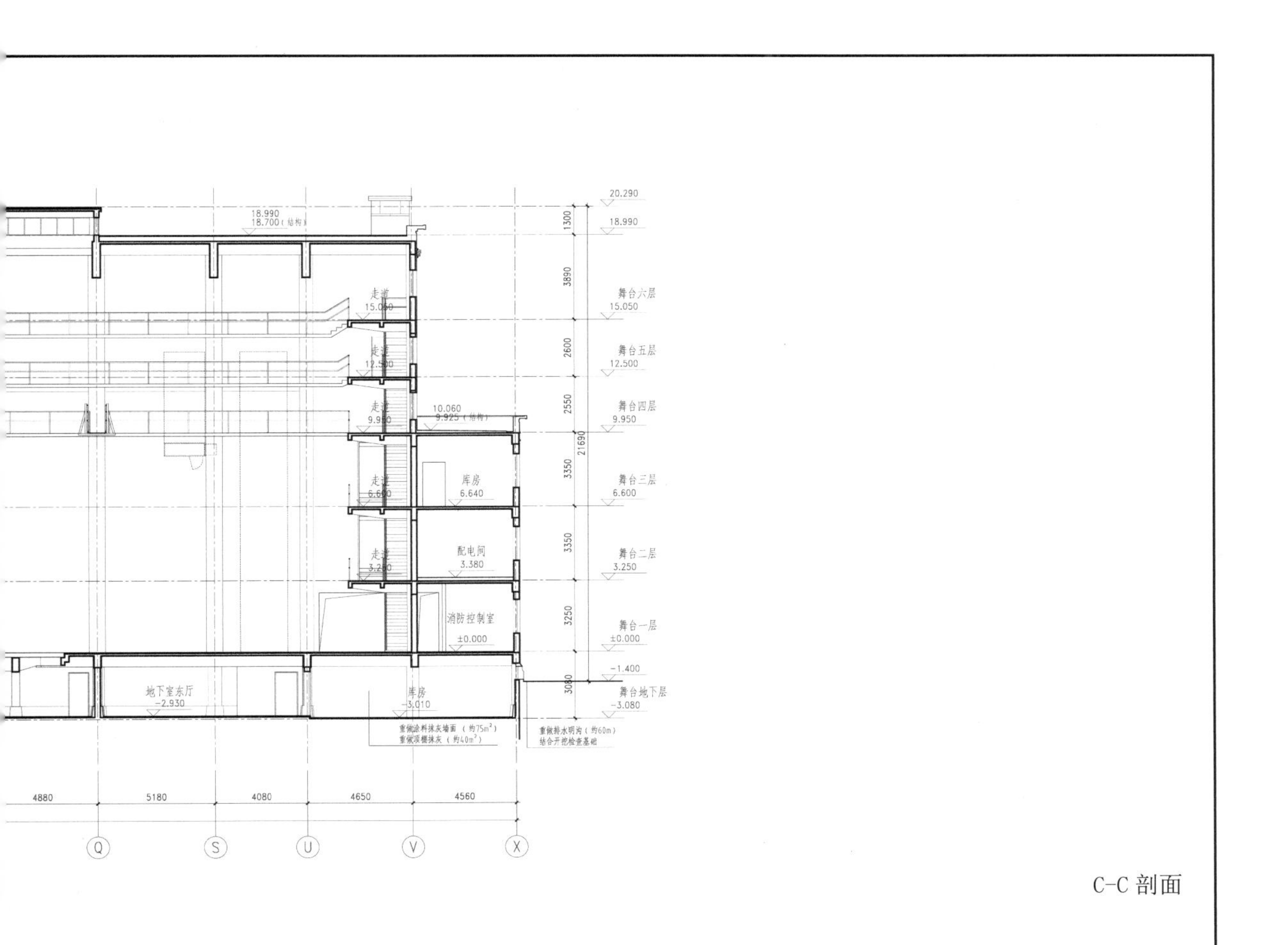

C-C 剖面

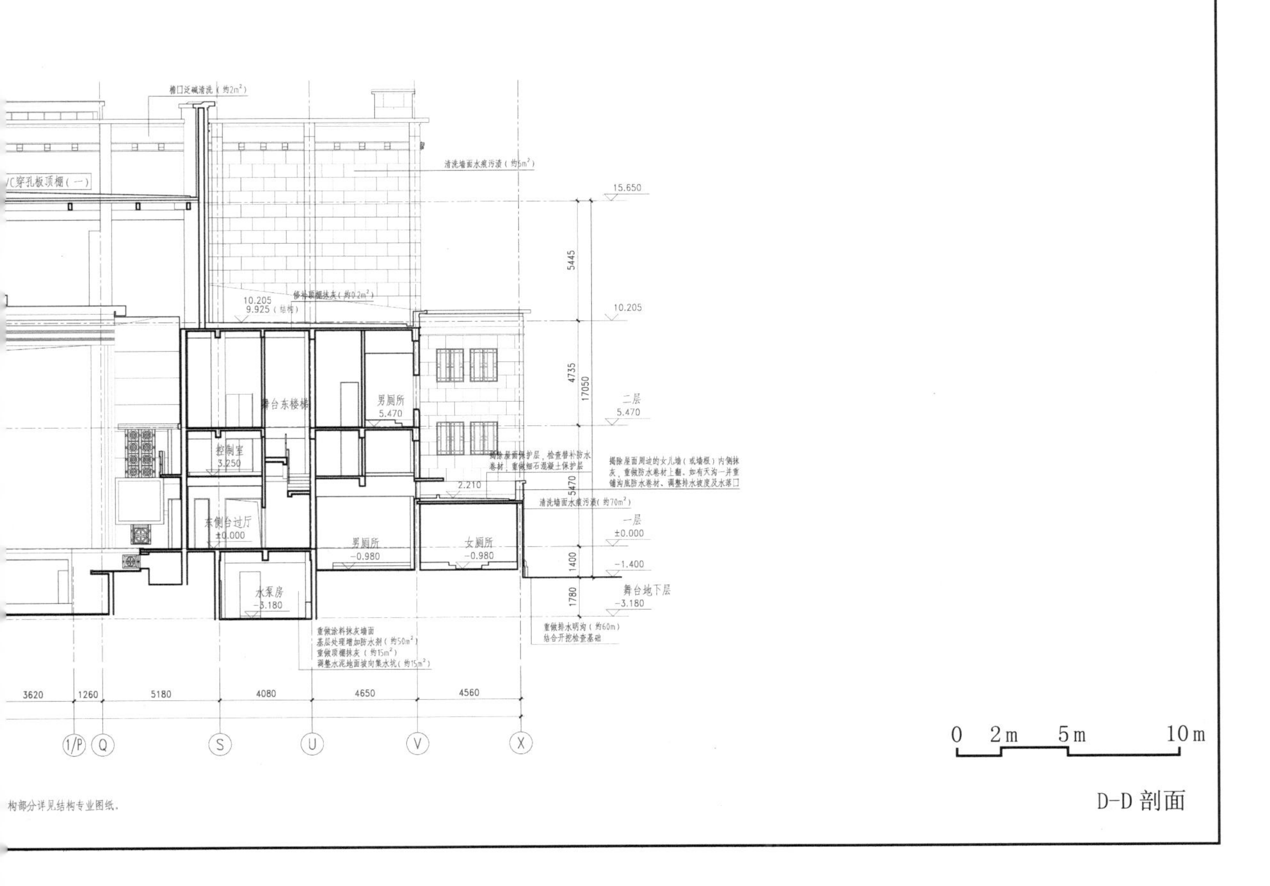

构部分详见结构专业图纸。

D-D 剖面

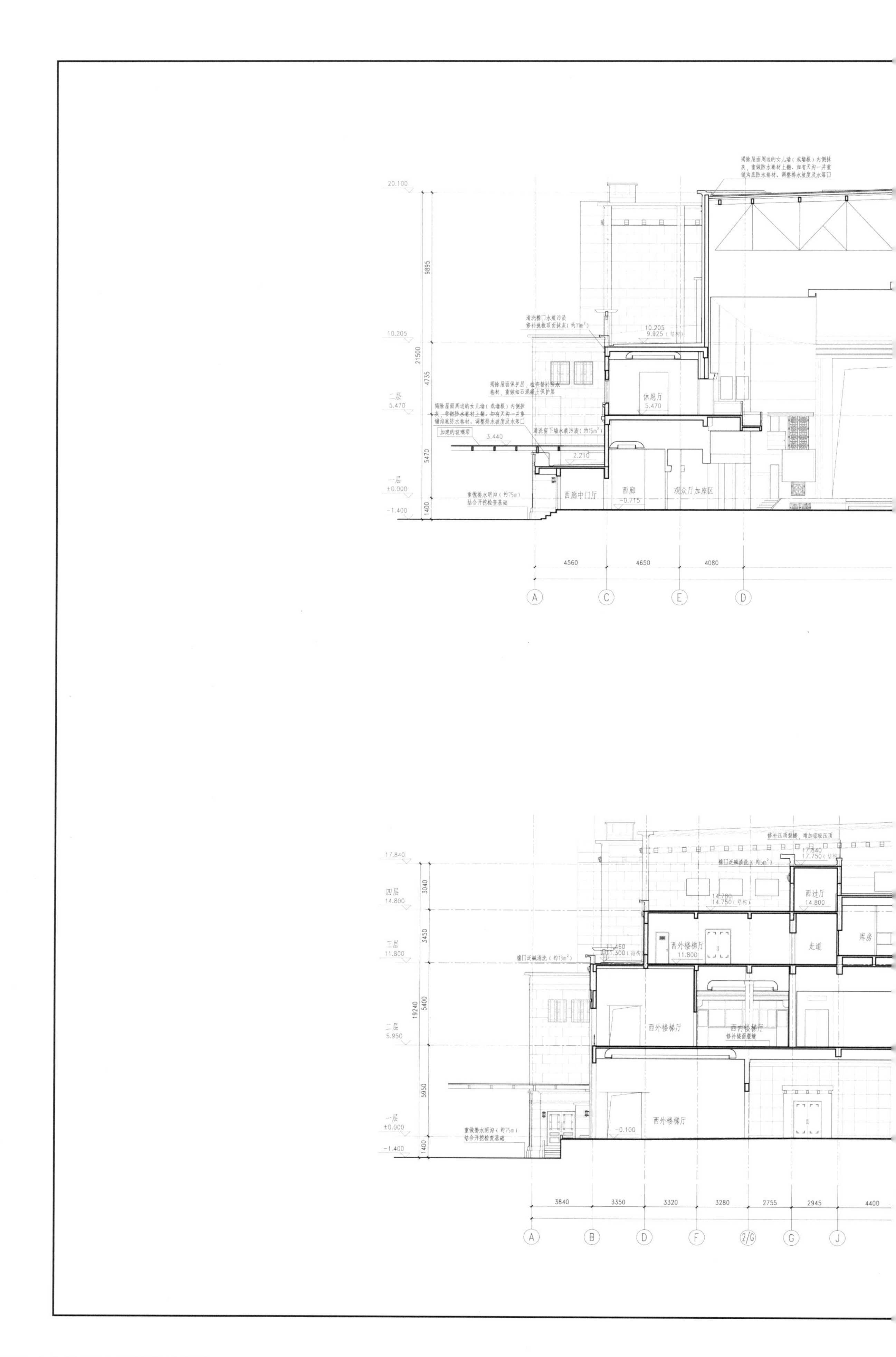

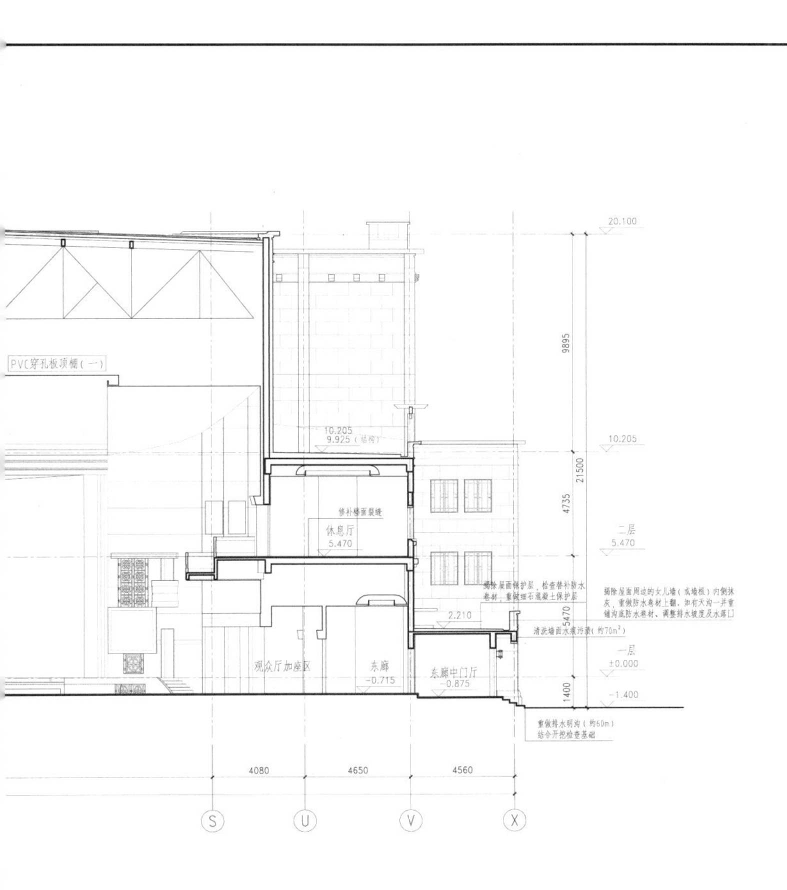

E-E 剖面

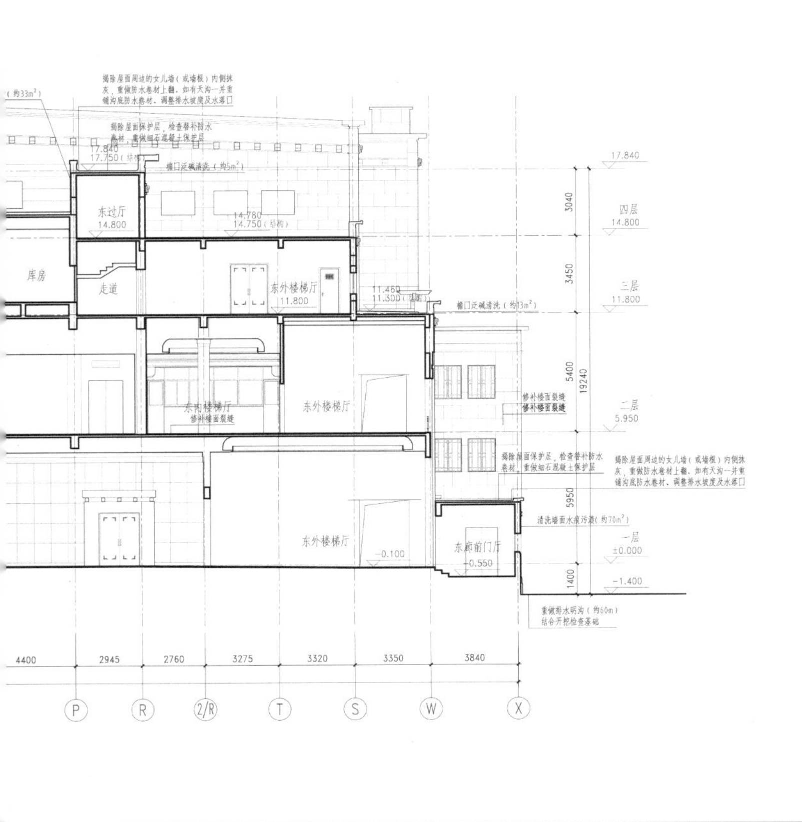

0 2m 5m 10m

F-F 剖面

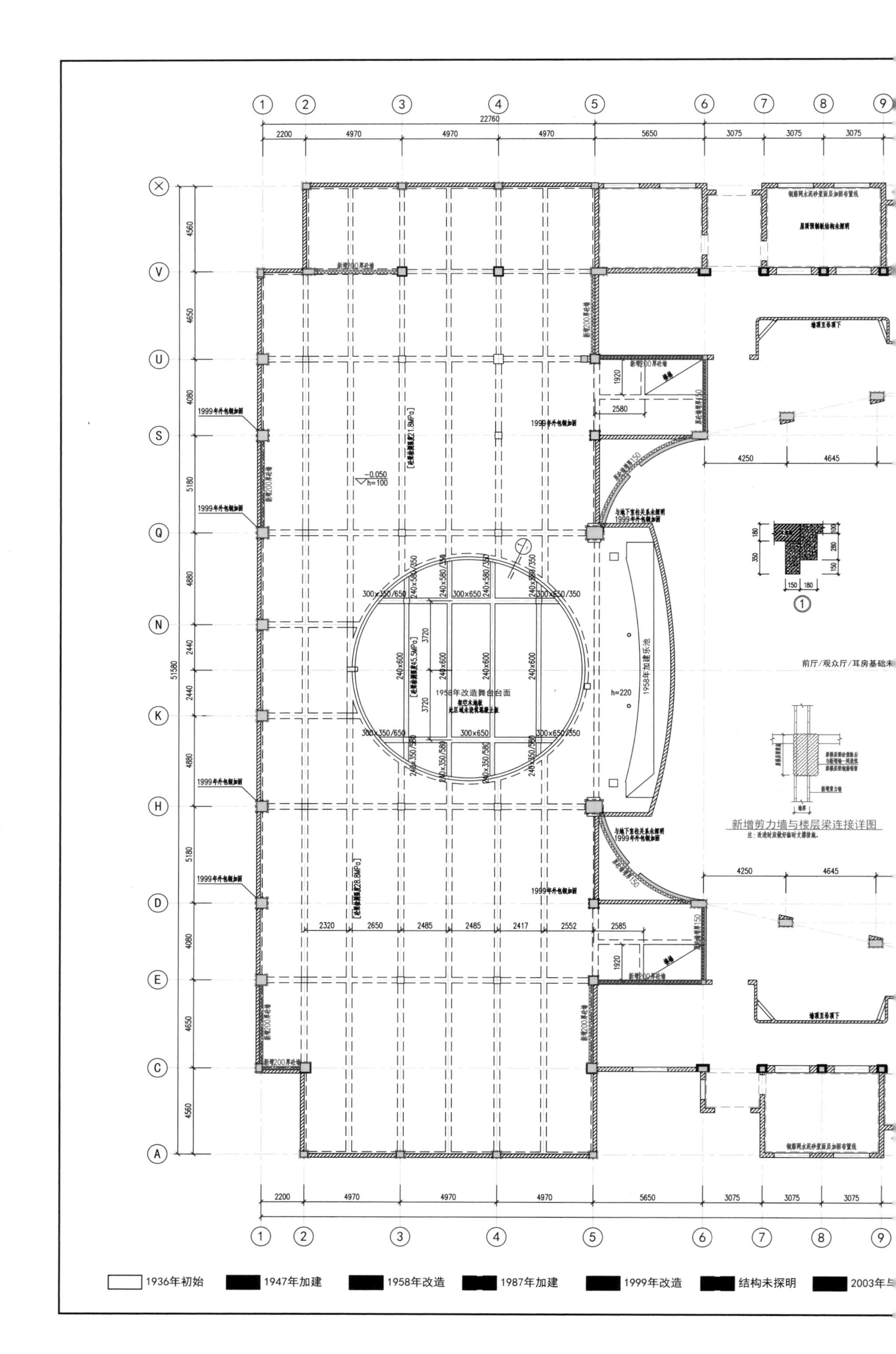
新增剪力墙与楼层梁连接详图
1958年改造舞台台面
1958年加建乐池
前厅/观众厅/耳房基础未
1936年初始
1947年加建
1958年改造
1987年加建
1999年改造
结构未探明
2003年与

新增砼墙
新增壁式黏弹性阻尼器
柱外包钢加固示意
部分填充墙示意
一层结构加固平面布置图
钢加固大样

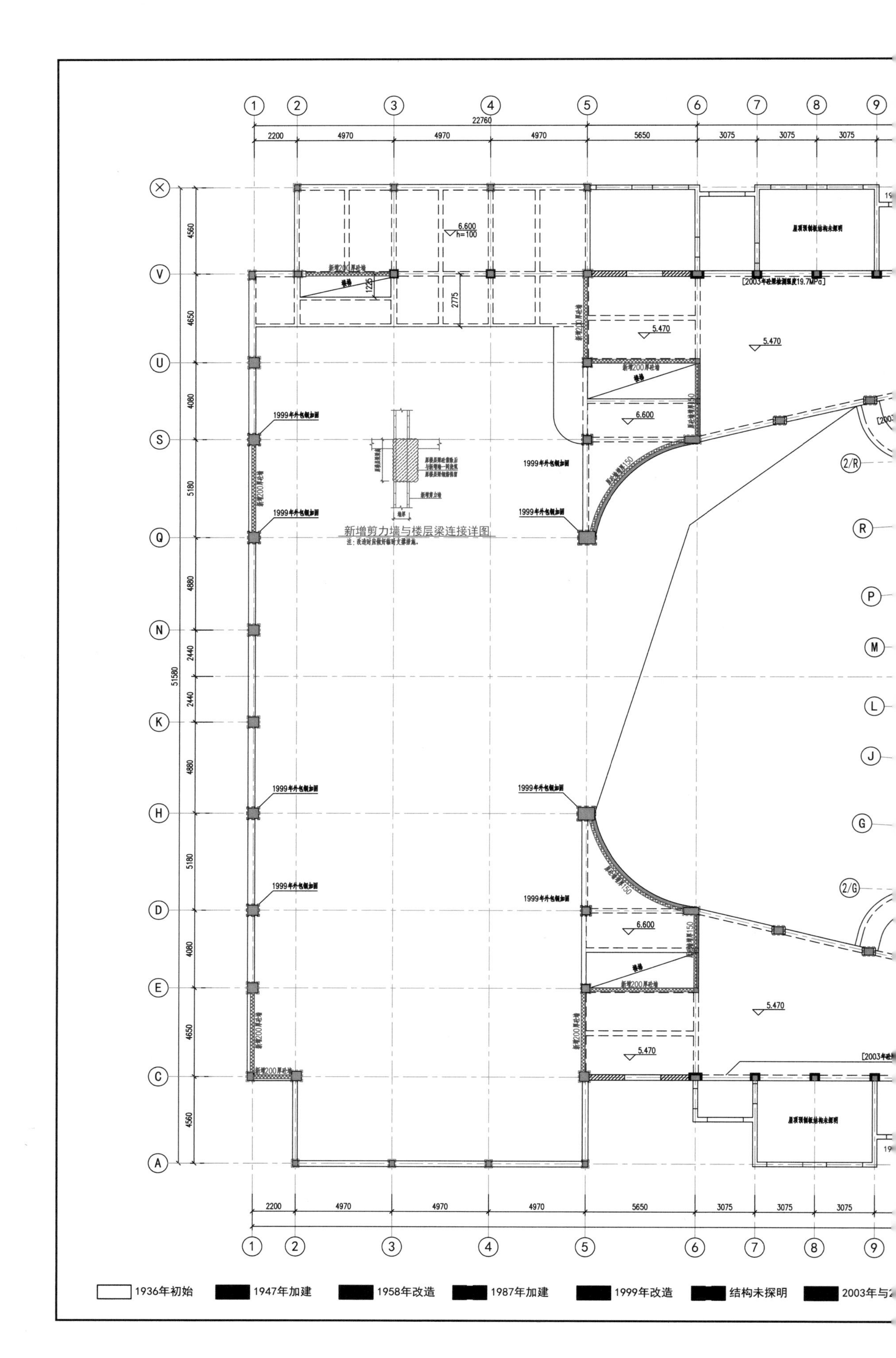

22760
2200
4970
4970
4970
5650
3075
3075
3075
4560
4650
4080
5180
4880
2440
2440
4880
5180
4080
4650
4560
51580
6.600
h=100
1225
2775
5.470
5.470
6.600
1999年外包钢加固
新增200厚砼墙
楼梯
新增剪力墙与楼层梁连接详图
6.600
5.470
5.470
1936年初始
1947年加建
1958年改造
1987年加建
1999年改造
结构未探明
2003年与2

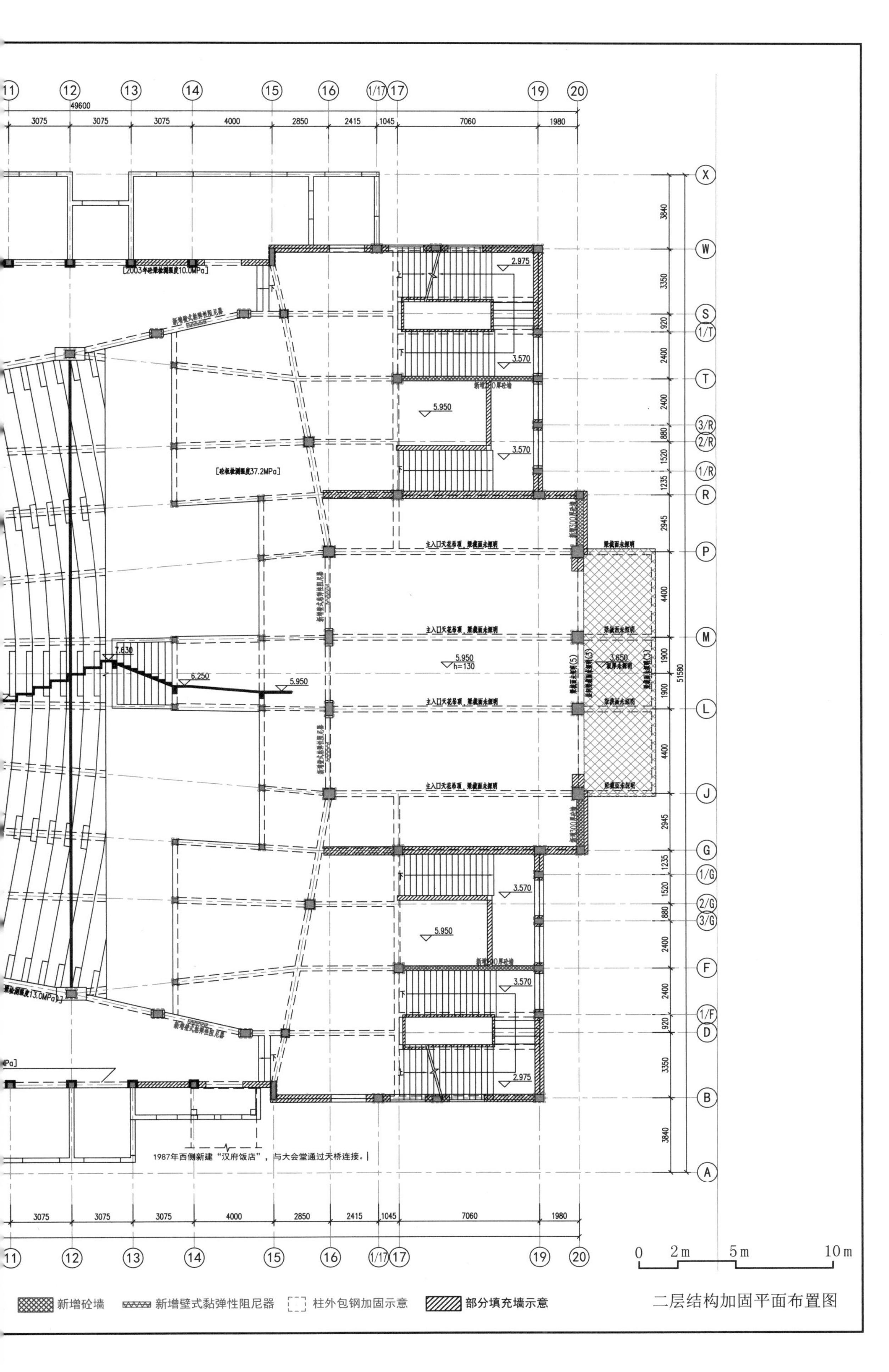

二层结构加固平面布置图

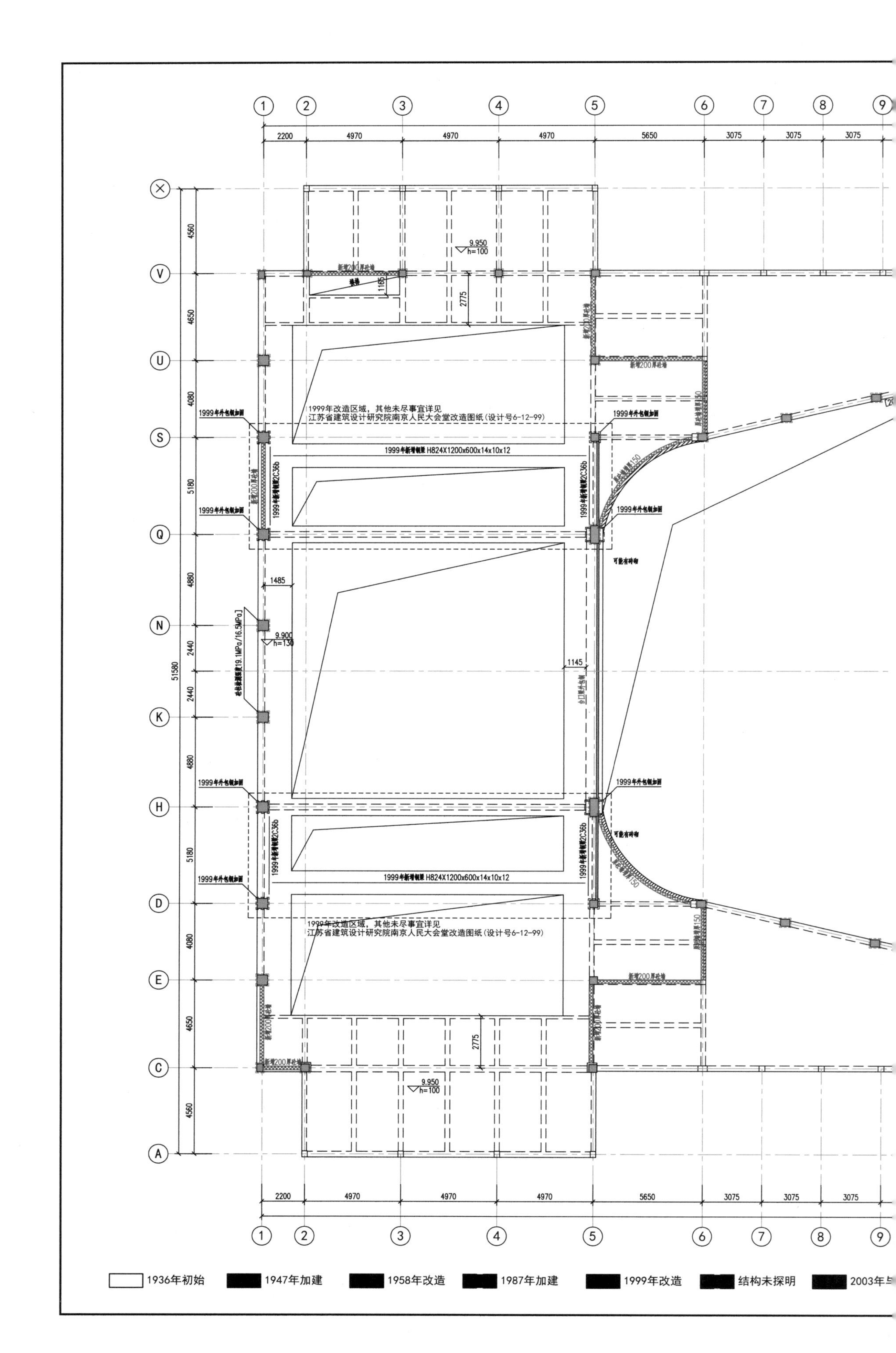

1999年改造区域，其他未尽事宜详见
江苏省建筑设计研究院南京人民大会堂改造图纸（设计号6-12-99）
1999年新增钢梁 H824X1200x600x14x10x12
1936年初始
1947年加建
1958年改造
1987年加建
1999年改造
结构未探明

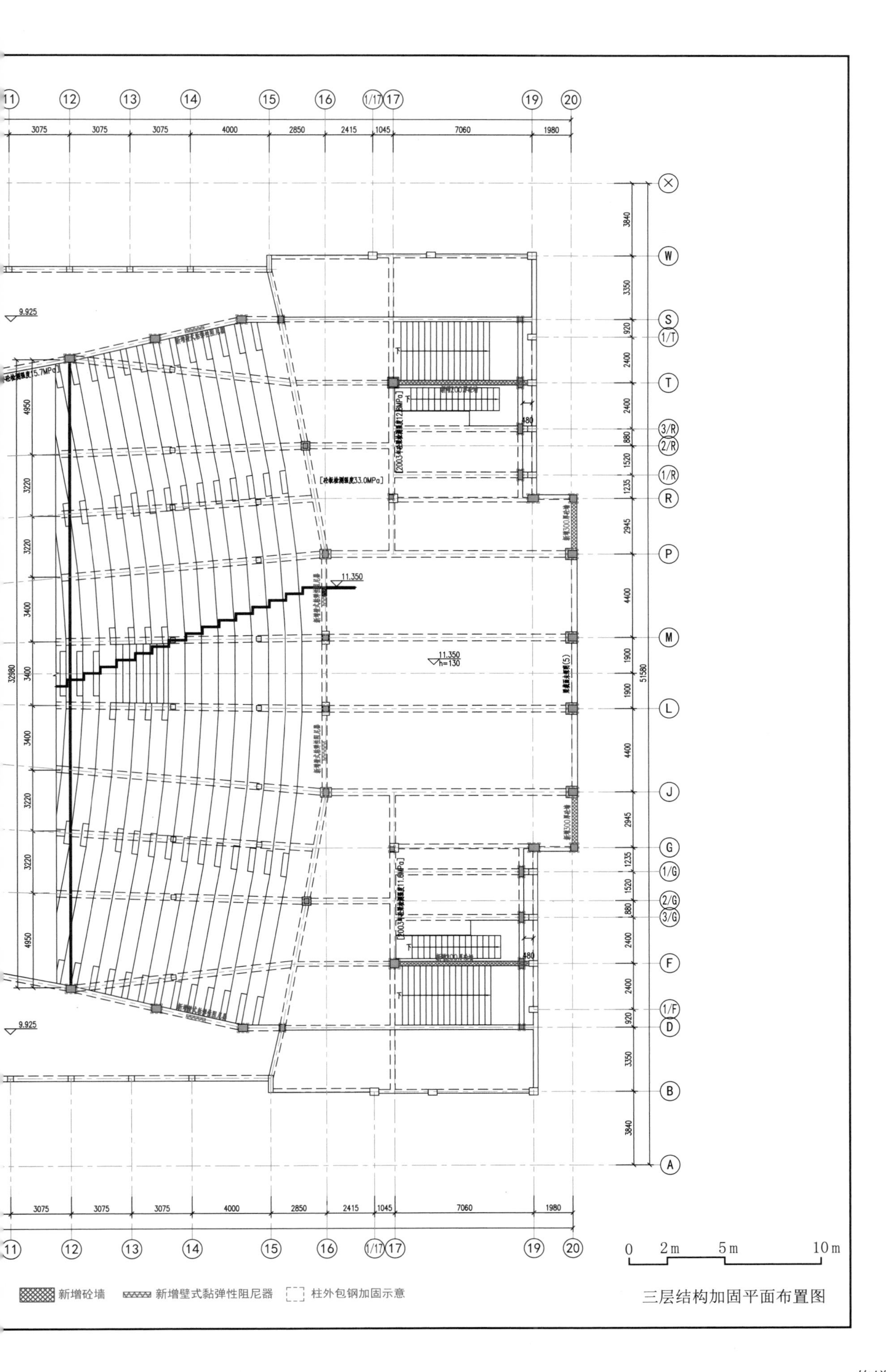

三层结构加固平面布置图

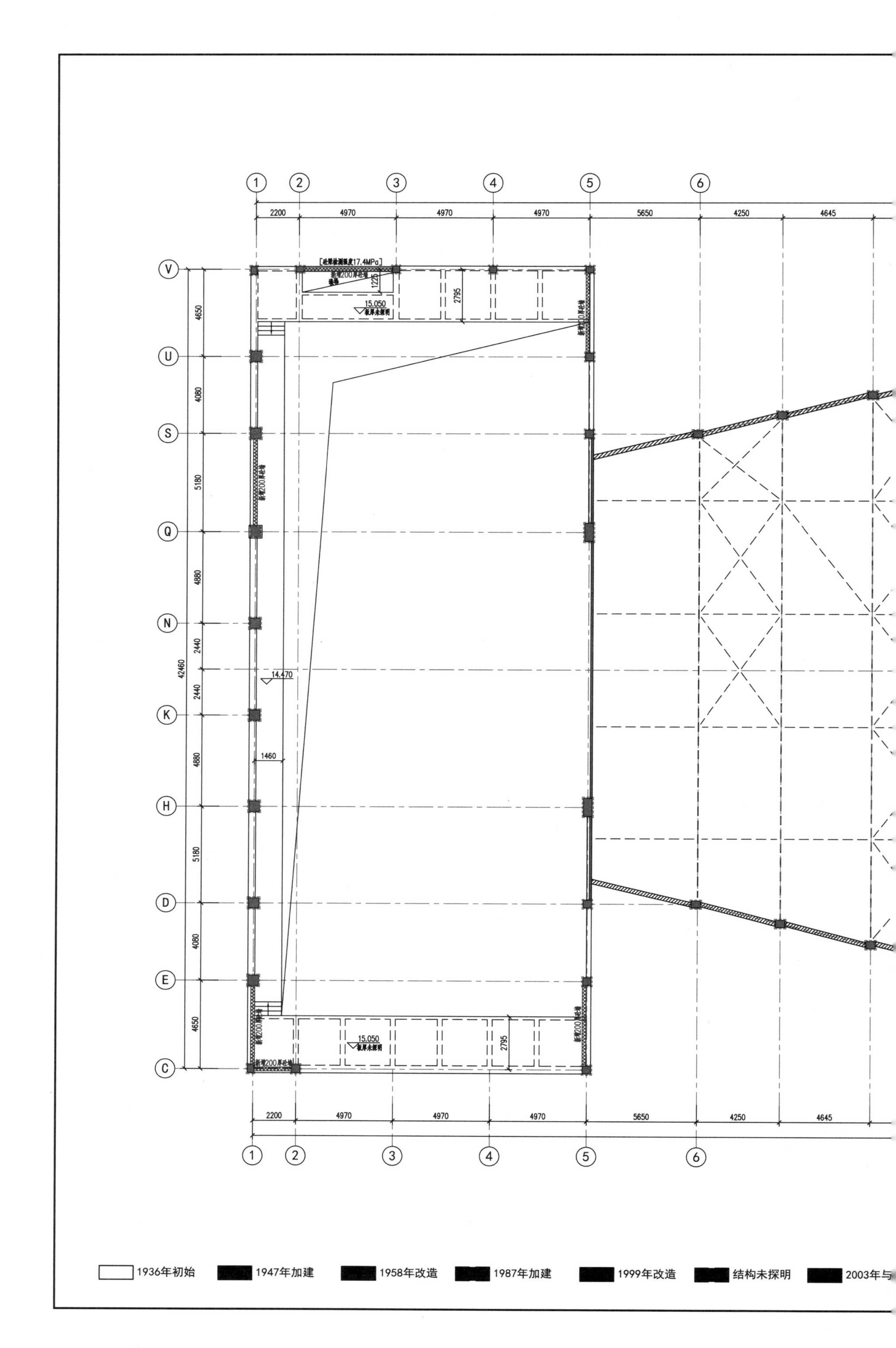
1
2
3
4
5
6
2200
4970
4970
4970
5650
4250
4645
[砼梁检测强度17.4MPa]
新增200厚砼墙
楼梯
1225
2795
15.050
板厚未探明
V
U
S
Q
N
K
H
D
E
C
4650
4080
5180
4880
2440
2440
4880
5180
4080
4650
42460
14.470
1460
1936年初始
1947年加建
1958年改造
1987年加建
1999年改造
结构未探明
2003年与

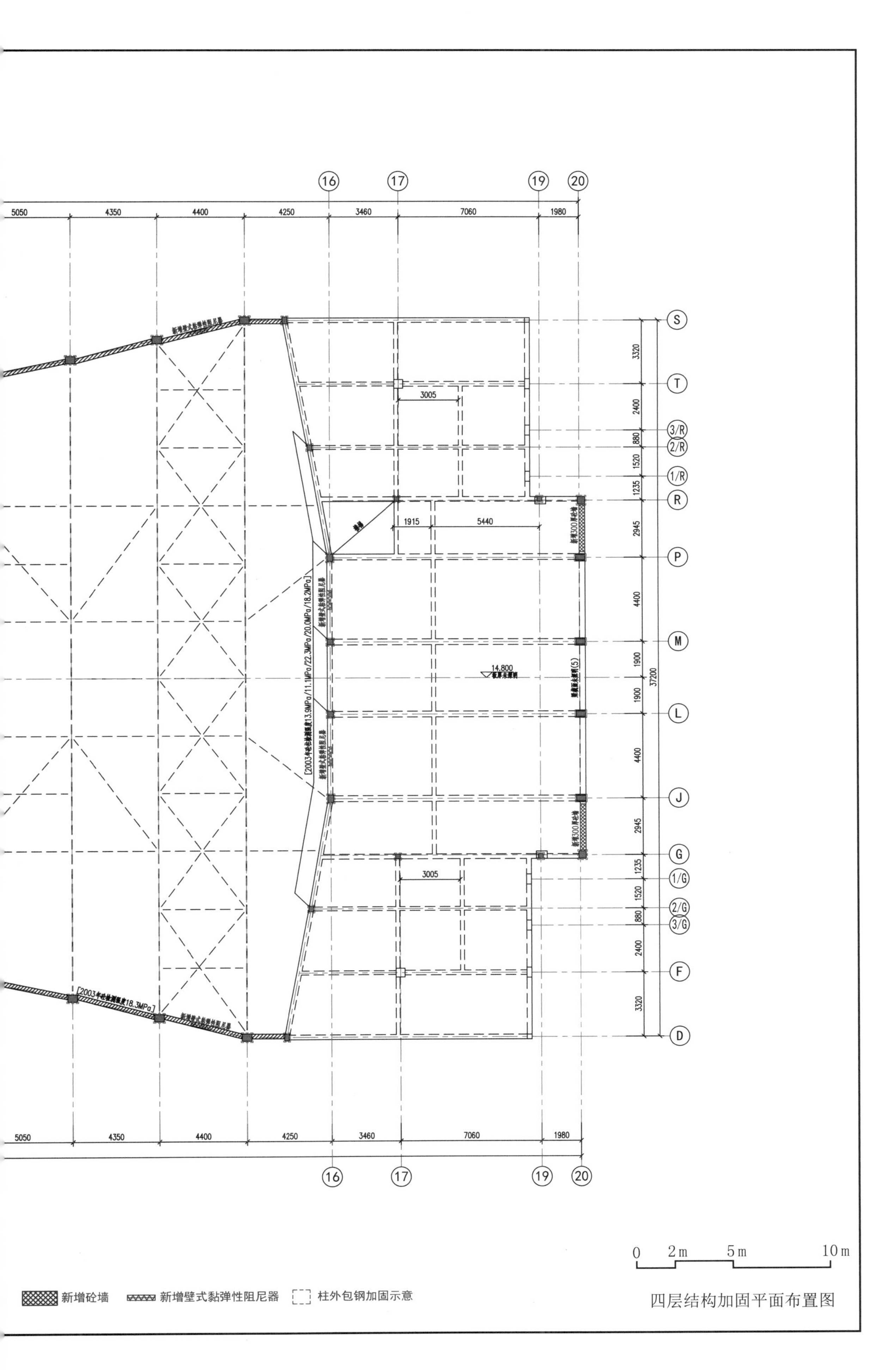

四层结构加固平面布置图

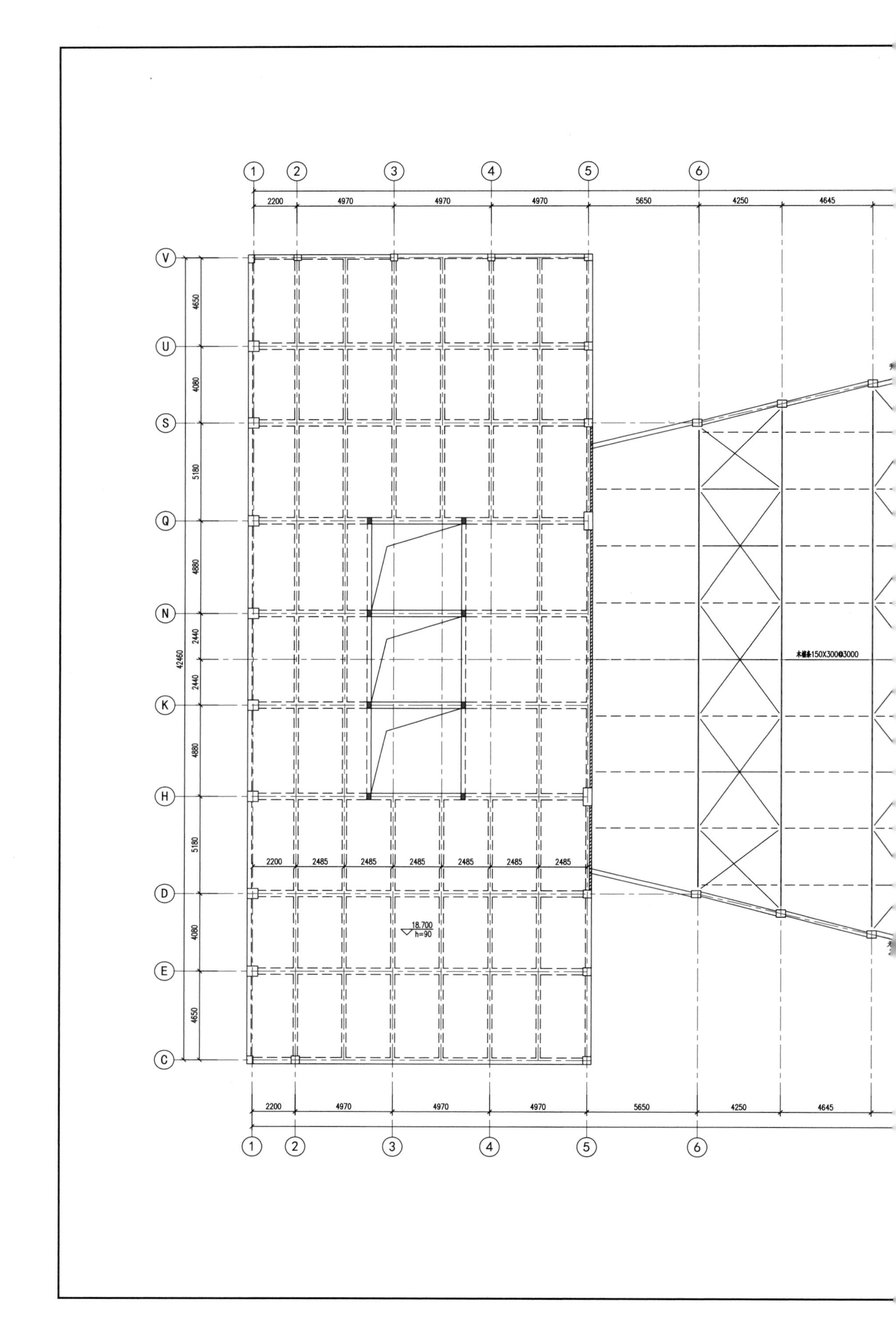

1
2
3
4
5
6
2200
4970
4970
4970
5650
4250
4645
V
U
S
Q
N
K
H
D
E
C
4650
4080
5180
4880
2440
2440
4880
5180
4080
4650
42460
木檩条150X300@3000
2200
2485
2485
2485
2485
2485
2485
18.700
h=90

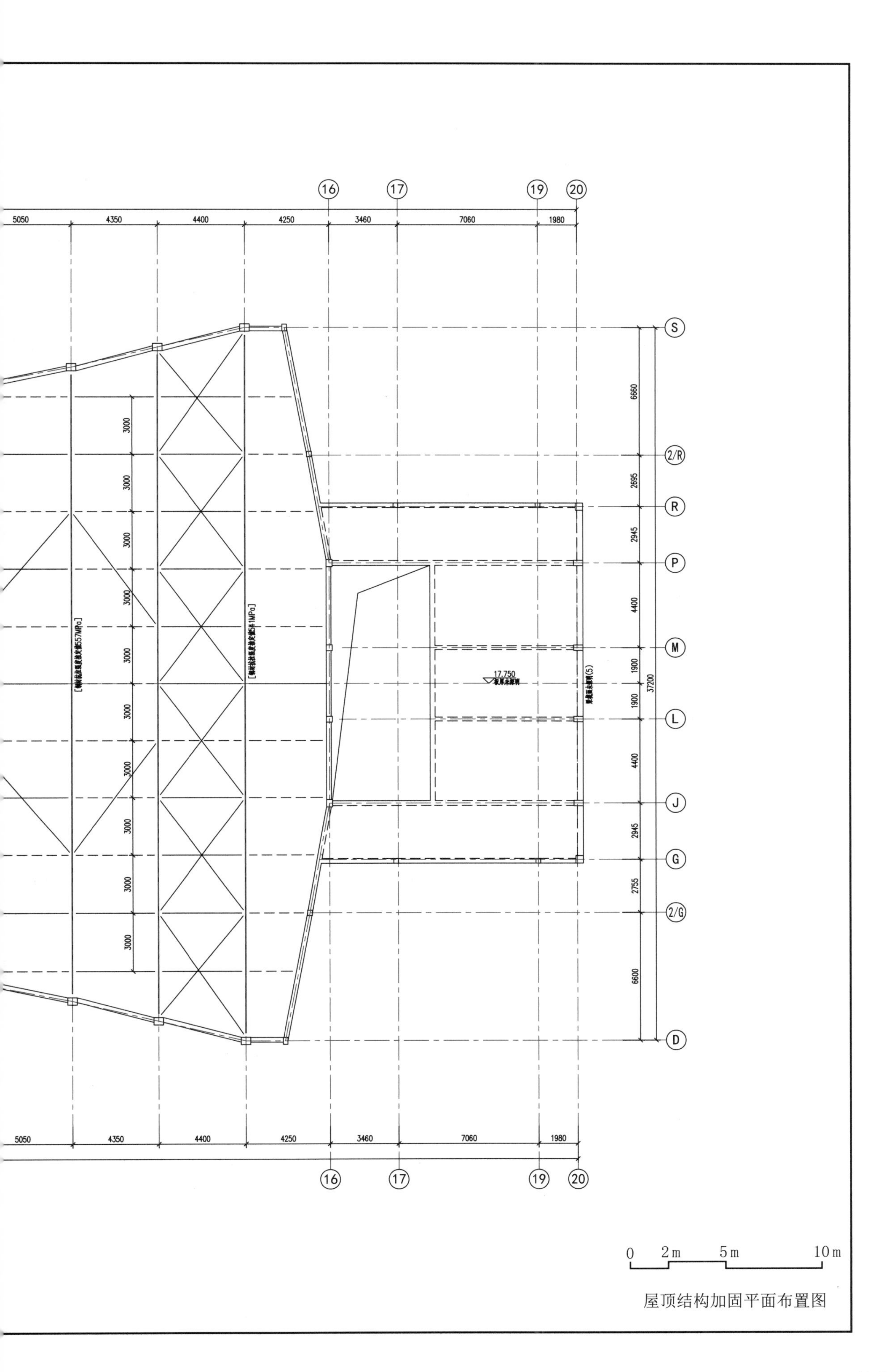

屋顶结构加固平面布置图

主要参考资料

一、专著期刊

[1] 胡楚藩.1948 年国民代表大会亲历记 [J]. 湖北文史 ,2005(02):143-153.

[2] 闫静文.1948 年立法委员选举述论 [D]. 吉林大学 ,2014.

[3] 郁灵.1949 年：党在南京的三次重要活动亲历记 [J]. 南京史志 ,1999(03):4-5.

[4] 吴光祥 , 付明华 .1949 年中国共产党成功接管南京的历史过程及启示 [J]. 军事历史 ,2009(03):11-15.

[5] 易青.“行宪”后的立法院 [J]. 民国档案 ,2010(02):121-128+136.

[6] 易青.“行宪”第一届立法委员选举之分析 [J]. 南京社会科学 ,2004(06):45-50.

[7] 刘维开.《中华民国史》与民国派系政治研究 [J]. 近代史研究 ,2012(01):145-149.

[8] 金鸣盛. 两次参加立法院工作的回忆 [J]. 钟山风雨 ,2003(03):27-29.

[9] 江泽民. 忆厉恩虞同志 [J]. 中共党史研究 ,2000(02):1-2.

[10] 薛恒. 新都形象 : 以 1930 年代南京建筑为中心 [J]. 江苏师范大学学报 (哲学社会科学版),2014,40(01):82-88. DOI:10.16095/j.cnki.cn32-1833/c.2014.01.001.

[11] 严纪青. 日伪统治下南京学生的反毒品运动 [J]. 炎黄春秋 ,2000(12):40-44.

[12] 尚辉. 民国时期第二次全国美展之盛况 [J]. 民国春秋 ,1997(01):28.

[13] 徐升. 民国立法院重构及运行中的派系斗争 (1946—1949)[J]. 暨南学报 (哲学社会科学版), 2014,36(08):94-101+163.

[14] 张皓. 翁文灏出任行政院长与国民党派系权力之争 [J]. 首都师范大学学报 (社会科学版), 2007(01):41-45.

[15] 刘慕燕. 西藏代表出席国民大会档案资料 [J]. 民国档案 ,1992(03):40-58.

[16] 戴尔济. 解放南京城、占领总统府及有关史实考证 [J]. 福建党史月刊 ,2006(11):38-40.

[17] 付启元 , 卢立菊 . 试述南京解放初期的社会改造 [J]. 江南大学学报 (人文社会科学版),2004(04):56-60.

[18] 孟远. 歌剧《白毛女》研究 [D]. 北京：中国人民大学 ,2005.

[19] 中共江苏省委党史工作办公室编 . 粟裕年谱 [M]. 北京：当代中国出版社，2012.

[20] 武重年 , 马长林 . 席慕蓉曾是我儿时的玩伴 [J]. 世纪 ,2018(01):19-22.

[21] 中国第二历史档案馆 . 国民政府立法院会议录 [M]. 桂林：广西师范大学出版社，2004.

[22] 钱凤章. 国民大会堂播音设备 [J]. 电世界 , 1948, 2（11）：15-16+25.

[23] 雄壮富丽的国民大会堂 [J]. 胜利之声 , 1937, 1（3）：7-8.

[24] 乐讯国内南京歌剧白毛女 [J]. 音乐评论 , 1949（43）：23.

[25] 南京文化活动展开 [N]. 进步日报，1949-05-18（A02）.

[26] 建筑抗震设计规范（2016 年版）：GB 50011—2010[S]. 北京 : 中国建筑工业出版社 ,2016.

[27] 建筑抗震鉴定标准：GB 50023—2009[S]. 北京 : 中国建筑工业出版社 ,2009.

[28] 建筑消能建筑技术规范：JGJ 297—2013[S]. 北京 : 中国建筑工业出版社 ,2013.

[29] 建筑消能减震加固技术规程：T/CECS 547—2018[S]. 北京 : 中国建筑工业出版社 ,2018.

[30] 刘培，姚志华，马学坤，等 . 不同性能要求下的框架结构综合抗震能力控制指标 [J]. 工程抗震与加固改造 ,2017,39(S1):39-43.

[31] 陈明中. 历史建筑的结构性能化设计 [J]. 结构工程师 , 2011,27(6):124-128.

[32] 沈吉云 , 王志浩 . 历史建筑加固与修缮中对历史文化价值的保护 [J]. 建筑结构 ,2007,37(9) :8-12.

[33] 朱玉华 , 黄海荣 , 胥玉祥 . 基于性能的抗震设计研究综述 [J]. 结构工程师 , 2009,25(5):149-153.

[34] 王亚勇 , 薛彦涛 , 欧进萍，等 . 北京饭店等重要建筑的消能减振抗震加固设计方法 [J]. 建筑结构学报 ,2001,22(2) :35-39.

[35] 蒋通. 被动减震结构设计施工手册 [M]. 北京 : 中国建筑工业出版社，2008.

[36] 莉莉 , 颖旦 . 2006 江苏新年音乐会昨在宁奏响 [N]. 新华日报 ,2006-01-01(A01).

[37] 张粉琴. 2008 江苏新年音乐会在宁奏响 [N]. 新华日报 ,2007-12-30(A01).

[38] 缪晖.《中华民国总统副总统就职摄影》人物考 [J]. 档案与建设 ,2015(03):59-63.

[39] 余可根. 一曲醉到今 长舞《丰收歌》[J]. 江海侨声 ,1997(09):34-35.

[40] 朱蓓蕾. 亦悲亦壮诵秋风——评大型原创柳琴戏《血色秋风》[J]. 剧影月报 ,2016(01):18-20.

[41] 朱琰. 从《一把酸枣》看艺术职业院校的剧目创作与演出 [J]. 剧影月报 ,2008(02):134-135.

[42] 吴雪晴. 刘伯承在南京主持将军授衔典礼 [J]. 世纪风采 ,2019(02):17-20.

[43] 顾兆农. 南京　美食迎佳节　千金买钟鸣 [N]. 人民日报 ,2002-12-27.

[44] 蔡鹏程 , 李柏年 , 汤荣广 . 南京人民大会堂舞台改造 [J]. 工业建筑 ,2003(08):61-62+76.

[45] 张粉琴. 南京新年音乐会场次“瘦身”[N]. 新华日报 ,2008-12-24(B03).

[46] 袁缨. 回首灯火阑珊处——探寻昆曲之魅 [J]. 剧影月报 ,2005(06):47.

[47] 坚定制度自信 始终植根人民 [N]. 新华日报 ,2014-09-11(001).

[48] 夏国志. 孔子园 故乡情——记旅美社会活动家陈王月波女士 [J]. 江海侨声 (中文版),1994(06):37-38.

[49] 朱明镜. 我参与接管“总统府”的回忆 [J]. 江苏政协 ,1999(08):6-7.

[50] 郑萱. 我省隆重庆祝人民政协成立六十周年 梁保华发表讲话 罗志军王国生等出席 张连珍主持 [J]. 江苏政协 ,2009(09):2-3.

[51] 蒋宏坤 . 政府工作报告——2006 年 1 月 10 日在南京市第十三届人民代表大会第四次会议上 [J]. 南京市人民政府公报 ,2006(02):9-22.

[52] 葛玉荣 . 春天里 , 共同迈向新征程——省政协十届五次会议亮点点击 [J]. 江苏政协 ,2012(03):25-29.

[53] 潘宏伟 . 江苏 2007 新年音乐会在宁奏响 [N]. 新华日报 ,2007-01-01(A01).

[54] 江苏奏响《世纪回响》[J]. 人民音乐 ,2001(04):36.

[55] 张松平 . 江苏省召开科技大会 [J]. 华夏星火 ,1995(07):7.

[56] 郑萱 . 江苏省暨南京市隆重举行纪念辛亥革命一百周年大会 罗志军发表重要讲话 李学勇出席 张连珍主持 [J]. 江苏政协 ,2011(10):2-3.

[57] 郑萱 . 江苏省暨南京市隆重举行纪念辛亥革命九十周年大会 [J]. 江苏政协 ,2001(10):1.

[58] 郑萱 . 省政协举行各界人士新年联欢会 丁光训出席 李源潮讲话 许仲林主持 梁保华王寿亭任彦申冯敏刚等出席 [J]. 江苏政协 ,2005(01):19.

[59] 陆洪波 . 省政协举行盛大文艺晚会——庆祝人民政协成立五十周年 [J]. 江苏政协 ,1999(09):15.

[60] 马武 . 省烟草系统举行总结表彰大会 [J]. 江苏政协 ,1996(05):45.

[61] 省社联举行学习《决议》的报告会 [J]. 江苏社联通讯 ,1981(08):30.

[62] 忻叶 , 静清 . 锐意进取 成就一流——江苏省职业教育表彰大会暨国庆 60 周年文艺演出在宁举行 [J]. 江苏教育 ,2009(33):2+65.

二、国民大会堂旧址图纸资料

[1] 文保档案 . 内政部营建司 1947 年 12 月一层新增、三层修理 .

[2] 二档馆（2-06302-xxx）.1946 年修理前图样 .

[3] 城建馆同二档馆 . 1946 年修理前图样的扫描大图 .

[4] 二档馆（2-06303-）. 内政部营建司 1947 年两种方案草图 (未实施).

[5] 二档馆（2-06304-）. 公利工程司 1947 年扩充图样 (未实施).

[6] 二档馆（2-06305-xxx）.1947 年 9 月改造图样 .

[7] 文保档案 . 江苏省城市设计厅设计院 . 1958 年改造 .

[8] 城建馆 . 南京市勘察设计院 . 1970 年制冰库 (位置不详).

[9] 文保档案 . 建筑工程学院 . 1999 年舞台结构测绘 .

[10] 业主 . 江苏省设计院 . 1999 年加建化妆楼 .

[11] 城建馆 . 江苏省设计院 . 2005 年加建新设备楼 .

[12] 业主 . 南京市人民大会堂维修工程竣工资料——维修工程施工总结 1986.12.20.

致谢

本书是东南大学建筑设计研究院对全国重点文物保护单位国民大会堂旧址（今南京人民大会堂）修缮工程的系统整理和总结，包括历史研究、建筑测绘与勘察和修缮工程实践等。本书的出版由东南大学建筑设计研究院资助。

项目编制团队如下：

建筑专业：朱光亚，俞海洋，杨红波，陈建刚

结构专业：孙逊，夏仕洋，方立新

建筑测绘：陈建刚，龙垣屹

历史研究：沈旸，俞海洋

在本项目的编制和实施过程中，始终得到遗产保护领域专家学者的批评指正，江苏省、南京市等文物主管部门的大力支持，南京市机关事务管理局等相关单位的积极配合，在此一并深表诚挚感谢：

在方案初期，国家文物局信息中心王立平、中国文化遗产研究院付清远、清华大学吕舟、上海现代建筑设计研究院翁文忠等专家学者给予指点和帮助。

在工程阶段，南京市文化广电新闻出版局文物保护处张国祥监督指导，南京市机关事务管理局孙照寅、顾建伟主持管理工作，南京金鸿装饰工程有限公司负责施工并参与记录了施工阶段的部分照片。

在项目竣工后，东南大学建筑学院袁翊展、李幸儒、王雨墨、李楠等帮助整理资料。

在出版过程中，东南大学出版社戴丽、东南大学艺术学院皮志伟等均鼎力相助。

内容简介

全国重点文物保护单位国民大会堂旧址（今南京人民大会堂），属于近现代重要史迹及代表性建筑。其修缮工程始于2016年3月，历经测绘、勘察，分析残损原因，制定修缮方案。2018年11月，江苏省文物局批准修缮方案；2019年10月底，施工图纸交付，同时进入施工准备；2020年12月29日，工程告竣并消防验收，实际施工期8个月。该次修缮，保存价值特征，消除安全隐患，延续会堂功能，改善使用设施，是对这类建筑保护和延用在技术上的一次探索。本书将有关勘察设计和施工资料汇编成册，以为参考。

图书在版编目（CIP）数据

国民大会堂旧址修缮设计研究 / 俞海洋等著. 南京 ：东南大学出版社，2024. 10. -- ISBN 978-7-5766-1638-5

Ⅰ. TU746.3

中国国家版本馆CIP数据核字第2024CK0529号

国民大会堂旧址修缮设计研究

Guomin Dahuitang Jiuzhi Xiushan Sheji Yanjiu

著　　者　俞海洋　孙　逊　沈　旸　夏仕洋
责任编辑　戴　丽
责任校对　子雪莲
书籍设计　皮志伟　袁翊展
摄　　影　薛　亮
责任印制　周荣虎
出版发行　东南大学出版社
出 版 人　白云飞
社　　址　南京市四牌楼 2 号（邮编：210096　电话：025-83793330）
网　　址　http://www.seupress.com
电子邮箱　press@seupress.com
经　　销　全国各地新华书店
印　　刷　上海雅昌艺术印刷有限公司
开　　本　889 mm×1194 mm　1/16
印　　张　13.25
字　　数　360千字
版　　次　2024年10月第1版
印　　次　2024年10月第1次印刷
书　　号　ISBN 978-7-5766-1638-5
定　　价　198.00元

本社图书若有印装质量问题，请直接与营销部联系，电话：025-83791830。